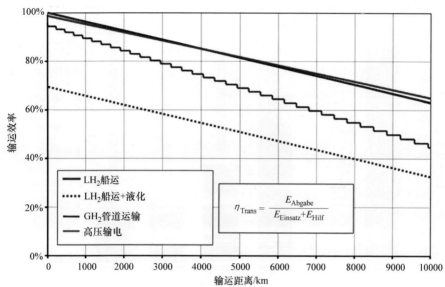

图 1.4　在长距离下，电力传输比氢运输效率更高

图例：
- LH$_2$船运
- LH$_2$船运+液化
- GH$_2$管道运输
- 高压输电

$$\eta_{\text{Trans}} = \frac{E_{\text{Abgabe}}}{E_{\text{Einsatz}} + E_{\text{Hilf}}}$$

纵轴：输运效率

横轴：输运距离/km

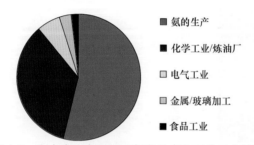

图例：
- 氨的生产
- 化学工业/炼油厂
- 电气工业
- 金属/玻璃加工
- 食品工业

图 1.6　迄今为止主要用于氨的生产和石化工业的氢

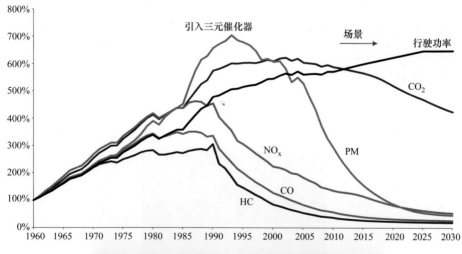

引入三元催化器　　场景　　行驶功率

CO$_2$

NO$_x$　　PM

CO

HC

乘用车排放法规　EU 1　EU 2　EU 3　EU 4　EU 5　EU 6

载货汽车和公交车排放法规　EU I　EU II　EU III　EU IV　EU V　EU VI

尽管行驶功率增加，但通过多项技术措施使德国的污染物排放量显著减少，CO$_2$排放量稳步增加的趋势同样也可以停止并转为减少（来源：TREMOD）

图 4.1　德国道路客运的发展：功率、CO$_2$ 和污染物

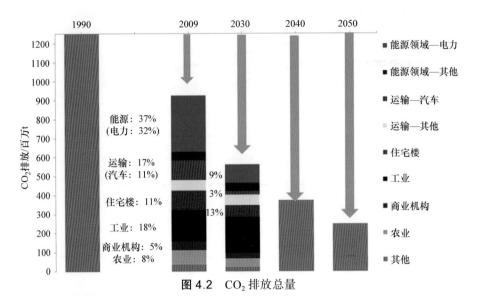

图 4.2 CO₂ 排放总量

能源：37%
(电力：32%)

运输：17%
(汽车：11%)

住宅楼：11%

工业：18%

商业机构：5%
农业：8%

9%
3%
13%

图例：
■ 能源领域—电力
■ 能源领域—其他
■ 运输—汽车
□ 运输—其他
■ 住宅楼
■ 工业
■ 商业机构
■ 农业
■ 其他

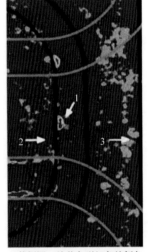

a) 俯视图，从蓝色到红色的颜色渐变代表不同数量的液态水

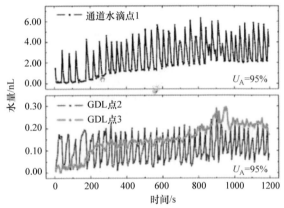

b) 区域1(蓝色)、2(红色)和3(绿色)的综合强度

图 14.13 GDL 内部不同区域积水的同步辐射摄影

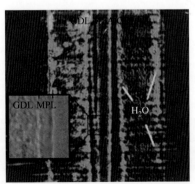

图 14.14 MEA 横截面的同步辐射摄影，水含量以色彩刻度从蓝色到红色逐步增加

汽车先进技术译丛 新能源汽车系列

氢与燃料电池

（原书第 2 版）

［德］ 约翰内斯·特普勒（Johannes Töpler）
［德］ 约亨·莱曼（Jochen Lehmann）　著
倪计民团队　译

机 械 工 业 出 版 社

本书由德国氢能与燃料电池协会组织编写，内容包括作为战略性二次能量载体的氢，氢在电力系统大规模储能中的作用，氢的应用安全性，移动式应用，氢和燃料电池在航空中的移动式应用，住宅能量供应中的燃料电池，备用电源，与安全相关的应用，便携式燃料电池，常规、低碳、绿色的氢的工业化生产和应用，电解方法，大型电解系统的发展：需求和方法，在基于可再生能源的供应系统中提供氢的成本，聚合物电解质膜燃料电池（PEFC）的现状和观点，盐穴储氢，氢从电力到 X（Power－to－X）的关键元素。本书适合氢能与燃料电池行业的从业人员阅读使用，也适合高等院校能源相关专业的师生阅读参考。

序

　　人类发展的可持续性至关重要，必须以保护子孙后代的生活基础为前提。德国在日本福岛核灾难后决定的能源转型已成为当前可持续发展的政策核心。在2015年12月的巴黎气候峰会上，为全球变暖设定2℃的极限（如果可能的话，甚至是1.5℃）这一可持续发展政策得到各国的一致认可。

　　可再生能源首当其冲。可再生能源法案（EEG）将带来前所未有的繁荣。但众所周知，可再生能源的利用取决于一天中的时间、季节、地理位置和天气。对此，国家将突然面临电力供应波动的问题，需要大幅扩展两种不同的基础设施容量：电力线路和能量存储设施。

　　化学存储是最精致的——在很小的空间内可以存储大量的能量。氢具有极高的存储能力，这本书是专门介绍它的。一旦大部分氢由可再生能源来生产，它也将成为可持续能源经济背景下（包括运输部门）理想的存储介质。

　　技术上的挑战在于开发必要的组件并将系统集成到整个生态方案中。其中，在不同的情况下，现有的天然气管网也可用于分配和存储。根据应用情况，必须注意整个管网的优化。

　　本书介绍和评估了所有这些事实以及各自发展的技术状况，并且分析了替代方案。因此，本书概述了未来可持续能源供应背景下的氢的技术和前景，以及它如何在巴黎气候峰会决议后立即实施。

　　经济、工业和政治领域的专家和决策者可在本书中为他们制定策略找到可靠的基础。

　　我希望本书有很多感兴趣的读者，并希望读者们受到本书的激励，在自身进一步发展的思路和决策中取得成功！

恩斯特·乌尔里希·冯·魏茨泽克

2017年1月

第2版前言

自 20 世纪 70 年代以来，公众一直在讨论基于使用可再生能源的可持续能源供应，以替代在此之前几乎占有全部份额的化石能量载体。这些考虑的出发点是基于当时的原油危机、采购和运输问题（如"苏伊士运河危机"）所引发的化石资源有限性意识的提高。

此外，"罗马俱乐部"（Club of Rome）的报告让人们注意到化石能量载体对环境的破坏，其中 CO_2 排放导致的气候变化首当其冲。即使由于发现了新的（大多是更复杂、更容易获得的）矿床，化石资源的供应在此期间得到了缓解，关于化石资源有限性的基本观点仍然是正确的。由于世界人口不断增长，越来越多的群体参与到"能源繁荣"中，导致能源问题变得越来越严重。此外，研究表明，消耗化石能量载体时的 CO_2 排放所造成的经济损失要比当今的气候保护更为昂贵。

原则上，解决这一问题的唯一方法就是利用可再生能源。然而，至少对于风能和太阳能来说，其供应会受到相当大的时间上和统计学上波动的影响，并且很难按需求提供。只有大规模存储才能弥补这种不连续性，因为它必须能够在数天甚至数周内平衡能量。更好的电网扩展虽然可以为局部的（但不是时间的）补偿做出贡献，但已经表明，在德国，即使是将风电从北向南引入，电网扩展也是困难的。将电网扩展到整个欧洲将更加困难。

在德国，已有通过抽水蓄能电站和通过压缩空气蓄能电站实现大规模电力存储的应用，这两种方案存储了势能。只有通过使用化学能载体，才能在存储设施内以更高的能量密度在更长的时间内进行大规模存储。随着燃料电池的使用，氢在电能再转换方面可以提供高效率。

自从德国政府推动能源转型以来，所有这些讨论都大大加剧了。"能源转型"不应理解为仅仅是"电力转型"，而应理解为所有能量的形式，包括电力、热力和燃料的再生。未来，能量的利用将越来越网络化，例如通过热电耦合，将一个转换流程覆盖多个领域。其中，氢在这里将发挥核心作用，因为它可以通过多种方式从所有可再生的能源中生产，然后以不同方式存储并零排放地直接转化为电能，此外，还可以转化为动能和热能。除了这种多样性，也考虑到了使用氢的成本。氢很少需要季节性的存储，并且相对昂贵，但由于它同时也可用作交通运输、生产过程等的燃料，以及在化工和食品工业中作为原料，用于家庭能量供给和应急电源供给以及为电网提供调节功率，可以预见其经济用途非常广泛。所有这一切都需要连续生产，即大规模电解，电解应使用来自可再生能源的电力并根据供应的波动以可扩展的方式运行。就此而言，未来的能源系统将比传统的能源系统更加复杂，但也应创造最佳条件，将生产者和消费者联网，作为普遍节能的基础。

在此背景下，值得注意的是，当有足够可用的可再生能源用于发电，当将氢用作所产生的电力的存储介质，当氢用于再转化或以物质形式分配时，则可以影响到国民经济价值链中的所有环节。

其中，电网和燃气管网之间的相互作用尤为重要。燃气管网能够吸收、运输和存储大量的能量。氢可以掺入天然气中，但它只能用作产生热能。为了可以高效率地使用，例如作为远程运输的电动汽车的燃料，则需要纯氢，对此，本书第 4 章将做详细介绍。氢的一些其他应用，例如在安全相关的系统中燃料电池的缺氧使用，将在后面的章节中讨论。

并非所有使用方法或其中所需要的设备都处于同一发展水平。有些已经准备好进行批量生产或已经市场化，例如燃料电池电动汽车、零排放和不间断电源以及家用供暖系统，其他的系统正进行现场试验。在第 2 版中，这些与应用相关的章节已更新，以反映最新的技术状态。

随着技术进一步的发展，协同效应如同氢基础设施的改善一样值得期待。

对于氢的经济性应用，成本价格当然是决定性的。本书第 13 章给出了不同产氢方法的成本比较。通过水的电解从可再生一次能源生产氢这种最重要的能量转换方法在第 11 章和第 12 章中进行描述。兆瓦级的大型电解槽为集中式制氢开辟了全新的领域。最后，在第 14 章中讨论了燃料电池及其应用的现状和未来。这些章节经过了很大程度的修订，特别是关于最新的发现和进一步的观点。

此外，本书在第 1 版基础上还增加了两个部分：一个是关于氢的盐穴存储，另一个是"从电力到 X"（Power – to – X），即将燃气在能源系统中的作用视为对所有未来可能性的总结。

当然，这本书并不能说是最完整的。氢的可能用途是广泛的，未来，必将进一步挖掘其潜力。但氢作为能量载体的市场导入临界点已经过去了。通过这本书，作者、编辑和出版商希望让工程师、技术人员和管理人员有机会考虑开始使用这项技术，寻找合作机会并拓宽他们对整个领域的知识面。

氢当然不是将现有能源结构转型为最终的、可持续的能源供给的灵丹妙药，但它作为典范将为德国的能源转型成功做出重要贡献。

约翰内斯·特普勒（Johannes Töpler），德国氢能与燃料电池协会，埃斯林根大学

约亨·莱曼（Jochen Lehmann），德国氢能与燃料电池协会，施特拉尔松德应用科学大学

译者的话

始于 19 世纪后半世纪的世界石油资源的持续开采，成全了内燃机行业的不断发展。一个半世纪过去，成也萧何，败也萧何，化石能源作为不可再生的资源一再引发人类对能源枯竭的焦虑，加上面对日益严峻的全球气候问题，化石燃料转而变成拖累内燃机作为普遍的汽车动力不可疏解的顽疾。我与内燃机结缘已四十多年，一直致力于代用燃料和节能、减排技术的研究。这是我热爱的事业，内燃机的工作过程于我而言就是美妙的舞蹈和音乐，而内燃机本身就是精美的艺术品。积极寻求兼具环保和经济性并可持续的代用燃料是车用内燃机的一条救赎之路。

而在碳达峰、碳中和的大时代背景下，对可再生能源的利用显得更为重要。基于风能、太阳能、水能等既节能又环保的一次能源的"可再生电力"在不同的国家和地区具有不同的发展潜力，而电力的生产与应用之间的不平衡又导致了众多的"Power to X"（PtX）路线，这其中氢在 PtX 应用中以及氢本身作为通用的能量载体以及多用途性，在整个能源转换中扮演着重要的角色，全面展示了氢能战略的内涵。

在整个可再生能源系统的全生命周期中，即便在某些环节不具有效率的优势，然而，社会效益的考量可能占到更大的比重。

同时，还需要关注的是不同国家和地区、不同的经济发展状态和政策，对能源的全生命周期的有效利用也起到了巨大的影响作用。

所以，关于氢能产业的发展，需要从多个维度去综合地分析，而这本书，应该说是比较系统和全面的。

本书的出版得到了艾尔维汽车工程技术（上海）有限公司的资助。IAV 公司于 1983 年成立，总部在柏林的卡诺大街（Cannot Straße）上，据悉是当时德国柏林工业大学汽车研究所的教授发起的。2004—2005 年我在德国柏林工业大学内燃机研究所做高级访问学者时，每天都从 IAV 总部经过。当时没有机缘去参观拜访，反而在一年后的上海，与其时在中国出差的 IAV 的 CEO 和发动机部经理有了一次相遇，当时还有恰逢在同济大学中德学院讲学的柏林工大 Pucher 教授，Pucher 教授的故交、我在上海交通大学做博士所在团队的导师顾教授，同济大学的陈教授等业内人士。Pucher 教授的研究所与 IAV 公司柏林总部相邻，这是一次充满奇遇的愉快聚会。期间我与 IAV 公司 CEO 就 IAV 中国市场拓展方面进行了简短的交流，他便邀请我去德国总部访问。之后 2007 年 6 月的德国 IAV 总部之行，从此开启了与 IAV 公司的长期的、多方面的紧密合作。

与别的知名的汽车和发动机咨询公司有所不同，IAV 公司成立之初就获得德国大众汽车的投资（一直持有50%股份），因此，发展迅速，迄今为止，在全球数十个国家和地区设有子公司或办事处，有8000多名员工。IAV作为全球主要汽车制造商和零部件供应商的领军工程合作伙伴，在过去30多年整车（及全产业链）开发经验的不断积累中，具备了丰富的工程化和量产经验，能够为客户提供全方位的解决方案。尽管大众是大股东，但是IAV的业务遍及全行业的重要客户。

IAV十分重视中国市场，2005年，IAV全资子公司，即艾尔维汽车工程技术（上海）有限公司，在上海嘉定区的上海国际汽车城内正式成立，2012年和2021年北京和合肥分公司相继成立，从而更好地为IAV中国客户提供直接、简单、专业、可靠的优质服务和解决方案。

IAV上海公司成立后，我们的联系和合作更加密切，无论是教学或是研发和应用。为了共同推动中国的新能源产业的科研、开发和教学，IAV上海公司赞助了这本中译本的出版。

本书的出版，要特别感谢孙鹏先生，我们的合作越来越牢靠和默契，本书正是在他的精心组织、策划和协调、推动下才得以顺利付梓。

本书由同济大学汽车学院汽车发动机节能与排放控制研究所倪计民教授团队负责翻译：

倪计民：现供职于同济大学；

乔瀚平：现为同济大学汽车学院硕士研究生，翻译正文1~8章；

乔鹏利：现为同济大学汽车学院硕士研究生，翻译正文9~16章；

倪计民翻译其他内容。

全书由倪计民校对。

感谢同济大学汽车学院汽车发动机节能与排放控制研究所石秀勇副教授和团队的所有成员（已毕业和在校的博士生、硕士生）为团队的发展以及本书的出版所做出的贡献。

感谢我的太太汪静女士和儿子倪一翔先生，让我更关注环境和世界的未来。同样感谢家人对我的支持和鼓励！

目　录

序

第 2 版前言

译者的话

第 1 章　作为战略性二次能量
载体的氢 ……………… 1

1.1　框架条件 ……………… 1

1.2　氢和能源产业 ……………… 3

1.2.1　氢的性质 ……………… 3

1.2.2　氢的生产 ……………… 4

1.2.3　由化石能量载体和生物质
制氢 ……………… 4

1.2.4　通过热能分解水 ……………… 6

1.2.5　通过电能（电解）分解水 … 6

1.2.6　通过阳光分解水（光催化） … 8

1.3　氢的运输和存储 ……………… 8

1.3.1　气态或液态氢的运输 ……………… 8

1.3.2　通过管道进行氢分配 ……………… 9

1.3.3　盐穴中氢的存储 ……………… 9

1.4　氢作为化学原材料的应用和
在能量转换技术中的应用 ……… 10

1.4.1　氨的生产 ……………… 11

1.4.2　石化行业中的氢 ……………… 11

1.4.3　氢和燃料电池 ……………… 11

1.4.4　氢作为汽车燃料 ……………… 12

1.4.5　氢作为飞机燃料 ……………… 13

1.4.6　氢作为 CCS 电厂的
中间产品 ……………… 13

1.4.7　钢铁生产工业中的氢 ……… 13

1.4.8　氢作为甲烷和甲醇生产的
原材料 ……………… 14

1.5　氢经济：竞争对手和可能的
整合 ……………… 14

1.5.1　氢和交通运输 ……………… 15

1.5.2　氢和核聚变：从另一个角度
审视 ……………… 16

1.6　总结和展望 ……………… 16

参考文献 ……………… 17

第 2 章　氢在电力系统大规模储能
中的作用 ……………… 18

2.1　引言 ……………… 18

2.2　研究主题 ……………… 19

2.3　大规模存储技术 ……………… 19

2.3.1　抽水蓄能电站（PSW）…… 20

2.3.2　非绝热压缩空气储能电站
（CAES）……………… 20

2.3.3　绝热压缩空气储能电站
（AA - CAES）……………… 20

2.3.4　氢存储系统 ……………… 20

2.3.5　甲烷存储系统 ……………… 21

2.4　模型描述 ……………… 21

2.5　研究场景的描述 ……………… 22

2.5.1　一般的数据基础和假设 …… 22

2.5.2　敏感性分析的说明 ……………… 23

2.6　结果 ……………… 24

2.6.1　基本场景 ……………… 24

2.6.2　敏感性分析 ……………… 25

2.6.3　氢应用的季节性和
电力结构 ……………… 27

2.7　结论和总结 ……………… 29

参考文献 ……………… 30

第 3 章　氢的应用安全性 ……… 32

3.1　概述 ……………… 32

3.2 氢的危险特性 ·············· 32
  3.2.1 易燃性 ················ 33
  3.2.2 小的分子 ·············· 34
  3.2.3 低温 ·················· 34
  3.2.4 其他 ·················· 35
3.3 防爆 ···················· 35
  3.3.1 区域 ·················· 36
  3.3.2 一次防爆 ·············· 36
  3.3.3 二次防爆 ·············· 37
  3.3.4 结构性防爆 ············ 37
  3.3.5 法律方面的框架条件 ···· 38
3.4 存储 ···················· 38
  3.4.1 压缩气体 ·············· 39
  3.4.2 低温液体 ·············· 39
  3.4.3 熔融物 ················ 40
  3.4.4 超临界流体 ············ 40
  3.4.5 地下存储 ·············· 40
  3.4.6 化合物 ················ 41
  3.4.7 法律上的框架条件 ······ 41
3.5 运输 ···················· 42
  3.5.1 管道 ·················· 42
  3.5.2 道路 ·················· 42
  3.5.3 其他交通路线 ·········· 43
  3.5.4 法律上的框架条件 ······ 43
参考文献 ···················· 43

第4章 移动式应用 ············ 44
4.1 可持续的移动性 ·········· 44
4.2 动力总成的电气化 ········ 50
4.3 对燃料电池汽车和燃料电池动力
    总成的要求 ·············· 53
  4.3.1 技术要求/法规 ········ 54
  4.3.2 立法要求/法规 ········ 54
  4.3.3 车辆制造商的内部要求 ·· 54
4.4 燃料电池动力总成的技术
    实施 ···················· 55
  4.4.1 乘用车的具体特点 ······ 55

  4.4.2 货车的具体特点 ········ 56
  4.4.3 客车的具体特点 ········ 56
4.5 燃料电池驱动的主要系统···· 59
  4.5.1 燃料电池堆 ············ 59
  4.5.2 燃料电池系统 ·········· 61
  4.5.3 高压（HV）架构 ······ 63
  4.5.4 运营管理挑战：效率和
        冷启动 ·············· 64
4.6 移动式应用的氢存储系统···· 67
  4.6.1 压力存储设施 ·········· 67
  4.6.2 液态氢的存储 ·········· 71
  4.6.3 氢化物 ················ 71
  4.6.4 其他方案 ·············· 73
4.7 移动式应用中燃料电池技术的
    历史 ···················· 74
  4.7.1 货车和乘用车 ·········· 74
  4.7.2 城市公交车 ············ 77
  4.7.3 其他移动式应用 ········ 81
4.8 展望 ···················· 83
参考文献 ···················· 85

第5章 氢和燃料电池在航空中的移
      动式应用 ·············· 88
5.1 引言 ···················· 88
5.2 氢作为主要动力 ·········· 88
5.3 商用飞机上燃料电池的功能 ·· 90
5.4 燃料电池在飞机上作为"小型"应
    急发电装置 ·············· 95
5.5 商用飞机在机场的电动滑行 ·· 95
5.6 小型飞机中的燃料电池 ····· 96
5.7 无人机中的燃料电池 ······· 97
5.8 总结 ···················· 100
参考文献 ···················· 101

第6章 住宅能量供应中的
      燃料电池·············· 104
6.1 热电联产 ················ 104
6.2 为什么仍然是燃料电池 ···· 106

6.3 基于天然气的燃料电池加热
装置 ············ 109
6.4 住宅内燃料电池加热
装置的集成 ········ 113
6.5 使用可再生能源的燃料
电池加热装置 ······ 115
6.6 燃料电池加热装置的现状和
展望 ············ 117
参考文献 ············ 117

第7章 备用电源············ 118
7.1 意义和应用领域 ······ 118
7.2 技术状态 ············ 118
7.2.1 USV系统 ········ 119
7.2.2 应急电源系统（NEA） ··· 120
7.3 采用燃料电池的备用电源 ······ 121
7.3.1 重要要求和合适的燃料
电池类型 ········ 123
7.3.2 合适的燃料电池系统的
设计特征 ········ 124
7.4 技术比较 ············ 124

第8章 与安全相关的应用········ 127
8.1 燃料电池和防火 ······ 127
8.2 减氧概述 ············ 128
8.2.1 材料的保护 ········ 129
8.2.2 人员的逗留 ········ 130
8.2.3 保护区 ············ 130
8.3 燃料电池的新应用 ······ 131
8.4 结论 ············ 132
参考文献 ············ 133

第9章 便携式燃料电池········ 134
9.1 引言 ············ 134
9.2 技术状态 ············ 134
9.2.1 氢系统 ············ 134
9.2.2 直接甲醇燃料电池 ··· 135
9.2.3 带前置重整器的燃料
电池系统 ········ 137
9.2.4 小功率的固体氧化物燃料

电池 ············ 137
9.3 储氢设施 ············ 138
9.4 微型燃料电池 ········ 138
参考文献 ············ 139

第10章 常规、低碳、绿色的氢的
工业化生产和应用 ····· 141
10.1 引言 ············ 141
10.2 氢作为工业原材料 ······ 142
10.2.1 按行业划分的全球应用
情况 ············ 142
10.2.2 工业应用 ········ 142
10.3 氢的生产 ············ 143
10.3.1 利用化石资源的传统
生产 ············ 143
10.3.2 来自化石资源的低碳
生产 ············ 146
10.3.3 可再生（绿色）氢的
生产 ············ 147
10.3.4 氢的温室气体强度的
检测系统 ········ 148
10.4 氢的运输和分配 ······ 148
10.5 工业上低碳制氢的应用········ 149
10.5.1 低碳和绿色氢的主要应
用方式的比较 ········· 149
10.5.2 在工业中低碳制氢应用的
机遇和障碍 ········ 151
10.6 采取行动的必要性 ······ 152
参考文献 ············ 153

第11章 电解方法 ········ 155
11.1 引言 ············ 155
11.2 物理化学基础 ······ 157
11.3 碱性电解 ············ 160
11.4 PEM电解 ············ 162
11.5 高温电解 ············ 163
11.6 技术现状 ············ 165
11.6.1 碱性电解概貌 ········· 165

11.6.2　PEM 电解概貌 ………… 166

11.7　当今应用示例 ………… 167

11.7.1　从电力到气体（Power - to -
　　　　Gas） ………… 167

11.7.2　加注站 ………… 168

11.8　展望 ………… 168

参考文献 ………… 169

第 12 章　大型电解系统的发展：
　　　　　需求和方法 ………… 172

12.1　引言 ………… 172

12.2　为什么需要大型电解系统以及
　　　"大型"是什么意思 ………… 172

12.3　大型电解系统的开发必须吸收
　　　其他领域的哪些经验 ……… 175

12.4　为大型电解系统设计哪些安全性
　　　方案 ………… 179

12.5　这些大型电解系统的持续运行需要
　　　哪些服务 ………… 180

12.6　展望 ………… 182

参考文献 ………… 183

第 13 章　在基于可再生能源的供应
　　　　　系统中提供氢的成本 … 184

13.1　引言 ………… 184

13.2　在互补的供应系统中的
　　　电力和氢 ………… 185

13.3　氢的生产 ………… 186

13.4　氢的运输和分配 ………… 188

13.5　将氢与可再生能源整合到能源
　　　系统中 ………… 189

13.6　总结 ………… 193

参考文献 ………… 195

第 14 章　聚合物电解质膜燃料
　　　　　电池（PEFC）的
　　　　　现状和观点 ………… 197

14.1　摘要 ………… 197

14.2　引言 ………… 197

14.3　聚合物电解质膜燃料电池的

总体设计 ………… 201

14.3.1　膜电极组件（MEA） … 202

14.3.2　聚合物电解质膜 ……… 203

14.3.3　催化剂 ………… 205

14.3.4　催化剂层 ………… 208

14.3.5　气体扩散层（GDL）… 212

14.4　双极板 ………… 214

14.4.1　双极板的功能和特性 …… 215

14.4.2　金属双极板与石墨复合
　　　　双极板的比较 ………… 219

14.5　密封件 ………… 220

14.6　电堆集成 ………… 222

14.7　对电堆成本的考虑 ………… 225

14.8　与其他燃料电池技术的
　　　区别 ………… 228

14.8.1　碱性燃料电池（AFC）… 229

14.8.2　磷酸燃料电池（PAFC）和
　　　　高温聚合物电解质膜燃料
　　　　电池（PEFC）………… 230

14.8.3　熔融碳酸盐燃料电池
　　　　（MCFC）………… 230

14.8.4　氧化物陶瓷燃料电池
　　　　（SOFC）………… 231

参考文献 ………… 231

第 15 章　盐穴储氢 ………… 236

15.1　引言 ………… 236

15.2　盐穴储能的历史 ………… 236

15.3　盐穴储氢技术 ………… 238

15.4　氢洞穴在能源转型实施中的
　　　作用 ………… 239

15.5　德国盐穴中氢的存储潜力 … 241

15.6　展望 ………… 242

参考文献 ………… 242

第 16 章　氢从电力到 X（Power -
　　　　　to - X）的关键元素 … 244

16.1　引言 ………… 244

16.2 从电力到氢 ……………… 245
　16.2.1 电力供应 ……………… 246
　16.2.2 电解 …………………… 247
　16.2.3 储氢设施 ……………… 249
　16.2.4 PtH_2 装置方案 ……… 250
16.3 从电力到甲烷 …………… 251
　16.3.1 高温电解 ……………… 253
　16.3.2 甲烷化 ………………… 253
　16.3.3 CO_2供给 …………… 254
16.4 从电力到液体 …………… 257
　16.4.1 PtL 的生产 …………… 257
　16.4.2 案例研究：喷气燃料 …… 259
　16.4.3 PtL 作为燃料是有意义的
　　　　 还是无稽之谈 ………… 259
16.5 PtX 燃料比较 …………… 260
　16.5.1 PtX 组件的技术成熟度

等级 ……………… 260
　16.5.2 "从油井到油箱"（well-
　　　　 to-tank）的 PtX 生产
　　　　 效率 ………………… 261
　16.5.3 案例分析：乘用车"从油
　　　　 井到车轮" ………… 262
16.6 氢的系统性观点 ………… 267
　16.6.1 以交通运输的电力需求为例，
　　　　 从电力系统角度看可再生电力
　　　　 （EE）与 PtX 的集成…… 268
　16.6.2 PtH_2作为部门耦合的关键
　　　　 组件 ………………… 268
　16.6.3 案例研究：炼油厂
　　　　 中的氢 ………………… 270
16.7 总结和展望 ……………… 271
参考文献 ……………………… 273

第1章 作为战略性二次能量载体的氢

1.1 框架条件

技术转型经常与进化相提并论。创新意味着选择在市场上盛行的突变或在大多数情况下再次消失的变异。与变异不同的是，技术创新不是随机过程的结果，而是受某个问题或特定挑战的控制。然而，一项新的技术必须要在市场中和社会上占有一席之地，仅凭新颖性当然不足以成为其基础。因此，技术史上存在很多只是短暂闪现然后又被遗忘的创新。使用氢作为能量载体，必将会是一项杰出的创新，因为其对经济和社会将产生重大的影响。过去，能源经济的框架条件一再发生变化，从而有利于新技术的兴起并且危及老技术的生存。从这一点来看，应该讨论一些在未来几十年内可以预测的趋势，这对于氢作为能量载体的命运具有决定性意义。

以下讨论仅限于对未来整个能源系统具有重要意义的一般性框架条件的引导性考虑。第一个讨论与能源需求的增加有关；第二个讨论涉及化石能量载体的可用性和成本；第三个讨论涉及能源与环境之间的相互关系，在这里特别是减少温室气体排放的全球政策；最后一个讨论围绕可再生能源应用的扩展，这对可持续能源系统的基础设施提出了全新的要求。

当然不能简单地预测能源需求，特别是电力需求的进一步发展趋势。迄今为止，已经观察到经济表现与能源需求，特别是电力需求之间的密切联系。21世纪初，能源需求的急剧增长主要与亚洲新兴国家的发展有关。这里只给出一些非常简单的观点，以阐明在未来几年内可以预期的情况。2012年，德国消耗了13500PJ的一次能源，根据BP公司的声明，如果在2050年或再迟数年以后，全球90亿人口有类似的消耗水平，全球能源需求将从2014年的541EJ增加2倍，达到1500EJ左右，这样的增长当然会给整个能源市场带来巨大的压力。而能源效率的持续提高能在多大程度上抑制这种增长，这当然很难评估。电力部门的相关估计表明，届时发电量将增加2倍。总而言之，可以肯定，只有能源供应大幅增加，同时能量效率大幅提高，才有可能实现全球商业性能源服务性质的供应。

化石能量载体的成本和可用性是许多研究的主题，也有相当多的推测。价格的短期波动受多种难以预测的因素的影响，从开采到运输再到炼油厂精炼的整个生产链中的瓶颈可能导致相当大的价格波动。然而，整个生产链上的产能投资又取决于旧的价格结构，故而会出现时间上的滞后性。因此，21世纪初石油需求的急剧增长导致价格大幅上涨，这种高的价格导致投资者甚至对重油和焦油砂等非常规石油储量感兴趣。正如 Citygroup 公司的一项研究预测并得到国际能源机构（IEA）证实的那样，美国在未来几十年内成为世界上最大的石油生产国，这肯定会对世界其他地区的石油价格和供应产生重大影响。除了常规存储场地之外，在多大程度上可以使用非常规的化石能量载体，这无疑是未来几年决定替代技术能否成功的关键问题之一。在任何情况下，大量使用非常规化石能源在所有情况下都将阻碍2℃气候目标的实现。

气候谈判的进一步发展以及减少温室气体排放的国家、国际目标和工具将代表能源领域技术转型的决定性框架条件。对此，在过去几年中，已经开发和使用了许多不同的政策工具，重要的例子如生态税、上网电价或碳排放交易。工具的多样性以及政策影响的多样性反过来又使预测变得非常困难，尽管如此，科学研究都表明，CO_2 的无限制排放将在中长期对人类、环境和气候产生相当大的负面影响（图1.1）。自20世纪90年代初以来，政府间气候变化专门委员会（IPCC）一直在许多报告中收集气候变化的科学依据。

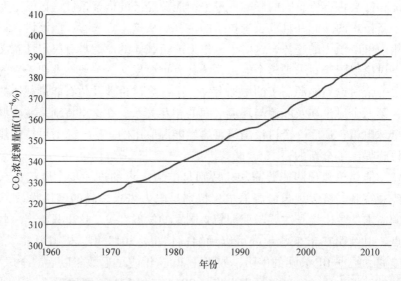

图1.1　大气中 CO_2 浓度的变化。自1959年以来，在莫纳罗亚山（Mauna Loa）
上测量的数据，可以观察到 CO_2 浓度的稳步增长

因此，可以假设，世界上迟早会出现一个广泛的联盟，通过国际法规来限制排放。在这方面，可以预期，在21世纪上半叶某个时候，碳以及碳氢化合物的使用

将受到限制，随后所应用的政策工具将决定有哪些新技术以何种速度进入市场。

可再生能源导致整个能源系统发生重大的变化。生产的最佳地点往往远离消费中心，而且生产与消耗在时间上并不重合。因此，必须在这里创造一种新的平衡，这种平衡将生产与消耗重新关联起来，这可以通过许多不同的方式来完成。总的来说，正在深入讨论更多的选项，其中，新的能源网络的创建和新的存储技术的构建起着决定性的作用。氢既是全球能源运输也是能源存储的一个重要的选择。

1.2 氢和能源产业

氢是宇宙中最轻、最丰富的元素。在地球上，氢仅以化合物的形式存在，即存在于水、碳氢化合物或矿物中，氢是化工和石化工业的重要原料。

长期以来，人们一直在讨论氢作为一种新的终端能量载体，它应该保证与电力一起或代替电力向可持续的能源产业突破。对于氢的引入，有许多类似的论点被反复提出。第一种论点涉及以这种方式存储来自间歇性的可再生能源（例如风能和太阳能发电厂）的电力的可能性；第二种论点涉及零污染或至少是低排放地转换为热能、动力或电力；第三种论点涉及燃料电池和氢在小型动力装置中的使用。其中，预计前两种技术的引入将导致发电向小型的、分布式生产技术的模式转变。

对此，人们已经多次尝试将氢引入能源产业，特别是汽车工业将氢动力以及氢燃料电池汽车推向市场进行了大量努力。

尽管如此，如今在化学工业中，氢作为基础材料已经发挥了重要的作用，迄今为止，氢主要从天然气等化石能量载体中获取。从长远来看，必须要开发新的选择。

在对氢的生产、分配以及实际的和可能的应用情况进行简要介绍的基础上，将在总结性的概述中讨论氢作为基础材料和作为终端能量载体的可能意义的广度。其中，应讨论三种可能的发展路径。氢作为一种化学原材料的重要性不言而喻；氢渗透到各个部门，例如钢铁生产或空中交通；或者氢将成为像如今常用的天然气一样的终端能量载体。这三种发展路径可以视为替代方案，也随着时间的推移而发展，最后，氢的三种替代发展路径将被整合到能源产业的总体发展中。

1.2.1 氢的性质

1766 年，英国博物学家亨利·卡文迪什（Henry Cavendish）发现了氢。

根据流行的宇宙学理论，氢是大爆炸之后唯一的元素，然后在聚变反应中由氢形成其他元素。在固体地壳中，氢的比例为 0.88%（质量分数）。氢仅以水、碳氢化合物或矿物质的形式存在于地球上。

氢是一种无色、无味的气体，在正常状态下，氢是双原子分子。氢有三种同位素，简单的氢和重氢（也称为氘）是稳定的，而超重氢（即氚）会发生放射性衰变，因此它实际上不会在自然界中产生。

与其他燃料相比，氢的质量热值很高，而体积热值较低。从其物理性质可以看出氢与存储和运输相关的问题（表1.1）。

表1.1 氢的基本性质

性质	数值	单位
气态密度	0.0899	kg/Nm^3
液态密度	70.79	kg/m^3
熔点温度	14.1	K
沸点温度	21.25	K
低热值	3.00	$kW \cdot h/Nm^3$（体积的）
	33.33	$kW \cdot h/kg$（质量的）
	2.79（液化）	$kW \cdot h/L$
高热值	3.5	$kW \cdot h/Nm^3$

1.2.2 氢的生产

氢是从碳氢化合物或直接从水中获得的，碳氢化合物可以是化石能量载体或生物质的形式。氢可以通过电解、热化学、光生物或光催化方法从水中获得。氢从碳氢化合物中分离主要通过蒸汽重整进行，但也有其他方法，如部分氧化。在任何情况下，制氢除了碳氢化合物或水之外还需要能量，这些能量必须以电、热或光的形式提供。其中，提供电力和热能的方式有许多种。制造方法决定了氢的价格，然后还必须将这个预处理过程中产生的排放和环境影响考虑进去。

如今，由化石能量载体制氢是主要的制氢技术（图1.2），电解只起次要作用，热化学分解水、光催化或光生物方法仍处于开发阶段。从长远来看，化石能源不能作为氢的主要来源，因为它们的长期可用性是有限的，并且在生产过程中产生副产品 CO_2。

1.2.3 由化石能量载体和生物质制氢

2010年，96%的氢来自于化石能量载体，迄今为止，最常见的方法是蒸汽重整。

天然气的蒸汽重整分两步进行。第一步，由甲烷和水在高压（15～25bar，1bar=0.1MPa）和高温（750～1000℃）条件下生成一氧化碳和氢，反应通过一种催化剂而加速。第二步，通过加入水由一氧化碳产生二氧化碳和氢（置换反应）。

$$CH_4 + H_2O \rightleftharpoons CO + 3H_2 \quad \Delta H = 206.2 kJ/mol$$

$$CO + H_2O \rightleftharpoons CO_2 + H_2 \quad \Delta H = -41.2 kJ/mol$$

基于天然气的热值，制氢总效率为70%，其成本随着装置规模的增大而显著降低，该方法如今已在许多大型装置中使用。如今，可以提供各种量级的制氢装置，从 $1000Nm^3/h$ 到 $120000Nm^3/h$ 不等（图 1.3）。

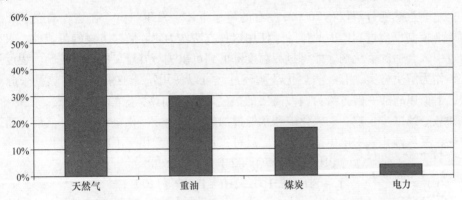

图 1.2 超过 90% 的氢由化石能量载体来生产，只有 4% 通过电解从电力中获得

图 1.3 通过蒸汽重整从天然气中获得氢，该图为 Linde 公司的装置（图片来自 Linde 股份公司）

部分氧化是另一种方法，在此方法中，将氧添加到煤、原油或天然气这些化石原料中并加热。氧的量少于化学计量所需的量，因而不会发生完全燃烧。反应产物是一氧化碳和氢，然后通过置换反应再获取氢和二氧化碳。

对此，原则上可以从所有碳氢化合物或煤中获得氢。其中，氢的成本主要取决于原材料的成本，价格下限由原材料价格与生产过程的效率的比值来决定。然后是装置的资本成本和运营成本。

如前所述，由于运营成本和装置成本会随着装置规模的增大而降低，因此相关企业正在努力构建大型装置，并通过一个管道系统为更多的消费者供氢。

1.2.4　通过热能分解水

水通过热能分解仅在2000℃左右的高温下才会发生。由于在这种高温下无法简单地控制反应过程，因此排除了使用这种方法作为实际解决方案的可能性。只有通过引入合适的催化剂才能将过程温度降低到可以进行有意义的过程控制的程度。

作为解决方案，有一些热化学循环过程可以使用特殊的催化剂和热量来分解水，下面以硫酸-碘方法为例做简要的描述。通过加热，硫酸被分解成二氧化硫、水和氧。第二步，碘、二氧化硫和水通过加热再次生成碘化氢和硫酸。然后，通过加热，又从碘化氢中产生碘和氢，之后可以将碘和硫酸用于下次反应过程中。

$$2H_2SO_4 \Rightarrow 2SO_2 + 2H_2O + O_2 \,(830℃)$$
$$I_2 + SO_2 + 2H_2O \Rightarrow 2HI + H_2SO_4 \,(120℃)$$
$$2HI \Rightarrow I_2 + H_2 \,(320℃)$$

过去还开发了一些其他制氢过程。

这些方法的产生尤其与高温反应装置和太阳能热装置的开发有关。这些制氢过程的效率为50%左右，明显低于蒸汽重整和电解。然而，热量的直接利用导致整个系统具有较高的利用效率。

尽管进行了大量的研究工作，但迄今为止该路线还没有建立起任何实用方法，仍然处于研发阶段。

1.2.5　通过电能（电解）分解水

电解是电化学的开端，早在19世纪初就有人对其进行了实践和理论研究。

化学反应的热力学由吉布斯-亥姆霍兹（Gibbs-Helmholtz）方程 $\Delta G = \Delta H - T\Delta S$ 给出。如果在一个反应中的自由焓 ΔG 为负，则为自发反应。在水的分解这种情况下，ΔH 为正，ΔS 也为正，因此水的自发分解仅在非常高的温度 T 下才发生。如上所述，水只有在2000℃左右才能发生分解。在电解过程中，施加对应于自由焓 ΔG 的电压以激发反应。从方程式中可以看出，在更高的温度下所需的电压会降低。

电解能够利用电能从水中直接产生氢和氧。在化学工业中使用电解方法来合成各种物质，比如铝和钠的生产。

电解槽由一个阴极、一个阳极、一个隔膜和一种电解质所组成。根据电解的类型不同，在阳极和阴极会发生不同的反应，以及产生通过电解质进行电荷传输的不同的电荷载流子。

电解方法在所使用的电解质、工作压力和工作温度方面有所差异，通常使用碱性溶液或固体电解质作为电解质。下面简要讨论以下四种方法：

- 碱性电解
- 碱性压力电解

- 质子交换膜（PEM）电解
- 基于陶瓷固体电解质的高温电解

碱性电解方法是当今应用最广泛的技术，在碱性电解中，使用氢氧化钾（KOH）作为电解液。电极由隔膜隔开，隔膜仅允许离子传输，从而可以实现必要的电荷交换。

通过增加系统压力，可以实现与系统外设更简单的匹配，并且还可以使得结构尺寸更加紧凑。如今，实验室压力可达到120bar，商用装置的压力可达到30bar（$1bar = 10^5 Pa$）。

质子交换膜（PEM）电解在一定的温度范围内（$30 \sim 100℃$）工作。电解质是一种聚合物，在电极上铂被用作催化剂。目前，一些工业公司正在大力发展PEM电解技术，但迄今为止尚未达到碱性电解槽的效率。预计这种电解装置也适用于小型动力单元。

通过电解槽生产氢是一种经过验证的技术，当氢的热值与电功率相关时，其效率为70%。该技术如今已经在各种利基应用中使用。

然而，为了说明电解的问题，应该进行一个简单的盈利能力计算。假设有四种场景，见表1.2。

表1.2 四种场景的盈利能力计算

特性	场景1	场景2	场景3	场景4
电力成本	0.05€/kW·h	0.05€/kW·h	0.15€/kW·h	0.15€/kW·h
电解槽投资成本	300€/kW	1000€/kW	300€/kW	1000€/kW
年折旧	30€/kW	100€/kW	30€/kW	100€/kW
年工作时间	5000h	2000h	5000h	2000h
利用效率	75%	75%	70%	70%
氢的成本	0.072€/kW·h（H_2）	0.11€/kW·h（H_2）	0.22€/kW·h（H_2）	0.26€/kW·h（H_2）

电力成本对氢的成本的影响是显而易见的，投资成本和工作时间当然也同样重要，尤其是当工作时间较短时，投资成本的影响尤其显著。无论如何，很明显的是氢比电力更昂贵，这意味着只有在不能直接使用电力的情况下，使用氢才有意义，这也颠倒了能源成本的顺序。如今，电力生产成本各地大约都在0.05€/kW·h，而化学能量载体煤的成本为0.01€/kW·h，燃气的成本为0.02€/kW·h。电力随后成为能源产业的"原材料"，只有在没有电力可用或无法以有意义的方式进行能量转换时，才会使用氢或其他合成的化学能量载体。如果氢是在保证极低电价且没有相应需求地供给时，情况就不同了。

1.2.6　通过阳光分解水（光催化）

在光合作用中，通过光解过程由光和水生产氢和氧。这种过程或类似过程的应用是当今深入研究的主题，人们正在追求两个完全不同的方向：第一个方向试图改变藻类中的生物过程，使太阳光的能量只用于氢的生产；第二个方向试图通过创建"人造叶子"以通过光催化来促进氢的生产。

一些藻类在缺乏硫元素时会产生氢而不是氧，这种现象早在 20 世纪 30 年代就被观察到，然而该过程会因氧的存在而再次停止。近年来，人们已经做出了相当大的努力来调节藻类以维持氢的生产。

也可以通过光照射在催化剂上产生氢。这种类型的第一次反应是在日本用二氧化钛实现的，然而只使用了短波光。近年来，出现了许多有前景的方法。这项工作的目标通常称之为"人造叶子"。

这两个方向清楚地表明，未来可以找到生产氢的替代途径，这可能会显著提高氢的竞争力。

1.3　氢的运输和存储

氢可以以液态或气态形式存储、运输和分配。运输的方式和方法在很大程度上取决于运输的数量和线路。迄今为止，全球只有区域性的氢市场。其中，一些工业中心通过管道供应，除此之外，氢在压力瓶中或以液体形式在罐车中分批运输。

除了可以储存氢以供运输之外，如今用于存储天然气的盐穴还提供了长期存储大量氢的可能性，这种可能性允许季节性地存储氢（见第 2 章）。

在任何情况下，氢的化学性质对所用材料提出了特殊要求。

1.3.1　气态或液态氢的运输

与天然气相同，氢可以作为气体或液体来运输。而与天然气不同的是，氢在这两种途径下都需要消耗更多的能量，这一方面是由于氢具有更低的体积能量密度，另一方面是由于氢具有更低的液化温度。

如今，大部分天然气通过管道从生产地点输送到主要消费点。其中，输送过程中的压力损失一般为 0.1bar/km，因此，必须在压缩机站中进行补偿。管路中的压力不应超过 100bar，压缩所需的功率由体积流量 $\dot{V}_1$ 和压缩前后的压力比 ψ 得出。

根据体积流量与通过低热值或高热值计算的氢的能量含量的乘积，可以得出运输介质的功率流。运输路线的压缩功率与运输介质的功率流的比值是运输过程中能量损失的一个很好的衡量指标。假设氢和天然气的压力损失大致相同，则氢明显更低的体积能量密度会导致氢具有明显更高的能量损失。

当氢为液态时，体积能量密度约增加 100 倍，就此，可以采取完全不同的运输方式。液化天然气（Liquified Natural Gas，LNG）的运输如今已经是一种广泛使用的天然气运输形式，日本和韩国几乎完全以这种方式供应天然气。如果要跨越数千千米跨大陆运输氢，那么这种运输方式将是一种选择。氢仅在 −252.9℃ 时液化，液化通常分几个阶段进行。在 Euro – Hydro – Quebec 的氢项目中，考虑了在加拿大使用非常便宜的水力发电的电力制氢和液化，然后通过船舶将其运输到欧洲的可能性（图 1.4）。

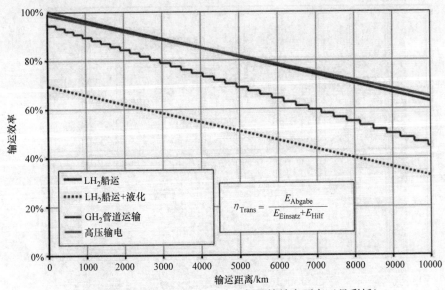

图 1.4　在长距离下，电力传输比氢运输效率更高（见彩插）

1.3.2　通过管道进行氢分配

在工业中心，氢的消耗量很大。生产氢的成本，特别是在蒸汽重整的情况下，随着生产装置规模的增大而显著降低。因此，通过管道网络将大型制氢装置连接到各消费者处通常是有利的。

因此，在许多工业中心建立了一个氢的分配网络，为大量客户提供氢。

在德国的鲁尔区（长度约 240km）和法国的伊斯贝格（长度约 30km）可以找到这种类型的网络。这种网络后来才扩展到比利时的泽布吕赫，然后再向荷兰的鹿特丹扩展。

最长的氢管道网络位于美国得克萨斯州，它为炼油厂和氨生产商提供氢。

这些例子表明，氢的分配也是可行的。

1.3.3　盐穴中氢的存储

可以在盐穴中大规模地存储氢（图 1.5）。多年来，盐穴已成功地用于存储天然气和原油。存储容量为 500000m³ 的盐穴，可在 60 ~ 180bar 的压力下存储约

5000000kg 的氢。这种存储设施的投资成本为 0.09€/kW·h，显著低于其他技术的存储成本，尤其是其他电力存储设施。氢可以通过电解产生并存储，之后在联合发电厂再转化为电能，低的存储设施成本允许季节性存储。因此，这种类型的存储设施可以成为短期存储设施的有效补充，例如抽水蓄能电站、压缩空气存储设施或蓄电池。

图 1.5　通过人工冲洗在盐层中形成洞穴（图片来自 KBB 地下技术）

1.4　氢作为化学原材料的应用和在能量转换技术中的应用

氢是化学工业和石化工业的重要原材料，并具有多种其他工业用途。2007年，全世界大约生产了 6000 亿 m³ 的氢，图 1.6 显示了氢在各个行业的用量。

氨的生产和石化工业是氢的最大消费者。

迄今为止，氢还没有被用作能量载体。尽管如此，几乎所有终端能源部门都有使用氢的想法并进行了努力。这里给出了一些在未来可能变得重要的例子。

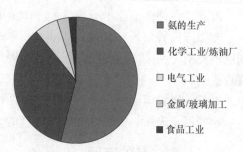

■ 氨的生产

■ 化学工业/炼油厂

□ 电气工业

□ 金属/玻璃加工

■ 食品工业

图 1.6　迄今为止主要用于氨的生产和石化工业的氢（见彩插）

1.4.1　氨的生产

氨是化学工业中一种重要的原材料，尤其是在化肥制造业中。在过去的几十年中，对氨的需求急剧增加。从长远来看，新兴国家的日益繁荣以及与之相关的生活方式和饮食习惯的变化很可能导致对氨的需求进一步增加。

氨是按照所谓的哈伯－博世（Haber－Bosch）方法来生产的，该反应按照 $N_2 + 3H_2 \rightleftharpoons 2NH_3$ 的化学方程式进行。在过去的 60 年中，氨的产量急剧增加，预计未来仍会出现大幅增长（图 1.7）。

从生产氨的化学方程式中可以看出，氢是生产中必不可少的原材料。

图 1.7　过去 60 年氨生产的发展情况

1.4.2　石化行业中的氢

炼油厂对氢的需求不断增加。这是由于更严格的环境法规，特别是硫和氮的分离，以及更多地使用碳含量更高的重油。

在炼油厂的多个领域中会使用氢，这里应该明确地提到其中两个。在现代加氢裂化装置中，使用热量和氢从重油中生产轻质油，将氢－碳比例低的长链碳氢化合物转化为氢－碳比例更高的短链碳氢化合物，必须从外部向该过程添加额外的氢。

对燃料中硫含量的要求不断提高，总是需要更有效的脱硫方法。在炼油厂中，通常通过添加氢来脱硫。氢与硫结合形成硫化氢，然后可以从工艺流程中去除。大多数情况下，部分氢会在第二步过程中被回收。

因此，提供氢是炼油厂优化生产的一个非常重要的步骤。

1.4.3　氢和燃料电池

在燃料电池中，化学能可以较高的效率转化为电能和热能。在很多情况下，氢作为唯一的燃料供给。事实上，与高效率的大型发电装置相比，燃料电池的决定性优势在于，在小功率装置中也能实现高效率。因此，许多固定式和移动式应用会选择燃料电池。

　　燃料电池理论上可达到的效率是燃料的游离吉布斯反应焓与燃料反应焓的比值，从氢到水的反应的效率为83%，各种损耗机制显著地降低了效率。

　　燃料电池由一个阴极和一个阳极所组成，通过电解质隔开。电解质传导离子并阻挡电子。各种燃料电池的电解质材料不同，因此电池的工作温度也不同。最受关注的燃料电池类型如下：

- AFC – 碱性燃料电池
- PAFC – 磷酸燃料电池
- PEMFC – 质子交换膜燃料电池
- MCFC – 熔融碳酸盐燃料电池
- SOFC – 固体氧化物燃料电池

　　质子交换膜燃料电池（PEMFC）和碱性燃料电池在低于100℃的温度下工作，其他燃料电池仅在更高的温度下才能在电解质中达到正常工作时可接受的离子电导率。同样重要的是，工作温度也决定了装置的灵活性。几种燃料电池的特性见表1.3。

表 1.3 　几种燃料电池的特性

燃料电池类型	AFC	PEMFC	PAFC	MCFC	SOFC
电解质	KOH	固体高分子膜	H_3PO_4	碳酸盐熔体	掺杂氧化锆
输运 – 离子	OH^-	H^+	H^+	CO_3^{2-}	O_2^+
效率（H_2）（%）	70（O_2） 55（空气）	70（O_2） 50（空气）	53（空气）	55~65（空气）	52~55（空气）
效率（天然气）（%）	36	40	40~45	53~57	52~55
运行模式	可变的	可变的	基本固定的	固定的	基本固定的

　　特别是质子交换膜燃料电池（PEMFC）只能用氢来运行，这意味着在当今的应用中，只有通过复杂的重整过程从天然气中生产品质足够好的氢。

1.4.4　氢作为汽车燃料

　　氢在汽车中的使用已经讨论了很长时间。该方案的技术可行性已在许多测试车辆中得到多次验证。必须区分两种方法：在一种改进式的方法中，氢被送入内燃机中。尽管应用效率受限，但为了达到足够长的续驶里程，氢必须液化并存储在低温罐中。宝马公司采用了这种方法，宝马7系车型被改装成为氢燃料汽车。然而，特别是在美国，由于无论燃料是什么，内燃机车辆都不被视为零排放车辆（Zero – Emission – Vehicles），因此这种方法的开发终止了。

　　另一种替代方法是依赖于汽车中的一套替代的动力总成。汽车是电驱动的，电力由燃料电池提供，通常采用 PEM 燃料电池，氢可以直接由压力罐提供。另外，也可以通过甲醇重整在车上获取氢，然而，如今不再强烈追求这种替代方案。

氢在道路交通车辆中的应用在本书的第 4 章中还会详细介绍。

1.4.5　氢作为飞机燃料

在航空运输中只有极少的航空煤油的替代品，来自生物质的液态燃料可能还不够，因此，氢是一种重要的替代品。

使用氢的一个明显的缺点是，为了存储液态氢，必须付出额外的费用，这导致空间和重量成本的增加。此外，航空运输具有非常严格的安全标准。充满氢的飞艇兴登堡号发生火灾，使航空运输对氢特别敏感。

由于航空运输的国际竞争非常激烈，燃料成本也相当重要。只有在氢能够与其他替代品相竞争的情况下才有可能应用。

除了这些相当大的障碍外，与许多其他应用相比，尤其是在航空运输方面，氢还是有一个很大的优势。氢供应的基础设施只需要建立在少数几个大型国际机场里。原则上，如果有两个大型机场决定采取这一方案就足够了。

有关在飞机上使用氢的详细信息，参见第 5 章。

1.4.6　氢作为 CCS 电厂的中间产品

减少 CO_2 排放的一种可能性，尤其是将煤转化为电能时，是 CO_2 的分离并存储。这里讨论不同的分离方法：一种可能性是先将其煤气化，在置换反应中从合成气中生成氢和 CO_2，然后将 CO_2 分离并送到地下存储设施。通常，氢在改造过的燃气轮机中燃烧，燃气循环与蒸汽循环耦合，以达到高的电效率。另一种方法是在所谓的内部气化联合循环（Internal Gasification Combined Cycle, IGCC）发电厂进行，目前已经建成并运行。原则上，现有 IGCC 发电厂的所有组件都可以通用。

1.4.7　钢铁生产工业中的氢

氢在某种中间回路中变得非常重要的另一个例子是高炉中铁的生产。生铁是在高炉中加入煤和焦炭后从铁矿石中提取的。其中，碳具有双重作用：一方面作为燃料以达到必要的工艺温度；另一方面作为还原剂来结合铁矿石中的氧。这两个任务原则上也可以由氢来完成。当然，必须开发新的流程管理系统。

然而，这种可能性对于氢的引入是非常重要的。如今，高炉已经参与了碳排放交易。除了燃料成本外，从长期来看，排放成本也会增加，这可能会导致其盈利能力受到质疑。在这里，氢的利用可以提供一种替代方案，并为公司创造显著减少排放的机会。为了使这种可能性成为现实，必须具备相当强的电解能力。在这里，就像在航空运输中一样，其优点是只需在有限的运行区域内建立氢的基础设施。

1.4.8　氢作为甲烷和甲醇生产的原材料

氢的存储和运输问题一再导致人们思考进一步处理氢和生产甲烷或甲醇。为此，除了氢之外，还需要碳源。这种碳源当然不能是传统的化石能量载体，因为那样的话，至少对于气候保护而言，不会产生任何附加价值。这就是必须从封闭的系统中提供碳的原因。对此，具体有两种可能。

1）从大气中的 CO_2 中提取碳。这原则上是可能的，但是非常复杂并且具有相当高的成本。

2）燃烧生物质来提取碳。这些碳先前已在大气中由植物所吸收，因此这里也确保了一个封闭的循环。

甲烷分两步生成。在第一步中产生氢。在第二步中，通过在催化反应中加入 CO_2，从而产生甲烷。每个工艺步骤都是众所周知的，甲醇的生产与之类似。

就甲烷而言，现在的优势是，现有的天然气基础设施可用于运输和存储甲烷，并将其用于各种最终用户。原则上，甲醇可以像汽油一样分配和使用。而这些方法的显著缺点是甲烷和甲醇的生产效率低以及要提供 CO_2。

1.5　氢经济：竞争对手和可能的整合

石油产品仍然是主要的终端能量载体，其次是电力和天然气，正在讨论将氢作为所有三种终端能量载体的竞争者。

氢经济的引入通常被视为通往可持续能源经济之路的核心步骤。这里将讨论三种可能的发展路径，而不是预测氢在未来的重要性：

- 氢在化学工业中作为原材料的重要性仍然存在，没有其他重要的应用。
- 氢渗透到各个领域，例如电力存储、钢铁生产或航空运输。
- 氢正在成为像当今的天然气那样的终端能量载体，通过管道和船舶大规模地运输，并分布在世界各地，因此许多私人的、商业的和工业的客户都可以获得氢。

这些发展路径也可以描述出三种不同的、一个接一个的时间节点。应简要地讨论这三种路径并放在更大的背景下。应讨论氢经济的替代方案，以便更好地对可能的未来发展进行分类。对此，需要考虑四种主要的替代方案：

- 能量效率的显著提高加上对舒适度和生活方式的限制，使化石能量获得了第二次生命。实现燃煤电厂中 CO_2 的回收，允许用煤长期发电。
- 电力成为主要的终端能量载体。可再生能源，尤其是风能和太阳能的快速扩张，导致电力生产占主导地位。横贯大陆的电网和现代智能电网技术以及工业中电热能的显著扩展，使终端能源部门能够以供电为主。
- 可再生能源的扩张正在国家和地区层面进行，对存储设施的巨大需求导致氢的引入首先作为存储设施中的二次能量载体，然后作为终端能量载体，例如在交通运输中。

● 氢成为重要的二次能量载体，但随后被加工成甲烷或甲醇。因此，无需建立其他的基础设施。

这些替代方案的发展当然会决定氢经济的三种发展路径中的哪一种占上风。在下文中，特别是以交通运输为例来描述这样的发展可以是什么样子。

1.5.1　氢和交通运输

这里以交通运输为例解释四种非常引人注目的替代方案之间的竞争，将考虑公路、铁路和长途空中交通运输。该描述是很定性的，因此必须谨慎看待。

未来几年道路交通运输可能会朝着相当不同的方向发展。应简要讨论几种可能的原型发展，它们将对终端能源的选择产生完全不同的影响。

1) 混合动力技术盛行。在这项技术中，内燃机和电动机结合了它们的优势，其缺点是具有更高的采购成本和更高的复杂性。除了新的驱动技术外，新的材料、更小的空间和更小的功率输出也正在实现。这些车辆的能耗明显低于现在。在极限状态，油耗低至 $1 \sim 2L/100km$ 的汽车是可能实现的。能耗的大幅减少使得全球行驶能力的显著增强成为可能，而不会导致交通运输部门对能源的更大需求。除了可以在家中为插电式混合动力汽车的蓄电池充电外，无需为此构建新的基础设施。

2) 电动汽车在小于 150km 的短距离运输中取得进展。高速列车覆盖了相当大比例的长途运输，带内燃机的传统汽车，可以通过现代租赁系统快速有效地使用。在这种情况下，必须逐步建立充电基础设施，而且只能逐步完成，因为汽车总是先在家里充电。在大都市地区，正在开发具有合适的充电设施的多层停车场。

3) 燃料电池正在成为一种驱动技术，其成本显著降低，使用寿命也显著延长。氢的基础设施的建设只在少数中心地区和一些繁忙的高速公路沿线进行。氢经济并不是凭空建立起来的，以前已经使用氢来实现季节性电力存储。基础设施首先由这些存储中心提供。

4) 最后一种替代方案的变化不那么明显。新型燃料发展缓慢，而天然气在交通运输中发挥越来越大的作用。由于燃料和天然气价格的长期上涨，利用来自生物质的甲烷生产天然气或绕道制氢合成天然气的吸引力越来越大。除了天然气汽车的普及率增加外，基础设施的变化非常缓慢。

如今，在德国汽车工业界，在所有四个发展方向中都有例子。大众汽车公司专注于提高小型 XL 1 系列的效率，宝马汽车公司开发了 i3 系列纯电动汽车，奔驰汽车公司在燃料电池汽车中使用 F – Cell，奥迪汽车公司通过风力/燃气项目生产合成燃料。

已经在国际市场上出现燃料电池汽车。丰田汽车公司的 Mirai 和现代汽车公司的 ix35 燃料电池汽车如今都是以氢为燃料。

在欧洲的航空运输中，短途和中程航空运输占主导地位，而法国的例子表明，高速列车的扩张将再次减少对航空运输的需求，由此可以得出两种截然不同的发展方向。从长远来看，中短途航空运输将被高速列车所取代，航空运输将仅限于横贯大陆的航班。或者航空运输将转换为使用可持续的燃料，则将来也能够以最佳方式服务于中短途航线。对飞机来说，通过轻型结构的持续扩展和飞机尺寸更好地适应需求，才能实现效率的进化发展。

这种发展如何影响对氢的需求？航空运输中氢的物流供应显然比诸如道路交通容易得多，因为在第一步中，只有少数几个大型机场必须配备供氢的基础设施。但首先必须克服存储的技术障碍、航空运输中特别重要的安全问题，并且必须达到具有竞争力的氢的成本。

然后，人们很可能还会考虑将氢的使用范围扩大到机场的车辆，甚至出租车。

1.5.2 氢和核聚变：从另一个角度审视

最后，还应该简要地提及氢在能源经济中的一个可能的意义，即核聚变。在核聚变中，两种氢同位素氘和氚的融合会释放出能量，该反应会产生一个氦核和一个中子。除此之外，中子还用于从锂中培育氚。核聚变是一项长期的研究工作，随着国际热核聚变实验堆计划（ITER）的建设，核聚变在原理上的可行性有可能很快得到证明。

从长远来看，核聚变有可能为能源供应做出非常特殊的贡献。如果成功，氢将不仅是二次能量载体，而是一次能量载体。

1.6 总结和展望

氢在过去、现在和将来都是化学工业的重要原材料。从长远来看，仅为氨的生产提供氢就需要付出非凡的努力，必须开发新的制造方法，电解必须能够提供远超过4%的氢。

从长远来看，化石能量载体被排除在氢的来源之外，因此必须寻找新的来源。首先，用来自可再生能源产生的电力的电解将发挥关键性的作用，作为回报，电解技术的更多利用可以使波动的可再生能源的引入变得更加容易。从长远来看，在这个领域可以发展新的技术范例。

除了电解外，还有其他许多有前景的生产氢的方法，无论是热化学方法，还是"人造叶子"或在藻类的帮助下的生产。

氢的利用可以在许多领域提高能源系统的可持续性，无论是在交通运输、工业还是家庭中。燃料电池汽车就是一个明显的例子。

参 考 文 献

1. Grübler, A.: Technological Change, International Institute of Applied System Analysis. Cambridge University Press, Laxenburg (1998)
2. Erdmann, G., Zweifel, P.: Energieökonomik: Theorie und Anwendung. Springer, Berlin (2008)
3. Bundesministerium für Wirtschaft und Technologie (BMWi): Zahlen und Fakten, Energiedaten (2013)
4. Bundesanstalt für Geowissenschaften und Rohstoffe (BGR): Reserven, Ressourcen, Verfügbarkeit. Hannover (2009)
5. Energy 2020: North America, the New Middle East. Citi GPS: Global Perspectives & Solutions (2012)
6. FAZ: Die neuen Scheichs aus Amerika, FAZ, 24. Nov. 2012
7. Tans, P.: NOAA/ESRL. www.esrl.noaa.gov/gmd/ccgg/trends/
8. Blaum, K., Schatz, H.: Kernmassen und der Ursprung der Elemente. Phys. J. **5**(2) (2006)
9. Geitmann, S.: Wasserstoff und Brennstoffzellen, Die Technik von Morgen. Hydrogeit, Kremmen (2004)
10. Stoll, R.E., von Linde, F.: Hydrogen – what are the costs? Hydrocarbon processing (December 2000)
11. Melis, A., Happe, T.: Hydrogen Production. Green algae as a source of energy. Plant Physiol. **127** (2001)
12. Robert, F.: Service. Turning over a new leaf. Science **334** (2011)
13. Angeloher, J., Dreier, Th., Langgassen, W., Saller, A.: Erzeugung und Anwendung von Wasserstoff aus Solarenergie. Interner Bericht der TU-München und der Forschungsstelle für Energiewirtschaft, München (1999)
14. Wawrzinek, K., Keller, C.: Industrial Hydrogen Production & Technology. FuncHy-Workshop. Karlsruhe (2007)

第 2 章 氢在电力系统大规模储能中的作用

2.1 引言

在像德国那样的工业化国家，电能仍然主要由大型发电厂生产，并且越来越多地在分布式的较小的设施中生产，并通过网络分配给消费者。电网能使负载均衡并提高供电安全性，然而，与天然气网络中的情况一样，它没有存储功用，因此，电力几乎总是在有消费的同时产生。

在德国，可再生能源法案（EEG）的引入导致在过去15年中由可再生能源发电的设施大规模扩展。它们的发电量波动很大，尤其是在风能发电和光伏发电中，并且发电量主要取决于天气条件和一天中的时间。市场法规驱使由可再生能源产生的电力以及由热驱动的热电联产电厂的电力优先接入电网，而可自由支配的热电厂只需满足剩余的负载需求，因此称之为残余负载。为实现国家和国际的气候保护目的，减少对化石燃料的依赖，未来可再生能源（EE）和热电联产（KWK）的发展将进一步加强。实现这一目标将需要整合高比例的、依赖供应的发电，因此需要一个更灵活的电力系统。此任务基本上提供三种可能性：

- 网络扩展以平衡本地的发电和消费。
- 存储扩展以平衡时间上的发电和消费。
- 发电与消费相匹配的时间上的负载管理。

德国电网的适时扩张被视为可以将越来越多的分布式和波动的发电量并入电力系统的应对措施。因此，人们尝试通过法律框架条件的协调来使网络基础设施的扩展更容易，但具体项目通常会导致验收问题。然而，从发电中波动的可再生能源的一定比例来看，理想的、扩展的电网的局部平衡效应已不足以通过电网随时吸收所产生的能量。为了利用多余的能量，有必要在时间上去平衡发电和消费的关系。

数十年来，德国的大规模的电力存储一直是采用抽水蓄能电站（PSW）的形式。然而，涡轮机运行中大约6.5GW的总装机容量和大约77GW·h的可用存储设施容量都受到严重限制。由于存储电能时总是会发生损耗，因此，只有在由此达到的成本降低至与存储所产生的额外成本一样高时，使用存储设施来平滑负载（调峰）才有意义。此外，存储设施可以通过替代常规发电厂容量和提供备用容量来降低电力系统的成本。

除了生产侧的能量存储，负载管理或额外的可变负载代表了使电力系统更加灵活的可能性。借助于电解，氢的生产为电力系统中的额外可变负载提供了一种新的可能性。有时，当来自可再生能源的电力供应过剩时，电解槽可以产生可存储的且用途广泛的能量载体氢。在许多应用中，正在考虑和测试用氢或由氢生产的化学产品替代现有的化石燃料。为了满足这些正在考虑中的可持续性概念，氢必须优选零排放生产的方式，最终实现可再生生产，这一要求使得电力部门与可能的氢经济的联合考虑似乎是明智的。

2.2 研究主题

在本章的框架中，将讨论由可再生能源发电的预期扩展以及结构相关的集成要求在多大程度上可以经济地实现大规模存储设施的扩展和电解制氢的问题。

除了存储设施组合经济的优化尺寸外，一个基本的问题是，在哪些框架条件下将电解产生的氢销售到其他应用领域是具有经济意义的。对此，氢的销售与氢在电力系统内作为存储介质的可能用途（见 2.3 节）会产生竞争，因为在这两种情况下都必须生产氢。在敏感性分析中，电解槽成本和在市场上可实现的氢的价格各不相同。根据这项研究，可以推导出到 2050 年电解产生氢的潜力的主要驱动因素。

2.3 大规模存储技术

有很多种技术可用于电能的大规模存储，其中一些技术在成本结构、潜力和效率方面存在很大的差异。如前所述，在德国，存储电能主要采用 PSW。此外，在亨托夫电站中采用了一个非绝热压缩空气存储电站（CAES），以使电力系统更加灵活。

除了这些技术之外，未来的存储设施应用可能还有其他的方案，例如绝热压缩空气存储电站（AA-CAES）、氢气存储系统和甲烷存储系统。这些技术目前是研究和开发的主题，可能代表未来几年或几十年电能存储的一种选择。尽管近年来可以观察到一个不断增长的市场，尤其是所谓的太阳能存储设施，但本研究并未考虑固定式的蓄电池存储系统。然而，这些设施的经济性只能通过替代家庭用电的各用户的优化或通过提供更大规模的系统服务来实现。前者不反映工业环境中的情况，而在第二个应用场景中，蓄电池由于接入时间快而获得优势。然而，对于存储大量能量而言，尽管由于它们在电动汽车中的使用而取得了进展，但蓄电池目前仍然过于昂贵。

下面简要说明各种大规模存储技术的基本特性。

2.3.1　抽水蓄能电站（PSW）

在 PSW 中，电力以势能的形式存储。在储存期间，水从较低的盆地泵入较高的上部盆地，转换回电力时则沿反方向进行。回流的水的能量借助于涡轮机转化为旋转能，然后通过发电机转化为电能。过去，将独立的泵和涡轮机用于 PSW 的注入和抽取过程，在现代的设施中采用集成的泵涡轮机。该技术要求上、下盆地之间存在高度差异，因此，在德国，只有有限的地区能满足地形上的前提条件的要求。一方面，这种技术的蓄能潜力在很大程度上已经耗尽。另一方面，通常人工建立的盆地对景观会造成重大的干扰，因此，PSW 在生态和旅游方面来看是存在争议的。由于这些原因，德国 PSW 的扩张潜力相当有限。然而，与此同时，PSW 是唯一一种允许几十年来大规模经济存储电力的存储技术，因此也在全球范围内应用。现代 PSW 设施的存储利用率约为 80%。

2.3.2　非绝热压缩空气储能电站（CAES）

这项技术自 1978 年以来一直在德国的亨托夫电站使用，而在全球范围内，只在美国的麦金托什有一个电站使用。CAES 存储设施利用空气的可压缩性，同样以势能的形式存储电能。从技术上讲，首先借助于压缩机压缩空气，然后冷却空气并转移到地下储层，例如转移到盐穴中。在释放过程中，储存的压缩空气被送入传统的燃气轮机中以燃烧天然气，而天然气的必要使用对排放和储存的能源效率有负面的影响。CAES 存储设施的利用效率通过比较用于压缩所需的电力和使用燃气轮机产生电力所需要的天然气来确定。对于整个存储过程，利用效率约为 50%。

2.3.3　绝热压缩空气储能电站（AA – CAES）

非绝热压缩空气储能电站的进一步发展是绝热压缩空气储能电站。其与 CAES 存储设施相反，压缩过程中产生的热量不会被转移而导致不能被使用，而是被输送到蓄热器中。当释放存储时，这些热量会返回给压缩空气，然后被送入热空气涡轮机进行能量转换，因此不再需要添加天然气燃烧，这意味着在选择设施位置时可以不必考虑天然气的连接。压缩热的利用改善了存储的利用效率，在未来应该能达到 70% 左右。迄今为止，世界上还没有任何设施采用这种技术。然而，具体的开发项目已经处于规划阶段。从本质上来讲，这项技术已经得到研究，蓄热设施的设计方案无论是在技术上还是在成本方面都有很大的发展空间。

2.3.4　氢存储系统

采用氢来存储电能有几个优点：可以采用不同的电解方法通过电力来生产氢。与势能的存储形式相比，氢的体积能量密度较高，允许存储相对比较多的能量

（见 2.5.1 节）。可以通过专用的燃气 – 蒸汽联合循环发电厂（GuD）的燃烧或通过燃料电池中的所谓冷燃烧将能量转换回电能。在整个转换链中没有对气候造成破坏的排放。与天然气或压缩空气存储类似，盐穴可用作存储空间。在第 15 章 "盐穴储氢" 中详细介绍了氢的地下存储。氢的存储系统的总利用效率由各个分过程的利用效率所决定，如果假设碱性电解效率大约为 65%，联合循环发电过程效率为 60%，压缩效率为 97%，则存储系统的整体效率约为 38%。通过进一步的开发，大约可以提高到 45%（电解效率 75%，联合循环发电过程效率 62%）。

2.3.5　甲烷存储系统

甲烷存储系统是以化学键能形式存储电能的另一种变体，该技术的基础也是电解制氢。然而，在这种情况下，产生的氢并不是最终的存储介质，而是在附加过程中转化为甲烷。尽管在此转化步骤中会出现额外的损失，但氢的甲烷化具有优势，即现有的天然气基础设施可用于甲烷的分配和存储。相比之下，天然气管网中的氢的掺和目前最多可为 5%（体积分数）。氢的甲烷化的一个重要问题是如何提供所需纯度的二氧化碳。

2.4　模型描述

为了确定德国大型生产侧储能设施在经济上合理的潜力，开发了德国电力系统（IMAKUS）模型，该模型可以优化传统发电厂和储能设施的使用和扩展。为了以经济的低成本满足电力需求，IMAKUS 模型根据现有库存，在技术、性能、容量和建设时间等方面确定发电厂和存储设施的扩展。采用可再生能源和热电联产（KWK）的发电是在观察期内给定的，并且由于优先供电而从电力需求中扣除，只有剩余的负载与传统发电厂和存储设施的使用相关。没有对网络限制进行建模，相反，通过理想的扩展的网络基础设施来假设最大可能的灵活性。不考虑通过发电厂和存储设施提供备用能源。

IMAKUS 模型基于线性规划分为几个子模型，这些子模型是迭代耦合的。在第一个子模型中确定发电厂的扩展，第二个子模型基于每一年度按时间顺序的每小时的负荷曲线来优化发电厂和存储设施使用以及存储设施的扩展，从而使发电厂和存储设施扩展收敛到一个稳定的和优化的解决方案。为保证年度高峰负载覆盖有一定的可靠性，在确定必要的电厂容量时，还要考虑电力系统的安全输出。

在存储设施建模的框架下，进行了由电解产生的氢的存储和再转换与氢在其他应用领域中的使用之间的竞争情况的描述。构建储氢系统所需的所有组件（充电用电解槽、用于中间存储的洞穴和释放过程的联合循环发电设施）可以彼此独立地标注尺寸。假设存储利用效率在充电和释放两个子过程之间平均分配，产生的氢可以暂时储存起来以备日后再转换，也可以直接从储存设施中取出。将销售所得收入以抑制成本的方式纳入到优化目标函数中。因此，在该模型中，有可能以经济上最佳的方式将产生的氢用于竞争目的。在这种情况下，不考虑可能需要的氢分配的基础设施以及具体的氢需求。

2.5 研究场景的描述

2.5.1 一般的数据基础和假设

下面描述的基本数据确定了本章中研究的所有场景的基础，并且没有变化。

现有发电厂的输入数据来自文献［1］，它们包含几乎所有德国公共供电的常规发电厂（包括在建发电厂）。对于德国的核电站，运行时间是根据当前的法律情况假设的，据此，最后三座核电站将于2022年下线。在IMAKUS模型中，燃煤和天然气发电厂产生的热电联产电力（KWK）被指定为特征供电时间序列形式的集合馈电。

对于新的电厂建设，模型可采用六种不同的技术：燃气轮机电厂和联合循环（GuD）电厂、硬煤电厂和褐煤电厂，以及从2020年起采用700℃技术的硬煤电厂和褐煤电厂。由于有更好的可用技术，假设从2020年起，常规硬煤或褐煤电厂不再有资格获得批准，因此，从这个时间节点开始，该模型仅提供700℃技术。在这些场景的框架下，不考虑碳捕获和存储技术（CCS）在未来可能的可用性。新建电厂的技术和经济数据来自文献［1］，为了估计技术可用性，使用了不同类型发电厂的统计值。

在文献［14］中，化石燃料价格的制定和CO_2排放证书与研究的价格路径B相关，其中假设化石能量载体价格适度上涨。

不仅电力需求，而且来自可再生能源和热电联产（KWK）的集合馈电均以年度平均每小时输出为特征的、标准化时间序列的形式给出，然后，按比例将此与按照审查年度不同的年度电量相匹配，计算中使用的特征时间序列来自文献［15］。这些数据基于一个连贯的数据集，该数据集基于德国气象局（DWD）试验参考年份的气温、太阳辐射值和风速值。IMAKUS模型中所使用的方法只允许考虑确定性的、给定的负载，以及EE和KWK的时间序列。其中，应该注意的是，结果的质量，特别是在存储设施扩展和使用方面，在很大程度上取决于给定的时间序列的质量，即这些给定的时间序列实际上在多大程度上可以被视为典型的数据。

德国电力需求的发展对应于文献［14］中2011 A场景中对总的终端电力消耗量的假设，其中描述了2010—2050年期间电力需求下降约25%。考虑到电网损耗，在整个观察期间假设每年平均15TW·h。关于来自陆上和海上的风能、光伏、水力、生物质能和地热的可再生发电量以及来自KWK的化石发电份额的假设也来自文献［14］中的场景2011 A。到2050年，可再生能源提供电量为427TW·h，而电力需求为 393TW·h。

作为在电力系统中加入大规模存储技术的可能选择，IMAKUS 优化模型可提供三种技术。从观察期开始，可以构建利用效率为 80% 的新的 PSW。由于德国的潜力有限，新增的存储设施容量将限制在 40GW·h。另外还假设，从 2020 年开始，可提供具有 70% 利用效率的 AA - CAES 和具有 40% 利用效率的氢储存系统。文献 [1] 中的数据用于各种存储技术在技术上和经济上的参数的假设。在图 2.1 中，描述了所使用的单位投资成本与 VDE 研究中给定的 2020—2050 年期间的投资成本发展情况的比较。VDE 研究中洞穴存储设施的单位容量成本的增加归咎于在观察期间加剧的应用竞争。由于与 AA - CAES 相比效率较差，并且需要额外燃烧天然气，因此，2.3 节中介绍的 CAES 没有提供给模型作为可能的存储设施选项。此外，也不考虑氢的甲烷化，尽管这相对于现有的分配基础设施而言是有利的，但考虑到额外的损失和二氧化碳的提供，也带来了缺点。用于各种存储技术的体积能量密度的数据如图 2.2 所示。

模型中还考虑了观察期开始时已有的 PSW 存量。

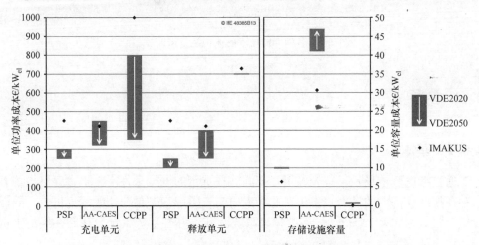

图 2.1　在 IMAKUS 模型和 VDE 研究中考虑的存储设施类型的充电单元、
释放单元和存储设施容量的单位投资成本

2.5.2　敏感性分析的说明

在本章中所介绍的研究基于电解成本和市场上可实现的电解制氢收益的基本场景的变化，基本场景由 2.5.1 节中所描述的一般框架条件来定义，允许建设包括氢存储系统在内的新的存储设施，并假设电解槽的投资成本为 1000€/kW。然而，在基本场景中不考虑为其他部门提供电解制氢。在其他场景下，一方面，电解槽的假设投资成本发生变化（300€/kW 和 1000€/kW）；另一方面，允许销售电解制氢，可能的收入在 $0 \sim 50€/MW \cdot h_{H_2}$ 范围内以 5€的幅度变化。

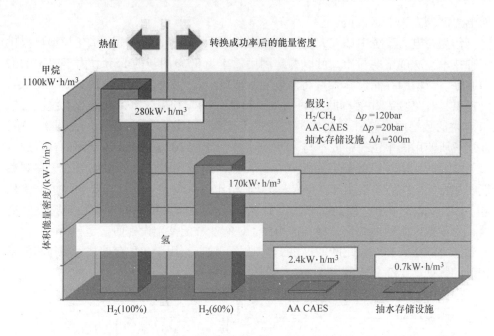

图2.2　各种存储技术的体积能量密度比较

2.6　结果

2.6.1　基本场景

通过考虑基本场景，首先确定在德国、在选定的框架条件下，扩大存储设施容量存在哪些经济上的潜力。由于在此场景中尚未考虑为其他应用领域提供氢，故假设单位收入为$0€/MW·h_{H_2}$。因此，该系统没有动力去生产比电力存储在经济上可行的更多的氢。

图2.3显示了截至2050年德国发电量在基本场景下的发展情况。为了满足不能通过可再生能源或KWK涵盖的剩余负载，优化模型要求投资于必要的常规发电厂。由于可再生能源发电量的急剧增加以及由此导致的相关的盈余，大规模存储设施的扩张是有经济性的。因此，在观察期内将应用所有三种可用的存储技术。抽水蓄能扩容已在2019年开始，AA–CAES和氢存储设施要到2038年之后才会添加。2050年新建存储设施的总储量将达到4.6TW·h左右，其中用于氢存储的洞穴占这其中的大部分。与当今的存储设施容量相比，性能的提升明显低于存储设施容量的提升。2050年新增储电总容量达到约10GW，放电容量约8GW。

尽管有可用的存储设施选项，但由可再生能源和热电联产发电（KWK）的供应并未得到充分利用，因为一方面所有盈余的整合会不成比例地增加存储技术的投资成本，另一方面使用的可能性（即传统发电的替代）正在逐渐减少。从图 2.3 中可以看出，到 2050 年，在基本场景中，不可整合的盈余的数量持续增加到 67TW·h 左右。

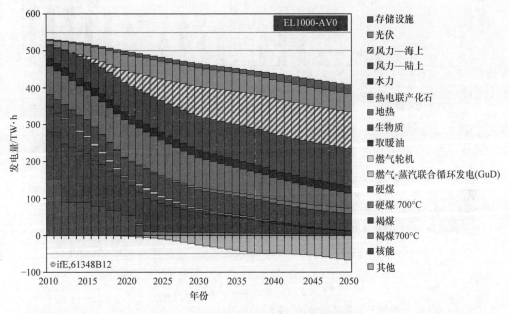

图 2.3　在基本场景下发电量发展情况

2.6.2　敏感性分析

鉴于有大量未使用的盈余能量，故存在一个问题，即能否通过灵活的制氢方式经济地利用来自可再生能源和热电联产（KWK）的剩余能量。可以想象的是，已经在大规模存储框架下安装的电解装置将用于制氢，并因此得到更大程度的利用，并且将增加更多的电解槽。只有当所生产的氢具有市场价值时，才会出现将电解生产的氢出售给其他应用领域而不是使用它来发电的经济激励。在优化过程中，将氢转化为电能和在假设的氢市场上销售氢的经济效益之间取得平衡。

图 2.4 显示了关于电解产生氢的市场价值和电解槽投资成本的敏感性分析结果：上面两张图显示了 2040 年的情况，下面两张图显示了 2050 年的情况；在左边的两张图中，假设电解系统的投资成本为 1000€/kW，在右边的两张图中，假设电解系统的投资成本为 300€/kW。图 2.4 显示了与设定的氢的收益相关的年度氢产量，产量可细分为用于再转换的份额和在市场上出售的份额。假设氢的市场价值在整个观察期内的场景中保持不变。

由于电解槽的成本为 1000€/kW，因此省略了对早期的介绍，氢的存储和销售基本上只会在 2030 年之后发挥作用。然而，在 300€/kW 的投资成本下，氢的使用

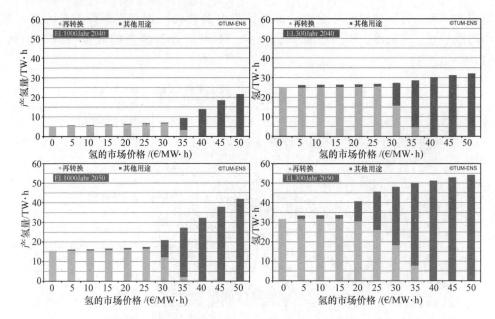

图 2.4　在电解槽成本（左 1000€/kW，右 300€/kW）变化时 2040 年（上图）和
2050 年（下图）的产氢量与可实现的氢的价格的比较

在 2020—2030 年期间已经具有相关性。

当市场价格上涨时，氢的使用从再转换的存储过渡到在市场上销售。同样，也有一个或大或小的混合区域，既存储又销售氢。投放市场的少量氢的收益较低（例如，2040 年电解槽成本 1000€/kW，氢的价格范围为 5~30€/MW·h_{H_2}），这是按年度步长建模的结果。尽管按照在这些情况下设定的氢的价格，将氢再转换原则上更有利可图，但由于没有合适的释放可能性，年底在市场上出售过量的氢是有意义的。然而，这对于储氢和销售之间的竞争格局没有根本意义。

在基本陈述中的结论与文献［18］中 NOW 研究的结果一致。对于来自可再生能源的盈余的整合，这里还比较了电力系统中的存储路径和市场化。

假设电解槽的投资成本为 300€/kW，正如预期的那样，与 1000€/kW 的情况相比，制氢水平明显更高。在更低的投资成本水平下，在不销售（0€/MW·h_{H_2}）的情况下，2050 年存储和用于再转换的氢的量大约是原来的 2 倍。此外，氢已经以更低的市场价格出售，再转换和销售的混合范围更广，从 40€/MW·h_{H_2} 的市场价格起，生产的氢以两种投资成本水平独家投放市场。

对 2040 年和 2050 年的数据进行比较表明，在观察期内，氢的销售从趋势来看比存储增长得更快。在电解装置成本更低的情况下，这种现象更加明显。此外，在 2050 年，以 2040 年无法提供足够激励的价格出售氢是经济的。

为了能够更好地理解这些结果，首先有必要考虑电力系统的发展。可再生能源的强劲扩张导致过剩，在经济上可以将其视为几乎无成本的电力供应。因此，制氢的成本主要通过电解系统的投资成本来确定。当传统发电被氢再转换取代时，可以观察到两个影响：一方面，在观察期内，存储的收益可能性会增加，因为设定的燃料和排放许可的价格上涨，使传统发电的可变成本更加昂贵，因此存储在经济上的吸引力增加。然而，由于传统电力的容量越来越小，可再生能源的份额不断增加也导致可替代的发电量减少。综上所述，这意味着，虽然用于存储的单位电能的收益增加了，但存储替代常规发电的时间点的数量明显减少。因此，在观察期间，对储氢的进一步投资以及对除电解槽之外的存储和再转换所需的组件进一步投资变得越来越不明智。市场上可实现的氢的价格水平的提高加剧了这种影响效果，因为无法实现单位收益低于氢的价格的存储。从 $40€/MW \cdot h_{H_2}$ 的市场价格开始，具有更高收益可能性的储氢部署时间不再足以支付投资成本，因此，改为专门为其他部门生产氢，再在市场上进行销售。

2.6.3　氢应用的季节性和电力结构

为了更细致地研究氢的生产、存储和销售之间的关系，电解产生的氢及其在 2050 年的季节性应用如图 2.5 所示。这里以电解槽成本为 $1000€/kW$ 和氢的价格为 $30€/MW \cdot h_{H_2}$ 的场景为依据，因为通过这种参数组合，既实现了包括再转换的存储，又实现了氢在其他领域的应用。

在图 2.5 中，两个重要的影响变得清晰起来。一方面，夏季氢产量总体上明显低于冬季，这种现象反映了过剩的季节性，这主要是由于冬季风力供应增加和热电联产（KWK）发电量的增加。两种相反的趋势，即更低的负载和更高的夏季光伏馈入，并不能抵消这种影响。

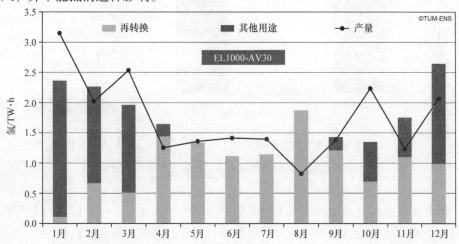

图 2.5　2050 年氢生产和使用的季节性变化，电解槽成本为 $1000€/kW$，
可实现的氢价格为 $30€/MW \cdot h_{H_2}$

　　另一方面，冬季多余的能源供应部分以氢的形式存储，并在夏季作为基本负载的发电来供给，而另一部分则随即制成氢出售给其他应用领域。在夏季，销售已无关紧要，因为盈余较少，主要是由光伏的短期周期引起的，可以借助于短期存储设施（例如 PSW）在第二天晚上使用。

　　出于经济上的原因，在发电成本较低的时候会生产氢。最有利的是拥有由可再生能源和热电联产（KWK）发电产生的、主要馈入到电网的过剩能量的时间点。所有其他时间点的成本由传统发电厂及其燃料成本所确定。在图 2.6 中，右侧显示了在电解槽成本为 1000€/kW、氢的价格为 30€/MW·h_{H_2} 的场景下 2050 年电解槽的电力结构，以这个年份发电量占总发电量的比例作为对比（左）。大约 95% 的总电力和 100% 的电解槽使用的电力主要来自可再生能源和热电联产（KWK）。在该模型中，除了 KWK 发电之外，氢不是通过传统发电厂的电力生产的。然而，用于制氢的优先发电结构与整体结构不同，例如，风能对制氢的贡献不成比例，而所有其他发电技术的份额略有下降。

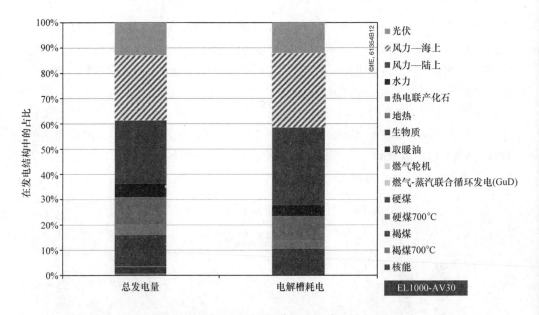

图 2.6　2050 年电解槽成本为 1000€/kW，可实现的氢的价格为 30€/MW·h_{H_2}，发电量占总发电量和制氢电力消耗的发电份额的比较

　　图 2.7 按月份更详细地表示了制氢的电力结构。在这里，已经提到的在冬季月份具有更高发电量的风力发电分布再次凸显。同样，在夏季的几个月里，光伏发电的比例也更高。

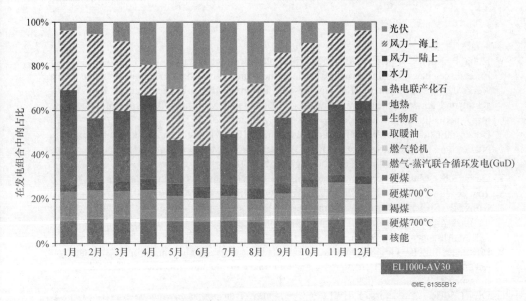

图 2.7 在 2050 年发电量中制氢电力消耗比例的季节性变化，电解槽成本为 1000€/kW，可实现的氢的价格为 $30€/MW \cdot h_{H_2}$

2.7 结论和总结

在观察中设定的可再生能源的大规模扩张使得电力大规模的存储成为未来经济性的选择。对此，存储技术经济性的主要驱动因素来自波动的风电和光伏发电设施的结构性发电盈余。除了抽水蓄能电站和绝热压缩空气存储设施之外，正在考虑借助于燃气 – 蒸汽联合循环发电厂（GuD）进行电解和再转换的氢存储系统在存储设施组合中也占有经济性的地位。

除了电力系统内部的大规模存储外，还研究了电解所生产的氢可能出售给其他应用领域的可能性，并确定其对电力系统造成的影响。氢市场上设定的单位收益越高，存储的经济性就越差。来自可再生能源的盈余通过额外的氢生产的灵活负载来整合。在所做出的假设下，氢的销售表现出季节性的行为，这与同样强烈的季节性风电馈入有很大的关联性。电解装置的成本假设对氢的使用量有很大的影响，但只是稍微改变了再转换和所生产的氢的销售之间的关系。

电力系统以外可使用的氢的量约为 $10 \sim 50TW \cdot h$，具体取决于所考虑的参数组合，相当于约 30 ~ 170 亿 m^3。目前，德国每年生产的氢约为 80 亿 m^3。本章中的研究表明，如今德国所使用的氢也可以通过电解提供，作为将可再生能源整合到电力系统中的一部分。

参 考 文 献

1. Kuhn, P., Kühne, M., Heilek, C.: Integration und Bewertung erzeuger- und verbraucherseitiger Energiespeicher, Abschlussbericht. Verbundprojekt im Rahmen der Forschungsinitiative Kraftwerke des 21. Jahrhunderts (KW21) Phase II, Teilprojekt BY 1 E. Lehrstuhl für Energiewirtschaft und Anwendungstechnik, Technische Universität München. Online-Veröffentlichung: http://mediatum.ub.tum.de/node?id=1115629, München (2012)

2. Bundesministerium für Wirtschaft und Technologie (BMWi), Bundesministerium für Umwelt, Naturschutz und Reaktorsicherheit (BMU): Energiekonzept für eine umweltschonende, zuverlässige und bezahlbare Energieversorgung. Berlin (2010)

3. Gesetz über Maßnahmen zur Beschleunigung des Netzausbaus Elektrizitätsnetze (NABEG) vom 28. Juli 2011. Bundesgesetzblatt (2011) Teil I Nr. 43, S. 1690–1702 (2011)

4. Kuhn, P.: Speicherbedarf im Stromnetz. In: Energieeffizienz – eine stete Herausforderung an Wissenschaft und Praxis, Tagungsband zur FfE-Fachtagung 2011, FfE-Schriftenreihe – Bd. 30, München, Mai (2011)

5. Energietechnische Gesellschaft im VDE (ETG): Energiespeicher in Stromversorgungssystemen mit hohem Anteil erneuerbarer Energieträger – Bedeutung, Stand der Technik, Handlungsbedarf. Frankfurt (2009)

6. DEWI, 50Hertz Transmission, EWI, Amprion, EnBW Transportnetze, Fraunhofer IWES, TenneT: Integration erneuerbarer Energien in die deutsche Stromversorgung im Zeitraum 2015 – 2020 mit Ausblick auf 2025 (dena-Netzstudie II). Studie im Auftrag der Deutschen Energie-Agentur GmbH (dena). Berlin, November (2010)

7. ADELE – der adiabate Druckluftspeicher für die Elektrizitätsversorgung. RWE Power AG, Essen/Köln, www.rwe.com/rwepower. Zugegriffen: Januar (2010)

8. Raksha, T.: Untersuchung von Wasserstoffsystemen zur großtechnischen Speicherung elektrischer Energie. Diplomarbeit am Lehrstuhl für Energiewirtschaft und Anwendungstechnik der Technischen Universität München, München (2010)

9. Bajohr, S., Götz, M., Graf, F., Ortloff, F.: Speicherung von regenerativ erzeugter elektrischer Energie in der Erdgasinfrastruktur. In: gwf – Gas/Erdgas, S. 200–210, April (2011)

10. Kuhn, P.: Iteratives Modell zur Optimierung von Speicherausbau und -betrieb in einem Stromsystem mit zunehmend fluktuierender Erzeugung. Dissertation an der Fakultät für Elektrotechnik und Informationstechnik der Technischen Universität München, München (2012)

11. Kuhn, P., Kühne, M.: Optimierung des Kraftwerks- und Speicherausbaus mit einem iterativen und hybriden Modell. In: Optimierung in der Energiewirtschaft. VDI-Berichte 2157, 9. Fachtagung Optimierung in der Energiewirtschaft, Nürtingen, 22.-23. November 2011. Düsseldorf, 2011: VDI-Verlag, S. 305–317 (2011)

12. Dreizehntes Gesetz zur Änderung des Atomgesetzes vom 31.07.2011 (13.AtGÄndG). Bundesgesetzblatt (2011) Teil I Nr. 43, S. 1704–1705 (2011)

13. VGB Power Tech e. V. (VGB): Technisch-wissenschaftliche Berichte „Wärmekraftwerke" – Verfügbarkeit von Wärmekraftwerken 2000–2009. Essen (2010)

14. DLR, IWES, IFNE: Langfristszenarien und Strategien für den Ausbau der erneuerbaren Energien in Deutschland bei Berücksichtigung der Entwicklung in Europa und global, Schlussbericht BMU – FKZ 03MAP146. Stuttgart, Kassel, Teltow, 29. März (2012)

15. Gobmaier, T. et al: Simulationsgestützte Prognose des elektrischen Lastverhaltens, Endbericht. Verbundprojekt im Rahmen der Forschungsinitiative Kraftwerke des 21. Jahrhunderts (KW21) Phase II, Teilprojekt KW21 BY 3E. Forschungsstelle für Energiewirtschaft e. V. (FfE). München, (2012)

16. Adamek, F., Aundrup, Th., Glaunsinger, W., Kleimeier, M. et al.: Energiespeicher für die Energiewende – Speicherungsbedarf und Auswirkungen auf das Übertragungsnetz für Szenarien bis 2050 (Gesamttext). Verband der Elektrotechnik Elektronik Informationstechnik e. V. (VDE), Frankfurt a. M., Juni (2012)

17. KBB UT, Sabine Donadei: Wasserstoffspeicherung in Salzkavernen – Erfahrungen, Anforderungen, Aktivitäten; DBI-Fachforum Energiespeicher-Hybridnetze, Berlin, Zugegriffen : 12. Sept. 2012

18. Präsentationen zum Workshop zur NOW-Studie „Integration von Wind-Wasserstoff-Systemen in das Energiesystem". Berlin, 28. Januar 2013. http://www.now-gmbh.de/de/presse/2013/studie-zur-integration-von-wind-wasserstoff-systemen.html. Zugegriffen: 12. März 2013

19. Pressemitteilung zur „18th World Hydrogen Energy Conference 2010": Der Energieträger Wasserstoff: Emissionsarme und effiziente Mobilität. The Linde Group. Essen, 17. Mai 2010. http://www.whec2010.com/fileadmin/Content/Press/Press_Conference/WHEC2010PM_Linde_Papier_H2_dt.pdf. Zugegriffen: 12. März 2013

第 3 章　氢的应用安全性

3.1　概述

没有绝对的安全性，在我们的生活中所做的一切都充满着危险。虽然在许多情况下，我们可以通过明智和适当的行为来减少这些危险，但我们永远无法完全消除它们。

处理任何种类的能量载体（石油、天然气、煤炭、铀、电力等）总是与危险联系在一起。不小心释放能量会导致损害，这是事物的本质，氢也不例外。

当涉及与使用氢作为能量载体相关的安全问题时，要求消除所有风险是没有意义的。相反，问题必须是：与其他的、已建立的能量载体（如煤、石油或天然气）相比，氢的危险程度如何？风险是否高得离谱或是否可以管理？如果是这样，人们应该怎么做？与风险相比，收益有多大？

对此，必须记住，这种评估不仅有科学和技术方面的，还有社会和心理方面的。过去，当引入采用内燃机的铁路或道路车辆等新技术时，往往会提出安全问题。由于主要的社会效益，这些技术尽管存在无可争议的危险，但仍被人们所接受。如今的情况是，在德国每天大约有 10 人死于道路上的交通事故，但大多数人仍然觉得在车里比在飞机上安全得多，尽管根据统计数据，实际上应该是相反的。与使用天然气或液化气有关的爆炸事故也屡见不鲜，但两种能量载体仍在使用。这两个例子都表明，人们将他们认为自己知晓的危险归类为可接受的和可容忍的。因此，安全归根结底也是一个感知问题，但这绝不意味着不应该为使汽车、天然气或液化石油气的使用更加安全而做出进一步的努力。

社会接受氢作为能量载体的关键是如何安全使用它的实践经验。然而，这需要对其特性有扎实的了解，尤其是与安全相关的特性，因为与任何技术相关的最大风险可能是不正确使用它的人类。

3.2　氢的危险特性

就其化学和物理的特性而言，氢并不是一种异常危险的物质。其最重要的危险特性是可燃性。从安全的角度来看，氢原子是所有原子中最小的，因此分子（H_2）也是最小的，这一事实也可能是相关的。

在化学工业中，氢已经使用了一百多年，具有出色的安全经验。与所有易燃或易爆的化学物质一样，使用氢时会发生事故。然而，没有迹象表明，氢造成的危害高于任何其他可比的易燃物质所造成的危害。

大多数氢由化学工业生产，并在同时同地被消耗。此外，德国的化学工业（主要是燃气公司）每年通过公路运输向客户提供约 2 亿 Nm^3 的液态或高度压缩形式的氢。在这个领域，安全体验非常出色，与处理其他危险物质（汽油、柴油、液化气等）一样安全。所有这些物质都由经过专门培训的驾驶员在特殊危险品运输程序中移动和交付。

3.2.1　易燃性

氢的易燃性只是"它是一种能量载体"这一事实的一种简单的表达。因此，它已经被使用了很长时间，例如作为城市燃气（"煤气"）的重要组成部分。

可燃气体与空气（或其他氧化性气体，如纯氧或氯气）的混合物，如果浓度在一定范围内并且提供足够的能量来启动反应的话，就会发生爆炸。

纯氢既不具有爆炸性，也不具有其他反应性，它总是需要一个"伙伴"。通常在普通介质中将氢气称为"爆炸性气体"是不准确的，它指的是与氧化性气体（如空气）的混合物。

表 3.1 显示了氢与其他燃气在与安全相关的特性方面的比较。

表 3.1　氢与其他燃气的比较

	氢	甲烷	丙烷
爆炸下限（%）	4.0	4.4	1.7
化学计量的混合气（%）	29.5	9.5	4.0
爆炸上限（%）	77.0	17.0	10.9
最小点火能量/mJ	0.017	0.290	0.240
自燃温度/K	833	868	743
273.15K 和 101325Pa 时的密度/（kg/m^3）	0.090	0.718	2.011

氢的爆炸范围比其他燃气大得多，这主要是由于爆炸上限较高，下限与其他燃气的值相当。最小点火能量也比碳氢化合物低大约一个数量级，但相应的约 23% 浓度明显比碳氢化合物更高，并且在无意释放的情况下很少会达到这样的浓度。在大多数发生着火的爆炸下限值附近，所有燃气的点火能量值都相近。人体的静电荷就能在微弱的火花中释放出 10mJ 的点火能量，并会点燃任何燃气/空气混合物。

爆炸极限或点火能量等安全性技术参数并不是物质的科学的、定义明确的特性。相反，它们是在精确定义的条件（压力、温度、湿度等）下始终与非常具体、精确定义的测量方法相关联的比较参数。不同的测量方法给出不同的结果，事故情况也是完全不同的。数值大小主要用于不同物质的安全性技术比较和表征。

形成爆炸性气体混合物的能力是氢最重要的危险性特性。下面介绍如何应对这种情况。

3.2.2 小的分子

氢原子是最小的原子，H_2分子也是所有分子中最小的。没有比氢更轻的物质。表3.1还显示了氢在密度上与可燃的碳氢化合物的差异程度。

这对其使用的安全性也有重要影响。氢和空气的混合物总是比空气轻，因此，"混合云"是有浮力的，会上升。当氢在开放地带释放，这通常是一个优势。点火源通常出现在地板上或刚好在地板上方，混合物向上移动会减少地板上可能超过爆炸下限的区域。

然而，在建筑物中，存在气体被困在屋顶或天花板下并成为危险源的风险。如果没有采取防爆措施，也可能存在以吸顶灯等形式存在的点火源。

分子小尺寸的另一个结果是气体的低黏度，因此，通过管道输送比其他气体更容易。然而，在发生泄漏的情况下，氢比空气或天然气泄漏的量（体积）更多。在安全技术方面，这在一定程度上通过氢的体积能量密度低于其他燃气来弥补。

扩散与黏度密切相关，在这方面，氢也有其特殊的地位。如果氢被释放，它与其他气体混合特别快，因此混合云也传播得特别快。对此，应该注意的是，扩散不遵循密度梯度，而是遵循浓度梯度，因此发生在所有方向，包括向下。因此，当释放氢时，通常可以预期气体会向所有方向扩散，不仅仅是向上。

氢也可以通过扩散的方式穿透固体材料，例如金属。在某些材料中，氢原子（例如通过离解产生）与金属晶格之间发生交互作用，这会导致金属的机械性能恶化，裂纹增长更快，材料变脆。这种影响有多强以及是否必须在安全技术方面有所考虑，这首先由晶格的特性来决定。作为粗略的规则，体心立方网格（铁素体钢）比面心立方网格（奥氏体钢、铝）更容易受到影响。严格地说，这种效应在所有金属中都会发生，但影响程度差异很大。因此，没有绝对合适或不合适的材料。脆化风险的其他参数是压力和工件中的应力。

有机材料，例如用于新型的高压储罐或密封件的材料，根本不会受到氢的侵蚀，对此至多也就是要考虑渗透，即气体通过罐壁或密封件扩散而从完好无缺的罐中损失，而不会导致损坏。如果想将氢长期（数月、数年）存储在这样的储罐中，则可能要计算出明显的损失。在这方面，也已经有了达到了铝的渗透率的高度交联的、对温度稳定的材料。

3.2.3 低温

氢的大规模存储的两种最重要的形式是压缩气体和低温液体。氢在常压下的沸点为 20K，即 - 253℃，在这个温度下的液体只能存储在复杂的隔热的容器中。

这种低温导致的危险与氢本身没有特别的关系，通常只与低温液化气体有关。与低温液体直接接触当然对活性组织有害，但这很少发生。更有可能接触到的是由于液体或气体而变得非常冷的管道或其他金属部件，这可能导致类似于烧伤的组织损伤（这就是为什么这个过程也被称为"冷烧伤"）。

不仅要阻止热量侵入，还要防止空气等杂质进入。在 20K 时，除氢外的所有其他物质都是固态的，并沉积在地面附近，包括氧。然而，固态氧和液态氢的混合物在适当的刺激下会发生爆炸性反应。

此外，还要考虑材料机械性能的变化。一般来说，它们的弹性随着温度的下降而降低。特别是有机材料，这个温度范围早已低于它们变得像玻璃一样并在机械应力下容易破裂的温度。

如果让液氮或更冷的液体流过没有隔热或隔热不足的管道，空气会在外侧凝结。由于氧的沸点温度高于氮（90K 或 77K），因此当冷凝液蒸发时可以富集氧，这反过来又与火灾风险增加相关联。

3.2.4　其他

与日常生活中遇到的许多其他物质相比，氢并不是特别危险。它不是爆炸性的，尽管它被一次又一次地声称"可以形成最容易爆炸的混合物"。当氢与空气混合时，不会产生化学课上已知的"氢氧气"，而是氢和纯氧按化学计量比的混合物。它也没有腐蚀性或氧化性（它是易燃的，这与氧化性相反）。同样，自燃性也不是它的特性之一，且与乙炔相反，其分子是不可分解的。

从物理意义上来看，氢是完全中性的。只要不置换氧，它既无毒也不会对身体产生任何其他有害影响（致癌、致畸等）。它既不会对地表水或地下水也不会对环境构成任何危险。

3.3　防爆

"防爆"应理解为旨在确保首先不会发生爆炸的所有预防措施，并且在更广泛的意义上也包括旨在减少其影响的预防措施。这些措施通常分为以下几组：

1）一次防爆：包括尽可能防止爆炸性混合物的形成。

2）二次防爆：是指通过避免火源来防止任何已形成的混合物发生反应。

3）三次防爆或结构性防爆：包括旨在减少爆炸后果的结构性的和其他的措施。

几乎没有任何地方将氢用于在室内的私人用途，而通常使用在实验室或工业设施中。在这里，处理氢的员工或处于危险区域的员工要定期接受在发生危险时正确处置和操作的指导。

在这一领域，当然必须遵守一系列规则（在 3.3.5 节"法律方面的框架条件"中会详细介绍这一点）。

3.3.1 区域

在确定的位置采取何种防爆措施是适当和必要的，始终取决于普遍存在的危险。对于商业的、有爆炸性危险的系统，雇主有义务标识所谓的"爆炸保护区"。这个位置属于哪个区域取决于在正常运行期间、在危险性数量中预期存在爆炸性气体混合物的频率或概率。有以下区域：

- 0 区：连续的或经常的。
- 1 区：频繁或更长时间。
- 2 区：很少且仅在短时间内。

（对于出现爆炸性粉尘，有类似的 20 ~ 22 区）

通常根本不会出现危险性的气体混合物的地方不属于任何区，在那里不需要特殊的防爆措施。

除了相关条例外，用户还可以在职业责任保险协会的相关出版物中找到确定这些区域的详细信息和说明。

用于在有爆炸性危险的区域中的设备或系统必须贴上标签，以便用户能够识别它们属于哪个区域并避免哪些特定的风险。

3.3.2 一次防爆

一次防爆（避免爆炸性的混合物）是指完全防止形成不需要的气体混合物，这样做的一种方法是防止气体从容器或管道中意外泄漏。对此，可以通过使设施在技术上更密封、将可拆卸的连接限制在最低限度、尽可能以焊接形式构建管道等来努力实现一次防爆。一次防爆还包括定期检查设施、定期更换密封件和其他磨损部件以及类似的措施。

一次防爆还可以包括及时发现不希望的气体泄漏并在混合物浓度超过爆炸下限之前尽快安全地排放气体，例如通过自动打开窗户或通过通风技术。所需的通风量取决于发生事故时释放的气体量，例如可能出现的泄漏或管路断裂，同时还应考虑扩散性的泄漏。至少对于此类泄漏或设施关闭期间截留的燃气量，应为预期的释放量提供足够的通风。

此外，应该通过快速（尽可能自动地）切断燃气的供给，可能逸出的燃气量应保持在最低限度。

由于氢没有特征性的颜色或气味，而且这种监测必须不断进行，因此传感器是必不可少的。一方面，它们应该布置在可能的出口点附近，另一方面，要考虑到氢在房间最高点或尽可能高处的特性。

在商业上使用氢，且不能排除其逸出的地方，这些设施通常由固定式燃气警报装置来监控。它们通常在点火下限的 10% 左右触发预警，即空气中的 H_2 为 0.4%，并且在点火下限的 25%，即空气中的 H_2 为 1% 时，触发主警报（这些限制没有规定，由操作员自行决定）。这样就有足够的时间采取对策或疏散人群。

必须始终根据当地的条件精确地确定合适的措施。重要的因素包括：实际涉及多少氢、以何种形式存储和使用、房间或建筑物有多大、里面是否有其他有危险性的设备、建筑物周围的环境如何等。

3.3.3　二次防爆

二次防爆包括通过确保不存在可以提供所需能量的点火源来避免点燃一种可能存在的混合物。有许多可能的点火源，电火花是最主要的，但热表面或机械产生的火花也可以点燃混合物。二次防爆的可能性也是多样化的，它主要包括房间内电气设施和其他设施的防爆设计，其设施不能完全排除混合物的形成（尽管有一次防爆）。

电气设施通常是考虑的重点。普通的开关、插座或照明设备不允许在有爆炸危险的区域中使用。如果有可能，应完全避免使用电气元件并用其他元件替换，例如，可以使用气动阀以代替电磁阀。

如果在有危险性区域使用泵或压缩机，则防爆尤为重要。通常，这些不仅是有时功率高达数百千瓦甚至兆瓦级的电气设备，而且由于摩擦也会在此处形成热的表面。

电火花不仅出现在电气设施中，而且通过静电放电产生，它们在点火方面不相上下。因此，设施所有相关部分的专业性接地都属于本章内容，不仅实际的载气设施必须接地，还有加热器、水管、燃气管和其他金属部件等，导电性好的地板也很有帮助。

由机械产生的冲击和摩擦火花也有点火作用，即使是不产生火花的工具也不能完全安全地防止这种情况发生。如果在有爆炸性危险的区域有一台风扇，需要在必要时将可燃气体混合物输送出房间，这一点在风扇的结构设计中起着重要的作用。如果在设备出现故障时转子叶片与壳体之间存在接触，如果材料匹配不合适，则可能会导致火花产生。一种可能的对策是用有机材料涂覆转子叶片的尖端或完全由有机材料制造转子叶片。

3.3.4　结构性防爆

结构性防爆（三次防爆）不是要避免爆炸本身，而是要限制爆炸可能造成的损害。

它可以包括使可能发生爆炸的设施具有足够的耐压性，这是否可行取决于正常情况下的工作压力。如果发生爆炸，必须预计这种容器中的压力（如果它是封闭的）至少会上升 10 倍。发生爆炸时，也可能达到或超过 20 倍。

然而，这种方法通常只适用于小型反应容器或管线，不适用于更大的容器，甚至不适用于房间和建筑物。必须为此提供一种可能性，以转移过压，使其不会造成任何损坏或至少不超过合理范围。

在容器或管线的情况下，这通常由泄压装置（安全阀、爆破片）来确保。响应压力和流量应根据要应对的危险来选择。出口的设计必须确保逸出的流体不会造成任何进一步的损坏，如果它们是热的、易燃的、有损健康的或其他危险的，则尤为重要。

在房间或建筑物的情况下，结构性防爆通常包括设计确定的结构组件（窗户、外门、墙壁），使其在压力略有增加时打开或脱落，压力也能释放。在这里，也必须注意，要确保压力波、碎片或流体不会危害环境。

3.3.5 法律方面的框架条件

由于氢不会造成任何不寻常的安全问题，因此没有针对该物质特性的规定，其应用的规定适用于每种情况。

在欧盟国家，防爆受到两个指令的监管，即94/9/EG（ATEX 95）和99/92/EG（ATEX 137）。

指令94/9/EG（ATEX 95）"协调成员国关于预计用于有爆炸性危险的区域的装置和保护系统的法律规定"制定了用于有爆炸性危险的区域的产品的质量要求。指令99/92/EG（ATEX 137）"关于改善易受爆炸性环境危害的工人的健康保护和安全的最低规定"制定了工作场所防爆安全的最低要求和产品安全运行的最低要求。ATEX 95 涉及用于有爆炸性危险的区域的产品的特性，而 ATEX 137 涉及其运行和其他防爆的运行方面的措施。

在德国法律中主要采用的是《防爆条例》（ExVO），一项基于《产品安全法》（GPSG）的法定条例，以及采用《工业安全条例》（BetrSichV），一项基于《职业安全和健康法》的法律条例（ArbSchG）。用户可以在《工业安全技术规则》（TRBS）或在逐渐被其取代的旧法规中找到技术细节。雇主责任保险协会的出版物也很有用，因为它们阐述了如何处理特定应用中迫在眉睫的危险以及如何避免这些危险。

两个 ATEX 指令以及国家法律是最重要的法规，但不是唯一的法规。由于氢是易燃的，因此它也适用于危险物质的处理和运输的规定。此外，压力容器和压力设备的规定也适用，因为氢系统通常在超过 50kPa 的压力下工作。

根据工作场所的条件，机械指令、低压指令或代理指令也可以适用。

3.4 存储

在能源产业中，经常会出现一次能源或二次能源（能量载体）的供应和终端消费者的需求在时间或地点上匹配的问题。为了弥补时间上的差异，有必要存储足够的能源，直到需要使用为止，这对于不同的能量载体来说具有不同的难度。矿物油、甲醇或其他液体的存储相对简单和高效，相比之下，以电力的形式大量、长时间地存储能量是困难的。

从这个角度来看，燃气占据了中间位置。这里出现了体积能量密度低的问题，必须将其压缩或在低温下将其液化以提高存储密度。这两种方法已长时间大规模地应用，但还有其他一些方式，在这里简要地进行介绍。

3.4.1　压缩气体

最古老和最简单的存储氢的方法是气体的压缩。压力容器有多种尺寸和压力可供选择，从实验室使用的小型气雾罐到几何体积为 $100m^3$ 或更大的大型固定式容器。因此，相关的安全技术也是常识。

这种形式的氢的存储与其他气体的存储没有太大的区别。在选择材料时，必须考虑脆化的可能性。此外，也适用现有技术，如前述相关规定所述。这些基于固定式和可移动式压力设备（PED/TPED）的欧洲指令，在德国法律中通过《压力设备条例》（14th ProdSV）来实施，这是一项基于《产品安全法》的法定条例，以及通过《可运输压力设备条例》（ODV）来实施，这是一项基于《危险货物运输法》的法定条例。

新的技术要求源于即将应用氢作为道路车辆的燃料。氢的体积能量密度甚至低于大多数其他可燃气体，即使把氢压缩到 20~25MPa，就像使用天然气作为燃料那样，装在乘用车的压力罐里将包含大量能量，足以满足当今燃料电池驱动的续驶里程 200km 以下的要求。当压缩到 35MPa 时，续驶里程能够达到大约 300km。而这样的汽车在客户面前没有机会，这就是为什么汽车制造商倾向于在 70MPa 的最大压力下以气态形式存储氢，这对于具体取决于车辆类型的、续驶里程 400~600km 的车辆来说已经足够了。这种储氢容器是新型的，它们必须主要由使用碳纤维的复合材料所制成，因为金属容器本身已经耗尽了乘用车的有效载荷。

现在已经有这样的容器，它们大多是IV型（聚合物内衬，完全包裹）。目前还可以使用法律认可的测试程序（EC 406/2010 和 UNECE R134），因此可以通过型式认证批准装有此类储罐的车辆在公共交通道路上行驶。可以看出，这些容器在安全性方面与金属或金属–复合材料容器处于同一水平。当然，复合材料容器还没有像金属容器那样拥有多年的使用经验。

3.4.2　低温液体

低温液态氢的密度甚至比压缩到 70MPa 以上的气态氢还要高。从安全的角度来看，这里必须注意极低的温度，在上文已经详细解释过。

这种存储形式的缺点：

- 液化的能量消耗相当于能从存储在储罐中的氢中获得的能量的三分之一。
- 容器必须以复杂的方式隔热。
- 然而，气体会持续损失（尽管很小）。容器越小，损失就越明显（因为它相对于存储量随着容器体积的增加而减少）。一个假设是，只有受管制的车队中的车辆才能以客户友好的方式运营。

另一方面，它有以下优点：

- 更高的密度。从运输的角度来看，消耗会更少；从固定式储罐的角度来看，所需充注的时间间隔会更大。
- 储罐仅处于低压状态，因为液态氢的存储压力仅为 1.3MPa 左右的（临界点）。
- 通过液相蒸发获得的气体纯度很高，因为在 20K 时，实际上几乎所有杂质都会冷凝出来，这对于某些应用来说很重要。

因此，必须始终针对具体的应用场合权衡利弊。从安全的角度来看，所涉及的问题可以说是很容易解决的，而且自 19 世纪末氢首次液化以来，以这种形式存储氢并没有出现异常的问题。

3.4.3 熔融物

固态氢的密度还高于液态氢。因此，对于某些特定的特殊应用（太空旅行），有时会使用"熔融物"，即液态和固态氢的混合物。这种混合物仅在或接近于氢的三相点（13.8K，7040Pa）时存在。由于其生产和处理（在负压下存储）的高成本，熔融物发挥不了技术作用。

3.4.4 超临界流体

经过长时间的密集工作后，如今不再追求将氢作为低温液体存储在乘用车中。最终，两相系统在技术上变得过于复杂。目前正在研究一种将氢作为超临界流体存储在绝热压力罐（$T_c = 33K$，$p_c = 1.3MPa$）中的方法。隔热的花费比使用液体储罐要更少，因为可以允许液体缓慢升温。在这里，真空超绝热罐的特性与 35MPa 的复合压力罐的特性相匹配，应该允许较少或没有产品损失，因此也应该适用于车辆的正常的日常运营。该系统目前仍在开发中，还没有任何大量与安全技术相关的经验。

3.4.5 地下存储

与能源相关的一个新的应用是可以在地下储存设施中存储大量的氢，这是基于使用氢作为可再生能源波动供应与消费者需求之间的缓冲的背景。在过去 30 年，已在三个存储设施（英国和美国得克萨斯州）中成功地实现了在盐穴中进行氢的地下存储。存储洞穴的几何体积在 70000 ~ 580000m³ 之间，年产品损失小于

0.01%，因此低于天然气的孔隙存储。

这种地下存储方法已经被大规模地用于天然气以及其他气体（丙烷）和液体（石油），并且具有良好的安全技术方面的经验。

3.4.6　化合物

一些化合物可以提供比纯质气体更高的氢存储密度。这使得使用此类化合物作为储氢介质成为可能。

对于像甲烷等碳氢化合物尤其如此，其分子的 80% 由氢组成。从这个角度来看，液态存储更有意义，因为它们的密度很高，在这方面尤其推荐使用甲醇、乙醇和咔唑。在许多情况下，这只与它在道路交通中作为燃料的用途有关，因为在固定式的存储状态，高的密度通常并不太重要。就安全性而言，与汽油或柴油的存储水平大致相同。

如果消费者需要纯氢，例如用于燃料电池，则必须首先通过使用消耗能量的化学过程（即"重整"）将其与存储介质化合物分离。还必须清楚在反应过程中产生了哪些其他物质、这些物质具有哪些特性以及如何处理它们。在这一领域已经开展了与甲醇相关的大量工作，最终得出的结论是：道路车辆上的这种车载系统尽管是可行的，但在能源、经济和生态方面来看并不明智。乙醇的情况更是如此，因为重整更加困难。到目前为止，还没有咔唑的实际经验。

另一种可能性是氢化物，即氢与另一种物质的二元化合物。最重要的是，金属氢化物可用作存储介质。其优势包括：

- 高的存储密度。
- 仅在轻微过压下存储（在安全性方面是有利的）。

其缺点包括：

- 容器很重，因为容器装满了金属粉末。
- 充填和释放与温度的变化有关。
- 许多在存储密度方面具有吸引力的氢化物只能在很高的温度下使用。
- 许多氢化物不能长期稳定，因为金属粉末会分解成越来越小的颗粒，这意味着与氧接触有爆炸的危险。

由于这些原因，这种形式的存储并不适用于大批量或大多数移动式应用。另一方面，对于较小数量和特殊应用（例如潜艇），它非常有意义，现在也成功地用于固定式应用。

3.4.7　法律上的框架条件

在该领域也没有专门针对氢的法规，适用于比空气更轻的易燃气体的一般规则也适用于氢。压力容器和压力系统的规则特别详细，也大多适用。对于目前相当特殊的方法，如熔融态或超临界氢，没有一套具体的规定，在这里，通常必须使用相关领域的规则。

3.5 运输

由于一次能源或能量载体并不总是在消费者需要的地方供给，因此必须运输能量载体。在所有可能的交通运输路线上运输大量原油（或衍生产品）或天然气是当今最先进的运输技术，并且能在可接受的安全水平下完成。氢的运输可以用与之相同的方式来实施。

3.5.1 管道

氢是一种气体，类似于天然气，可以通过管道输送。在欧洲、美国、日本和其他地方有很多这样的导管或管道系统用于化学工业的目的，安全技术方面的经验非常丰富。尽管它的能量密度明显更低，但在给定的管道横截面和压力下，由于其更好的流动性，实际上氢可以传输纯甲烷能量含量的75%。

与天然气不同，不需要从地球上遥远的地区获取氢。因此，管道网络仅应用在紧邻区域内。

3.5.2 道路

通过道路运输压缩气体是最先进的技术，压缩气体通过钢瓶货车或罐式货车（使用较少但较大的单个容器）运输。金属容器越来越多地被完全或部分由复合材料制成的容器所取代，以略微改善对氢而言尤其不利的空载重量与装料之间的比率。

根据 ADR 规定，加压的氢可以在最大 3000L 的钢罐和最大 150L 的Ⅳ型复合材料储氢中运输，在欧洲道路上运输的最大压力为 45MPa。BMVBS 和 BAM 则是在Ⅳ型容器运输规则框架内将德国的 ADR 规定扩展到最大 450L、压力为 50MPa。原则上，从 2013 年夏季开始，ADR2013 允许最大几何体积为 3000L，没有运行压力上限。目前，欧洲 DeliverHy 项目（www. deliverhy. eu）正在制定一项针对欧洲法规的优化建议。

在这方面，氢作为低温液体的运输更为有利。同样，这是最先进的运输技术，且每天都可以观察到。更高密度的好处部分地被液化工序的费用所抵消，因此，选用哪种运输技术取决于各自的框架条件，尤其是距离客户有多远，因为商用车驾驶员的成本、商用车的租赁以及燃料消耗都是重要的成本因素。

这两种运输方式都有非常好的安全记录。大多数此类车辆的事故也是轻微的，即使在剧烈撞击的情况下，运输容器仍然完好无损，更有可能的也只是外部管路或操作元件的损坏。

3.5.3　其他交通路线

在合适的罐式集装箱中，氢也可以通过其他交通路线运输，即通过铁路、内河航道或海运。然而，从经济性的角度来看，氢的长距离运输并不是很有吸引力，因为它可以在任何地方生产。

迄今为止，飞机上使用压力容器运输货物在很大程度上是不可能的。而国际民用航空组织（ICAO）已批准在金属氢化物容器中运输最少量的氢。

3.5.4　法律上的框架条件

对于在各种交通路线上运输氢等危险品，有大量的规定。在许多情况下，至少对于跨境运输而言，已编入国际条约中，例如 ADR（道路）、RID（铁路）、ADNR（内陆水道）或 IMO 代码（海运）。在欧盟，这些主要（海上运输除外）条约以条例形式被采用，在德国实施《道路、铁路和内河运输危险品条例》（GGVSEB）。德国的海上交通规则反映在《海上危险品条例》（GGVSee）中。两项条例均以《危险品条例法》为基础。

参 考 文 献

1. „Hydrogen: Overview": Garche, J., Dyer, C., Moseley, P., Ogumi, Z., Rand, D., Scrosati, B. (Hrsg.) Encyclopedia of Electrochemical Power Sources, S. 519–27. Elsevier, Amsterdam (2009)
2. ADR2013 [ECE/TRANS/225 Bd. I and II] – European Agreement Concerning the Internationalcarriage of Dangerous Goods by Road as Applicable as from 1 January 2013 – Bd. I + II, New York (2012)

第4章 移动式应用

4.1 可持续的移动性

谨慎使用能源和减少包括温室气体在内的污染物排放，不仅是全世界所希望的，而且由于日益严格的法律要求也是绝对必要的。因此，未来的能量载体和能量转换器一方面必须达到最大的能量效率和尽可能降低排放，甚至达到零排放，另一方面，将不断增长的诸如风能和太阳能等波动能源以最佳方式整合到能源系统中也很重要。由于能源转型，德国的问题尤为重要且早有相关性，这不仅适用于固定式和便携式的应用，而且也适用于运输和交通。日本福岛地区自然灾害引发的核电站事故导致德国最终淘汰核电，这一决定不仅具有政治的后果，也具有经济的后果。相对于1990年，温室气体减排目标设定为到2020年减少40%，到2030年减少55%，到2050年减少80%~95%。氢和燃料电池提供了在技术上和时间上都符合这一观点的有前景的解决方案。对于与此相关的经济上的和基础设施方面的问题，中、长期内有望得到积极的响应。自20世纪90年代以来，机动车的实际（法律意义上的）污染物排放量，特别是氮氧化物、碳氢化合物和硫化合物，一直处于非常低的水平（图4.1）。

取得这些积极的结果最主要是通过两项措施：从源头上解决问题的发动机燃烧技术的进一步开发和废气后处理系统。

从那时起，全世界都非常关注减少温室气体排放，尤其是 CO_2 排放，原因之一是许多科学家已经看到了气候变化与温室气体之间的联系。不管这种联系最终能否让人信服地得到证实，对地球资源的前瞻性利用需要使用 CO_2 排放量尽可能低的技术作为预防措施。即使汽车交通不是唯一和最大的 CO_2 排放源，车辆也是 CO_2 减排目标的重点（图4.2）。

各个国家和地区很早就制定了相应的法规。一个例子是美国加利福尼亚州的零排放汽车（Zero Emission Vehicle，ZEV）指令，它规定汽车的批量制造商必须生产一定数量的零排放汽车，并且随着时间的推移而增加，具体数量取决于加利福尼亚的汽车销售情况，如果未能满足该授权，可能会存在被排除在市场之外的风险。

与此同时，世界范围内可以观察到越来越严格的 CO_2 法规。即使各个地区的限值不同，但其规则都以可比较的数量级为目标（图4.3）。

由于物理的原因，欧洲的 CO_2 规则（2020 年为 95g/km）只能通过现有车辆种类（小型、中型和大型车辆的混合）与一定比例的零排放车辆（带动力蓄电池和燃料电池的电动汽车）来实现（图4.4）。

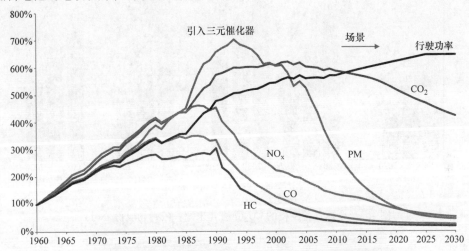

尽管行驶功率增加，但通过多项技术措施使德国的污染物排放量显著减少，
CO_2 排放量稳步增加的趋势同样也可以停止并转为减少（来源：TREMOD）

图4.1　德国道路客运的发展：功率、CO_2 和污染物（见彩插）

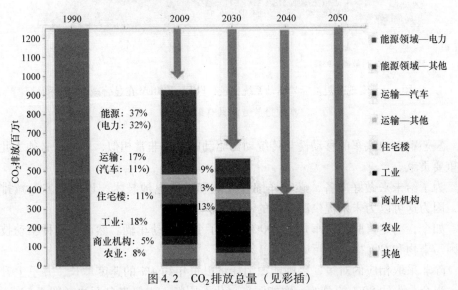

图4.2　CO_2 排放总量（见彩插）

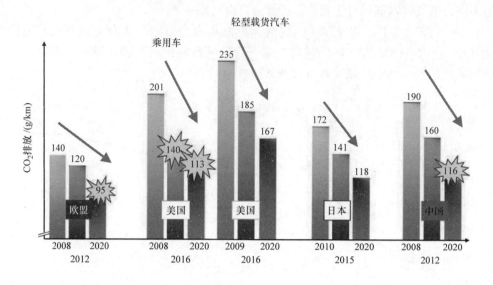

图 4.3 全球日益严格的 CO_2 立法（来源：戴姆勒股份公司）

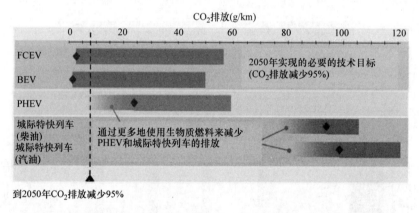

图 4.4 实现欧盟目标的驱动系统比较，FCEV 和 BEV 在显著减少 CO_2 和
本地排放方面具有最大潜力

氢燃料电池汽车的移动性与传统动力驱动的汽车非常相似，因此，必须为此做出重要贡献。

为了给未来做好准备，必须详细处理氢和燃料电池技术，以实现 CO_2 减排目标，因为这可以为未来提供决定性的竞争优势。

如今，内燃机驱动汽车几乎 100% 覆盖了个人机动车辆。然而，这种驱动技术会因污染物和 CO_2 排放而污染环境。

除非采取相应的对策，否则能源消耗将以每年约 4% 的速度增长，并呈上升趋势。当今，大约 80% 的总的一次能源来自化石原料，主要来自石油（图 4.5）。

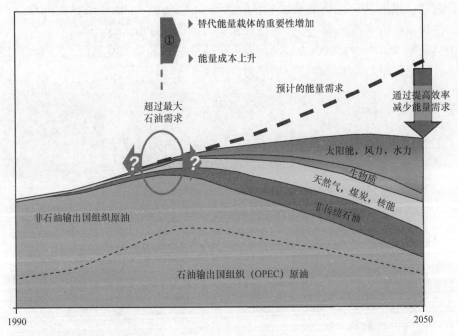

① 基于国际能源署(IEA)的原油预测。

图 4.5 化石能量载体供应预测

中国、印度和巴西等新兴国家的快速经济增长正在导致能源消费持续上升，能源供应的真正瓶颈更有可能发生在区域而非全球。煤炭和石油是过去几个世纪以来保障能源供应的化石原料，但是，石油储量越来越稀缺。按照目前的测算，已经达到了生产高峰，大约40~50年的时间后就能耗尽（图4.6）。然而，真正的问题不是储量，而是开采它们的高成本。

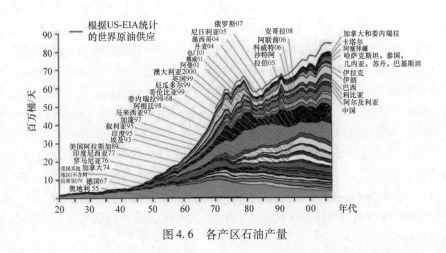

图 4.6 各产区石油产量

此外，超过 30% 的石油储量来自政治不稳定的地区。由于经济的和政治的原因，油价显示出大幅波动。然而从长远来看，油价预计会上涨。

其他影响，例如大城市人口的日益集中或政治和客户的敏感化，使汽车制造商面临着将替代驱动技术推向市场的压力（图 4.7）。

图 4.7　对可持续的移动性的影响因素（来源：戴姆勒股份公司）

因此，从社会的角度来看，为未来的车辆提供零排放运输和尽可能高的能量效率是一项基本任务。可持续性可以在"从油井到车轮"的比较的框架内进行整体评估。

从公众的角度来看，为在道路上引入燃料电池汽车的市场准备必须与该主题相关的所有参与者和/或利益相关者（汽车公司、能源公司和石油公司、基础设施公司、政府）以公众－私人－伙伴关系协同进行。汽车制造商通过展示大量概念车和原型车，证明该技术已为市场做好准备。其可靠性和技术方案已被多家汽车制造商成功地论证，例如梅赛德斯－奔驰在 World Drive 2011 期间在世界范围内投入使用了 3 辆燃料电池汽车；通用汽车在 2004 年燃料电池马拉松（Fuel Cell Marathon）期间使用 Hydrogen3 从挪威北部行驶到葡萄牙，并作为资助项目的一部分进行巡展（如欧盟项目 H2 - Moves Scandinavia）从奥斯陆经汉堡和博岑（Bozen）行驶到巴黎，再经哥本哈根返回。

汽车公司、石油公司、政府和氢生产商之间的许多联合项目旨在优化基础设施并确保公众的洞察力，主要项目包括美国的加利福尼亚燃料电池合作伙伴（California Fuel Cell Partnership）和德国的 CEP 等。

近年来，DoE（美国）、FCHJU（欧盟）、NIP（德国）启动了支持市场启动的重要资助计划。

欧盟燃料电池和氢联合承诺（FCH JU）

燃料电池和氢联合承诺（Fuel Cells and Hydrogen Joint Undertaking，FCH JU）是一项关于氢和燃料电池主题的联合技术倡议，是第七个欧盟资助计划的一部分，它于 2007 年推出。该倡议将欧盟在氢和燃料电池领域的所有研究、开发和示范活动捆绑在一起，其目的旨在加速技术的市场导入。该倡议由欧盟委员会以及在氢和燃料电池领域工作的领先的工业公司和研究机构组成，参与的工业公司已聚集于新工业集团（NEW‐IG），研究机构聚集于研究集团（N. HERGY）。该倡议包括第一阶段（2008—2013 年）的总预算为 9. 4 亿欧元。在第二阶段（2014—2020 年），欧盟提供总计 6. 65 亿欧元的资金，其中，通过相同数额的工业资金，该计划的总金额将达到 13. 3 亿欧元。该倡议的主题领域包括运输应用和氢基础设施、氢生产、固定式应用和早期市场。此外，还有一些交叉主题，例如法规、规范和标准或培训。

德国氢和燃料电池技术国家创新计划（NIP）

2006 年，德国联邦政府、行业和科学界以战略联盟的方式联合发起了氢和燃料电池技术国家创新计划（NIP）。NIP 旨在显著地加快面向未来技术的产品的市场准备，该计划的第一阶段的总预算为 14 亿欧元，运行十年，直至 2016 年，其中总预算的一半款项由德国联邦政府（交通、建筑和城市发展部，经济和技术部）和相关行业提供。

除了大型示范项目，NIP 还注重研发项目。示范项目捆绑在综合灯塔项目中，并在真实的日常条件下进行，因此，项目合作伙伴可以更有效地合作解决问题和迎接挑战。项目领域具体包括：交通和氢基础设施、固定式能量供应、特殊市场和氢制备。在所有项目领域，为了适合批量生产的组件，重点要明确放在加强供应商行业上。2016 年，政府决定以 NIP 2. 0 的形式继续该计划，直到 2026 年，到 2019 年为止提供高达 2. 5 亿的下一笔资助金额。

氢基础设施倡议 H$_2$ – Mobility

H$_2$ – Mobility 倡议的头部工业公司（车辆制造商和基础设施供应商）正在致力于实施一种商业模式，以在德国建立一个全国性的加氢站网络。该倡议的目的是通过建立加氢站基础设施，为燃料电池汽车的量产引入做准备。2009 年 9 月，作为项目研究的一部分，跨行业的 H$_2$ – Mobility 倡议开始开发构建德国氢供应体系的场景。根据这项研究，在 2011 年的第二阶段，H$_2$ – Mobility 评估了基础设施构建的成功的机会，并开发了各种商业模式以及实施的路线图。该倡议得到了国家氢能技术和燃料电池技术组织（NOW）的支持，并与德国联邦政府对接。在 2013 年开始的第三阶段准备工作中，该倡议的合作伙伴协商成立一家合资企业，以实施商业模式并投资建设基础设施。相应的合资企业"德国 H$_2$ – Mobility"成立于 2015 年。六家大型工业公司合作的目标是到 2023 年在德国共建设 400 个加氢站。

其目的是为车辆的推出（Roll‐out）创建加氢站基础设施，主要是在德国。

该倡议的另一个重要方面是为邻近的欧洲国家实现催化作用，以通过进一步的 H_2 – Mobility 倡议促进那里的基础设施发展，如已经体现在英国的 H_2 – Mobility 倡议中。

氢内燃机

氢不仅可以在燃料电池系统中催化转化为电能并用于电驱动，而且还可以燃烧。氢在内燃机中的使用已经研究了大约 80 年。戴姆勒公司于 20 世纪 80 年代在柏林进行了首次车队试验。直到 2010 年，宝马公司一直非常积极地推动这项技术的发展。尽管与汽油机相比，氢内燃机的污染物排放量较低，但仍会排放 NO_x。出于这个原因，氢内燃机车辆不被归类为 ZEV。此外，氢内燃机的效率与传统的内燃机差不多一样，这就是为什么所有配备氢内燃机的车辆都需要低温液态气体存储装置以达到可接受的续驶里程。必要的制氢和液化需要大量的能量，这使得配备氢内燃机和液氢罐的车辆的整体能量平衡不是很有效。

4.2 动力总成的电气化

汽车制造商已经提供了不同的动力总成方案来减少 CO_2 排放。如今，市场上已经可以使用不同程度的混合动力电气化，而不受现有基础设施的限制。动力蓄电池汽车虽然没有局部的 CO_2 排放，但续驶里程短，充电时间相对较长，充电基础设施，尤其是快充方面，还存在不足。在能源多元化和减少废气中 CO_2 排放的场景中，氢燃料电池汽车目前几乎在所有汽车制造商的战略中都扮演着举足轻重的角色。

汽车制造商将逐步提高汽车动力总成的电气化程度，直至实现零排放的移动性。图 4.8 显示了动力总成电气化程度的提高。

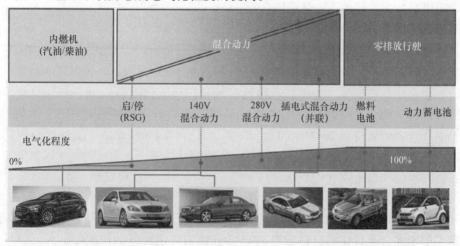

图 4.8　动力总成电气化程度的提高（来源：戴姆勒股份公司）

氢燃料电池汽车不仅具有局部 CO_2 零排放的优势，而且在燃料生产过程中没有或只有非常低的 CO_2 排放，如图 4.9 所示，当所需能量由可再生能源产生时尤其如此。但即使氢是由天然气产生的，在"从油井到车轮"（Well – to – Wheel）的平衡中，燃料电池汽车的总 CO_2 排放量比配备内燃机但没有混合动力化的汽车低 46%。与内燃机相比，燃料电池驱动具有非常高的效率。

通过与小型混合动力电池结合用于支持加速和制动时能量回收，燃料电池驱动具有非常高的效率和低的能耗。

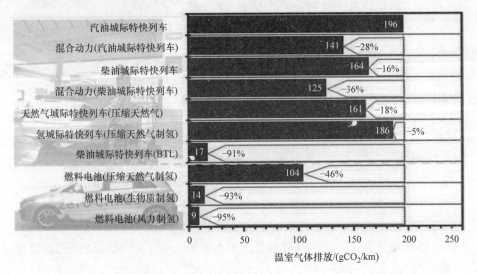

图 4.9　以 CO_2 为单位的温室气体排放减少量（来源：戴姆勒股份公司）

动力总成可以根据车辆的要求和整体能源管理以不同的方式切换，并可以优化性能和成本，图 4.10 显示了混合动力化的各种可能性。

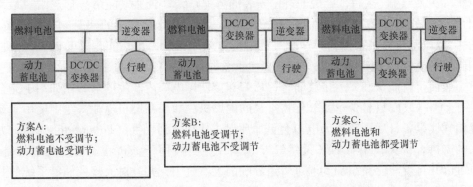

图 4.10　燃料电池动力总成混合动力化的可能性（来源：戴姆勒股份公司）

一般来说，采用燃料电池或动力蓄电池驱动，在减少 CO_2 排放方面具有最大的潜力。"从油井到车轮"的整体效率在很大程度上取决于使用哪种一次能源或通过哪种能源转换来提供能量。在任何情况下，两种电动动力总成的CO_2排放和能量消耗都低于传统的驱动方式，并且在可再生能源的使用方面也具有最大的潜力（图4.11）。

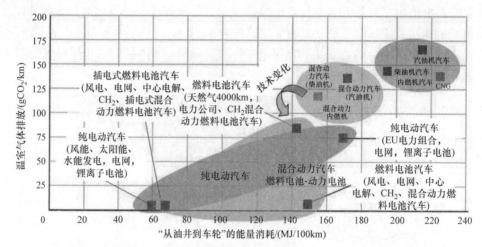

图4.11 能源平衡表（来源：EUCAR/CONCAWE "Well – to – Wheels Report 2004"；JRC/EUCAR/CONCAWE（2013）WtW Report，Version 4）

除了能耗和排放优势外，燃料电池汽车市场导入的重要先决条件是买家的高接受度和充足的氢基础设施。

结合风能和太阳能的波动，正在讨论所谓的"从动力到燃气"（Power – to – Gas）或"从电到燃气"（E – Gas）方法，即从太阳能或风能产生的电力用于通过电解水制氢，之后使用由其他过程排放的CO_2气体再在下一步将氢和CO_2用于生产甲烷（天然气），然后，甲烷通过已安装的分配路线（天然气网络）输送给"最终用户"。这可以是汽车（甲烷要预先压缩）、燃气轮机或直接的建筑物供暖系统。图4.12以汽车为例来说明：这个过程的能量效率极低，虽然实现了总的CO_2中性（排放的CO_2与"消耗的"一样多），但也会导致局部CO_2排放。

然而，就能量和CO_2排放而言，最好直接使用电解后产生的氢，比如用于完全没有CO_2排放而只有少量氮氧化物排放的内燃机。如果在燃料电池汽车中使用氢或存储气体以备日后再转换为电力会更加环保。从动力到燃气（Power – to – Gas）方法的支持者认为，现有的（天然气）基础设施可以用于该过程。可以反驳的是，氢可以并且可能已经添加到通过管道分配的天然气中，并且对大规模储氢系统的基础研究首次显示出有希望的结果。因此，向一个在效率和排放方面具有明显劣势的方法中投入大量精力和财政资源是否有意义是值得怀疑的。

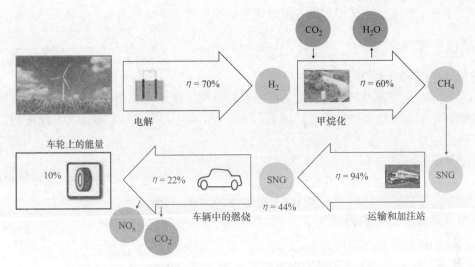

图 4.12 以汽车为例，利用可再生电力生产合成甲烷的效率链，来自可再生能源的
合成天然气（SNG）的"从油井到车轮"评估

4.3 对燃料电池汽车和燃料电池动力总成的要求

对于移动性方案的可持续性成功，从各个角度了解需求并以最佳方式实施是至关重要的。

燃料电池汽车和燃料电池驱动是确保移动性的同时也保护地球上有限的化石资源的有前途的解决方案。

新技术在道路交通中应符合与已经引入和接受的技术解决方案相同的高的安全标准，这是合情合理的。与内燃机汽车类似，燃料电池汽车应根据适用的法规和法律进行开发、测试和认证。一项挑战是以协调的方式在相应的法规和法律中涵盖所有与市场相关的燃料电池规格。

除了所有载氢部件（例如用于识别偏离氢浓度的传感器）的防撞装置以及相应的关闭机制外，还可以采取适当的措施来确保氢燃料汽车的安全性与传统汽车具有相同的高的安全水平。此外，例如，储氢罐要经过严格的与安全技术相关的型式认证。

从燃料电池汽车客户的角度来看，除了上述提及的基本要求外，还必须满足各自对移动性的特殊需求。

仅仅在乘用车、轻型货车、公共汽车甚至重型商用车中使用的差异已清楚地表明对要实施的技术解决方案的广泛的要求。此外，使用地点、对经济性的需求，以及最终并非最不重要的对驾驶特性的需求，对燃料电池车辆及其动力总成有重大的影响作用。

小批量和测试车队也有助于更好地了解客户需求并优化实施。

4.3.1　技术要求

使用地点/环境条件/冷启动能力

不同的使用地点都因其特定的特性而对燃料电池驱动提出了各种各样的要求。预期的外部温度范围与设计尤其相关，因为它定义了必要的冷启动能力和所需的冷却能力。

行驶距离/续驶里程

与动力蓄电池电驱动相比，燃料电池驱动的一个显著优势是更大的续驶里程。例如，对于紧凑型乘用车，预计的最低要求为 400~500km。

使用持续时间/加注时间

除了续驶里程之外，加注时间尤其决定了车辆是否可以进行更长时间的连续行驶/使用。储氢罐和加注站的当前方案在与传统驱动属于同一数量级时加注时间为 3min。与动力蓄电池电动汽车相比，这表明了在使用方面的明显优势，纯电动汽车慢速充电时需要几个小时，即便使用快速充电，充电（不完全）时间也至少要几十分钟。

运营成本/能耗/效率

氢（燃料）的消耗以及系统效率与续驶里程和可能的使用寿命密切相关。对于客户来说，这不仅体现在使用条件上，尤其是体现在重要的运营成本上。后者在更大程度上适用于商用车辆。

保值性/使用寿命/鲁棒性

除了运行成本外，车辆的经济性还取决于其保值性，长的总使用寿命和低的维护成本也是关键因素。所有组件以及系统网络的设计都应具有相应的使用寿命和鲁棒性。

驾驶特性/驾驶性能、舒适性

最后但并非最不重要的一点是，客户期望燃料电池汽车的性能达到相应的传统汽车的水平。系统性能、动力性、稳定性和最大速度对驾驶体验至关重要。NVH 性能决定着居住者和环境的福祉，这一点也不容小觑。

4.3.2　立法要求/法规

除了客户要求之外，与传统的驱动一样，还必须满足有关燃料电池汽车的运行和许可的所有相关法律和准则。示例包括用于加注接口的 SAE J2601、用于功能安全性的欧洲压力设备法规 EC79/2009 或 ISO26262。

4.3.3　车辆制造商的内部要求

除了客户要求和法律法规和准则的实施之外，制造商还面临着重要的经济性方面的挑战,以将燃料电池汽车转变为成功的车型。这种车辆或者说氢驱动的经济性必须能够在给定的时间段内表现出来。

头部汽车公司已经在燃料电池技术上投入了大量资金(每笔数十亿)。

燃料电池专用组件的成本不仅包括实际的燃料电池驱动系统,还包括相关的后续成本,例如生产设施的相应的进一步开发,诸如关于氢的兼容性或售后领域的必要调整,例如员工资格等。除了投资之外,每辆车或驱动系统的成本对于燃料电池驱动的长期的、经济上的成功将是决定性的。因此,未来几年的主要挑战之一是将相应的材料成本提高到具有竞争力的水平。

在这里,供应商在高度创新的环境中必须满足汽车行业的标准,其作用不容小觑。

在生产中,重要的是设计过程进展、流程和所运用的生产方式,以便为预期的产量创建最佳的性价比框架。尤其是从小批量到大批量的演进,给制造商带来了新的挑战。研究表明,从根本上实现成本上有竞争力的目标是可能的。

4.4 燃料电池动力总成的技术实施

汽车应用中典型的燃料电池驱动的主要系统包括:供气系统、供氢模块、燃料电池堆、储氢设施(罐)、电机、动力蓄电池。

供气系统、供氢模块和燃料电池堆也统称为燃料电池系统,可以在文献[25]中找到燃料电池驱动的概述。

4.4.1 乘用车的具体特点

将燃料电池系统集成到车辆中,本质上可以分为两个方案:底盘集成(图4.13)和发动机舱集成(图4.14)。

图4.13 燃料电池系统的底盘集成方案的例子是奔驰 B 级车(来源:戴姆勒股份公司)

图 4.14　燃料电池系统的发动机舱集成（来源：戴姆勒股份公司）

4.4.2　货车的具体特点

货车（包括轻型厢式运输车辆），如同城市公交车，非常适合燃料电池驱动的应用。此类车辆的使用情况，以城市交通中的送货车辆为例，具有一个优点，就是车辆通常可以在一个中心加氢站加注，因此当地只需要一个加氢站，而不需要覆盖全国的加氢站网络。

在货车应用中，对燃料电池系统的功率需求与乘用车相当，这意味着该技术基本上可以从乘用车应用中移植过来。更大的重量只需要稍微大一点的动力蓄电池就可以保证车辆有足够的加速度，可用的空间还可以扩大储氢罐，从而可以与续驶里程相匹配。

作为欧盟资助项目 HySYS 的一部分，2010 年制造并测试了配备燃料电池驱动系统的梅赛德斯－奔驰 Sprinter（图 4.15）。该项目由 25 个项目合作伙伴于 2005 年启动，旨在进一步开发燃料电池驱动和系统组件，并加强欧洲范围内原始设备制造商（OEM）、供应商和科研机构之间的合作。

图 4.16 显示了在底盘中燃料电池动力总成的集成。

4.4.3　客车的具体特点

12m 长的标准版城市客车（图 4.17）和 18m 长的铰接客车是燃料电池技术优化应用的车型，燃料电池技术在城市客车中的优势主要是在城市内零排放和低噪声行驶。根据客车运营商、客车用户和市民的调查，其结果是非常积极的。在加氢方面也可以看到另一个优势，因为客车可以在班次结束时在公交总站（理想情况下

图 4.15　梅赛德斯 – 奔驰燃料电池车 Sprinter（来源：戴姆勒股份公司）

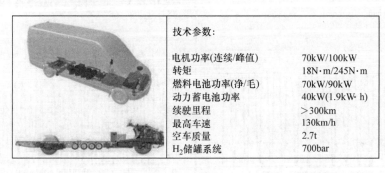

技术参数：	
电机功率(连续/峰值)	70kW/100kW
转矩	18N·m/245N·m
燃料电池功率(净/毛)	70kW/90kW
动力蓄电池功率	40kW(1.9kW·h)
续驶里程	>300km
最高车速	130km/h
空车质量	2.7t
H_2储罐系统	700bar

图 4.16　在底盘中燃料电池动力总成的集成（来源：戴姆勒股份公司）

也是加氢站）加注。

图 4.17　梅赛德斯 – 奔驰 Citaro 燃料电池混合动力客车（来源：EvoBus 有限公司）

　　两种类型的客车都需要车轮的输出功率在 160kW 到 200kW 之间，并且根据动力蓄电池或超级电容器的混合程度，燃料电池功率在 80~160kW 之间。有趣的是，12m 和 18m 城市客车不同的功率要求可以通过一组或两组并联的乘用车燃料电池系统来实现。

　　乘用车燃料电池系统的使用或子模块级的互锁可以为客车提供具有成本效益的

燃料电池驱动。在几个示范项目和小批量产品中，戴姆勒和 EvoBus 已经展示了乘用车燃料电池在客车中的应用。

客车的续驶里程由储罐系统的大小及其内容物来决定，储罐系统的尺寸设计为一个储罐足以满足在线路上全天（即一个班次）的使用。一辆标准的城市客车目前在续驶里程要求为 250km 时携带约 30kg 的氢。在实际行驶循环中，实测消耗量在 10kg/100km 至 15kg/100km 之间，其中，消耗量取决于各自的驾驶情况，例如市内交通和长途交通（图 4.18）。

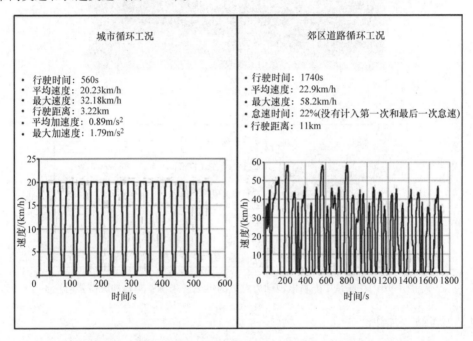

图 4.18　典型的驾驶情况（来源：戴姆勒股份公司）

在客车中燃料电池系统的集成可能性方面有两个基本方案：在车顶或在车辆后部。这两个方案都在 EvoBus 公司的 Citaro 燃料电池混合动力车中成功地进行了测试（图 4.19a、b）。通过进一步减轻重量和减小体积，当前这一代燃料电池系统提供了使用空间狭窄的车辆后部的可能性。双组或单组乘用车燃料电池系统可以安装在副车架上，那里是燃油公交车发动机 - 变速器单元的空间（图 4.19c、d）。

储罐系统的尺寸和安装对于一辆客车来说非常重要。通过模块化设计，储罐的布置可以在行驶方向横向（图 4.20）或纵向（图 4.21）安装，其目的是在客车和货车中实现尽可能通用。

氢燃料电池客车是欧洲城市交通中内燃机驱动的客车的最佳替代品：在性能、灵活性和每千米基础设施成本方面，与传统驱动相比，燃料电池公交车是中长期更好的选择，文献［27］给出了一项关于减少城市客车 CO_2 排放可能性的研究。

a) 燃料电池双系统(第3代)　　　　　b) 燃料电池双系统车顶安装

c) 燃料电池双系统(第4代)　　　　　d) 燃料电池双系统车辆后部安装

图 4.19　客车中燃料电池系统的集成可能性，NaBuZ 制备项目 03BV114A

（来源：NuCellSys 股份有限公司）

图 4.20　Citaro 燃料电池混合动力汽车的　　　图 4.21　纵向储罐系统（来源：维基）
横向储罐系统（来源：戴姆勒股份公司）

4.5　燃料电池驱动的主要系统

4.5.1　燃料电池堆

只有 PEM（聚合物电解质膜或质子交换膜）燃料电池用于汽车应用。这种电池具有两大优势：冷启动能力强和功率密度高。如果多个单体电池"堆叠"并串联连接，则称为燃料电池堆（图 4.22）。

根据所需的电压要求（最大和最小电压）的定义，从极化曲线中可以得出详细的信息。其中，在单体电池层面确定电流密度和运行工况点，比如 1A/cm² 时为 0.7V。

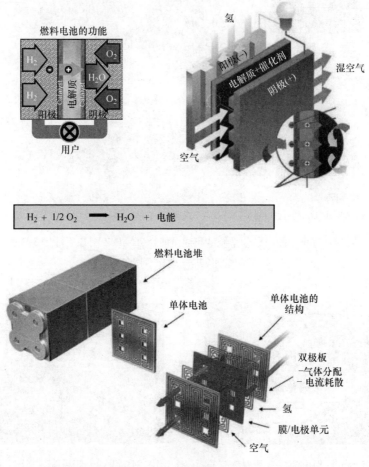

图 4.22　燃料电池（上）和燃料电池堆（下）的结构

4.5.1.1　聚合物膜和气体扩散层（GDL）

聚合物膜将燃料电池分成两个"腔室"（电极）：其中，一侧导入氧（氧化剂），另一侧导入氢（还原剂）。氧化还原反应使氢能够以受控方式与氧反应，在此过程中产生电、水和热。

聚合物膜是电池的电解质，该膜是气密的、传导质子的，厚度为 5 ~ 200μm。

GDL 通常由高度多孔的碳纸或碳纤维织物被压在膜上形成。GDL 有几个功能，包括气体的均匀分布以及产品水的"吸入"。GDL 是多孔且导电的。

膜或 GDL 涂有催化剂以支持氧化还原反应，催化剂以不同的量添加在膜的两侧。根据现有技术，使用铂（Pt）或铂合金，如铂钌（Pt - Ru）合金作为催化剂。

4.5.1.2 双极板

气体通过所谓的双极板中的通道分布在腔室中，双极板可以由碳基或金属基制成。

双极板的材料和设计在很大程度上取决于可用的安装空间。金属双极板更适合高功率密度的要求，这样，可以实现大约 1.2~1.5mm 的电池厚度，即所谓的"电池间距"（cell pitch），从而可以达到大约 2kW/L 的体积功率密度。然而，金属双极板对耐腐蚀性的要求更高，需要高质量的表面保护。碳基双极板不存在这种挑战，因为它们的基础材料是耐腐蚀的。此外，碳基双极板在独立设计和各个介质分布结构的优化等方面具有更大的灵活性，这是因为它的中板的正反面可以独立设计。由于不同的成型方法（图 4.23），这对于压纹金属板来说是不可能的。

a) 带密封件的碳板(来源：ZSW)　　　　b) 带密封件的金属板(来源：戴姆勒股份公司)

图 4.23　不同成型方法的双极板

4.5.1.3 密封件

电池堆中的密封件的任务是将相应的反应物和冷却介质彼此分开，并将它们与环境隔开。对密封件的要求很高，例如它们必须在机械、热和化学负荷下表现出相应的长期抵抗力。有两种密封方案目前用于自动化堆叠生产：双极板上的密封件；膜电极单元（Membrane Electrode Assembly，MEA）上的密封件。

无论选择何种密封方案，由双极板和中间的 MEA 组成的电池堆在两端都设有端板，并通过张紧带或拉杆将电池堆拉紧。端板还用于输送和排出介质，这些介质通过集成的分配器结构输送到电池堆。

4.5.2 燃料电池系统

燃料电池系统基本上由一个燃料电池堆、一个供氢模块和一个包括加湿器单元的供气系统组成（图 4.24）。

燃料电池堆将氢和空气中的氧转化为电能，它通常由数百个串联的单体电池所组成，每个电池都供应氢和空气，它们流过双极板中的通道结构。

来自车辆散热器的冷却液通过双极板中的第三通道，以消散反应热。

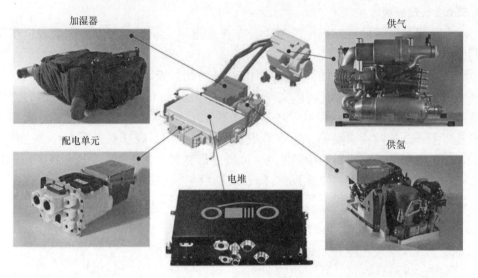

图 4.24　集成在奔驰 B 级轿车中的子系统和电堆（来源：戴姆勒股份公司）

4.5.2.1　供氢模块

来自储罐的氢通过供氢模块供给到燃料电池。该模块具有为燃料电池堆提供氢和确保阳极侧水管理的功能。它由一个压力调节器、一个冷凝液分离器、一个氢再循环单元和排放冷凝液和积聚惰性气体的阀门组成。

4.5.2.2　供气系统

燃料电池从通过供气系统提供的空气中接收运行所需的氧，该供气系统根据所需功率将吸入的空气压缩至燃料电池的最佳工作压力，并提供所需的空气质量流量。供气系统的主要部件是由高压辅助驱动器驱动的空气压缩机。

在将压缩空气供给燃料电池之前，它首先通过增压空气冷却器冷却并通过加湿器单元加湿。在加湿器中，燃料电池中产生的产物水从排气管路输送到进气侧。

4.5.2.3　电压/电源供给

燃料电池产生的电功率一方面用于车辆电驱动，另一方面为燃料电池系统和车辆中的所有高压消耗设备供电。电力在配电箱（Power Distribution Unit，PDU）中分流到各个用电设备，配电箱直接安装在燃料电池堆的两个电极上。该装置还包括高压安全所需的所有设备，例如独立的安全电子设备、用于电流隔离的接触器、保护用户的熔丝以及高压电缆所需的插头触点。

4.5.2.4　整个过程的控制/调节

燃料电池系统的运行由其自身的控制单元（Fuel Cell Control Unit，FCU）调节和监控。控制单元通过 CAN 接口与车辆控制单元通信，并控制提供氢和空气的高动态过程。此外，该控制单元还调节所有流程，例如启动过程和关闭程序，以及整个水管理。

4.5.2.5 空气供应的影响因素

空气供应对燃料电池系统的功率和整体效率有重大的影响作用。电堆功率受供给的空气的压力的影响，图 4.25 显示了燃料电池特性曲线如何取决于所供应的空气的压力的示例。该示例还表明不存在比例关系，而是燃料电池功率在高压下随着压力的进一步增加仅略微增加。

空气化学计量是影响燃料电池功率的另一个参数，化学计量定义为引入的氧质量流量与燃料电池的氧消耗量之比。燃料电池

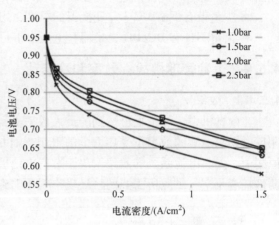

图 4.25 空气工作压力对燃料电池电压的影响（来源：戴姆勒股份公司）

的功率可以通过增加空气化学计量来提高（图 4.26），这需要供气单元更高的空气质量流量，因此具有更高的电力消耗，这反过来又降低了整个系统的效率。

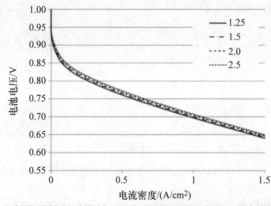

图 4.26 空气化学计量对燃料电池电压的影响（来源：戴姆勒股份公司）

空气压力和空气化学计量这两个参数对于供气模块的布局和设计都很重要，必须使燃料电池的功率增加与空气压缩机的功率消耗之间实现总体最优。该关系反映了辅助装置，特别是空气压缩机对燃料电池系统效率的影响作用。

空气压力参数的优化对燃料电池功率也有显著的影响作用，必须对每个燃料电池系统单独进行优化，因为相应的燃料电池技术的压力依赖性和空气压缩机的辅助功率由所选的压缩机技术及其结构（带或不带能量回收装置）所确定。

4.5.3 高压（HV）架构

到目前为止，还没有关于在性能和成本方面优化的高压架构是什么样的"黄

金法则"，但至少有两种根本不同的 HV 架构：

- 少量带有下游 DC/DC 变换器的电堆，用于电压升高和稳定。
- 大量不带有 DC/DC 变换器且电压水平可变的电堆。

4.5.4 运营管理挑战：效率和冷启动

4.5.4.1 效率

在内燃机中，理论上可达到的最大效率受到卡诺（Carnot）循环的限制。与此相反，燃料电池的效率不受热力学的限制，而是由基础的电化学过程的焓所决定。原则上，燃料电池系统的效率取决于燃料电池极化曲线和必要辅助设备的消耗。主要消耗者是空气供应所需要的将环境空气压缩到燃料电池的工作压力（图 4.27）。

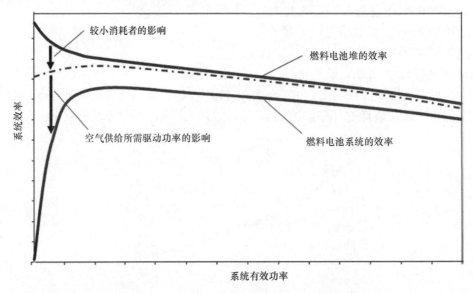

图 4.27　空气模块影响下效率变化的影响（来源：戴姆勒股份公司）

就效率而言，燃料电池有两大优点：一是不受卡诺循环的限制；二是在相对较低的功率（部分负载）下达到最高效率。后者对乘用车在正常的行驶循环中的消耗具有特别积极的意义，因为在城市交通中低功率水平占主导地位。在高负载范围内，内燃机和燃料电池之间的效率没有显著的差异，在这种工况，内燃机与燃料电池系统几乎一样高效。

因此，燃料电池系统效率的优化主要有两个方面：一方面尽量减少燃料电池的活化损失以获得更好的极化曲线；另一方面降低辅助装置的消耗，特别是在部分负载范围内（图 4.28）。

4.5.4.2 冷启动

冷启动对燃料电池技术来说是一项挑战，与传统内燃机动力中最小化二氧化氮

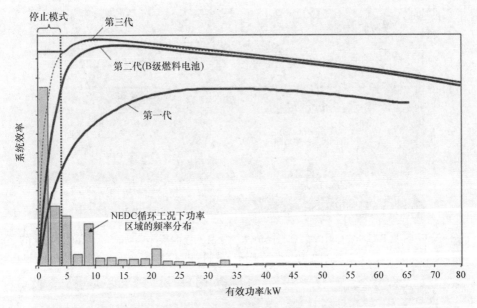

图 4.28　通过优化部分负载效率对各代燃料电池系统的消耗进行
连续的优化（来源：戴姆勒股份公司）

的复杂任务具有可比性。纯水在燃料电池堆的阴极中产生，其在 0℃ 以下自然冻结。如果出现冻结的水滴，则存在供应通道和系统部件被堵塞的风险，从而可能导致严重的问题。在极端情况下，供应不足可能导致着火，即快速氧化事件（Rapid Oxidation Event，ROE）。冷启动特性及其优化在许多文献中都有论述。开发可分为两个阶段：第一阶段进行单次启动研究；自 2007 年以来的第二阶段进行多次连续启动的研究。

对冻结启动可以分为两种可能的运行策略，其目的在根本上是不同的。一种策略旨在尽快地预热系统，以便能够调出尽可能高的功率，为此目的，以这样的方式来调节功率的降低，即使得燃料电池在尽可能低的电池电压水平下保持恒定，在该电压水平下它仍然以稳定的方式工作并且有尽可能低的效率，这会产生大量热量和少量电能。第二种可能是在燃料电池持续加热时始终从燃料电池获取最大可能的功率。虽然这种方法在消耗方面更合适，但它最终会导致更长的启动时间，直到提供最大的功率。

2007 年，戴姆勒公司在燃料电池技术及其日常使用的适用性方面达到了一个重要的里程碑：连续可靠的冷启动。图 4.29 显示了多次的连续进行的冷启动测试的相应的功率变化过程。

针对这个方案，奔驰 B 级 F – Cell 车型在试验台架上以及在瑞典的众多冬季测试中进行了测试和确认，如图 4.30 所示。

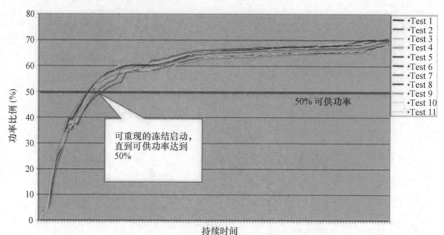

图 4.29　奔驰 B 级 F - Cell 车型燃料电池系统反复实施的冷冻启动研究，随时间变化的
功率变化过程（来源：戴姆勒股份公司）

图 4.30　在试验台架上的系统，在瑞典对车辆进行验证试验期间，以及测试期间的
最低的外部温度（来源：戴姆勒股份公司）

4.6　移动式应用的氢存储系统

　　氢可以以所有三种物理状态进行化学或物理形式的存储（图 4.31），作为压缩气体进行存储特别适用于汽车。此外，还研究了一些其他存储形式，例如液态氢、氢化物（金属氢化物、化学氢化物和复合氢化物）和吸附方案，这些将在以下进行简要介绍。氢作为能量载体的全面描述可以在文献［36］中找到。

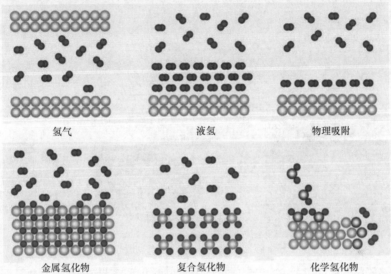

图 4.31　氢的存储可以以任何物理状态以及物理和化学方式存储（来源：戴姆勒股份公司）

4.6.1　压力存储设施

　　在高压下存储氢气是汽车工业应用中最常见的储氢技术和在汽车上实际应用最成熟的储氢技术，这种存储系统如图 4.32 所示。

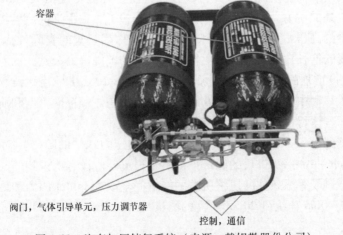

图 4.32　汽车加压储氢系统（来源：戴姆勒股份公司）

可以分为四种类型的容器，如图4.33所示。简单的金属容器适用于在低压下存储气体。为了承受更高的压力，容器用纤维进行包裹，天然气（约200~250bar）通常采用玻璃纤维包裹。对于汽车中应用的350~700bar的氢压力，只有具有所需拉伸强度的碳纤维包裹才是合适的。

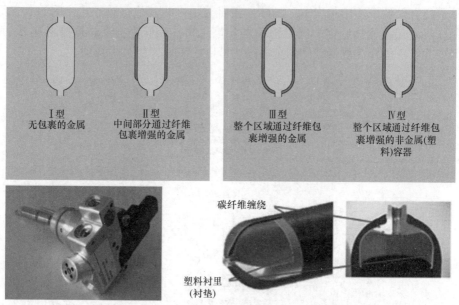

图4.33　容器类型（来源：戴姆勒股份公司）

由于350bar或700bar的高压，需要用Ⅲ型和Ⅳ型容器来储氢。由于重量更轻、储氢量更大，未来将主要选择Ⅳ型容器，一个广泛的变体是带有碳纤维包裹的高密度聚乙烯（High Density Poly–Ethylen，HDPE）容器。可靠控制储氢罐开启和关闭由电磁阀来完成，电磁阀是对制造质量要求非常高的复杂部件。

一个重要的问题是汽车加压储氢罐中的优化的压力水平。一方面，体积存储密度随着压力的增加而稳定地增加。另一方面，质量存储密度从大约350bar起开始下降，因为更高的压力总是需要更坚固的碳纤维包裹，以保证储罐的机械稳定性。

在所讨论的高压中，氢的实际气体特性也起作用。氢的实际气体系数大于1，这意味着密度的增长比压力的升高更慢。在很大的范围内，天然气的实际气体系数小于1，即密度增加的速度快于压力的增加，因此，200bar是存储天然气的最佳压力水平。对于车辆中的储氢罐，700bar的压力水平是体积存储密度和质量存储密度以及氢的实际气体特性之间的最佳折中方案（图4.34）。

将氢压缩到700bar所需的能量（通常被视为压力水平的障碍）对于"从油井到车轮"（Well–To–Whell）的能量平衡不是很重要。没有认识到的是，对于一种理想气体，绝热或等温条件的压缩所需的能量完全取决于初始压力和最终压力的比率。因此，从10bar压缩到20bar所需的能量与从350bar压缩700bar的所需的能量

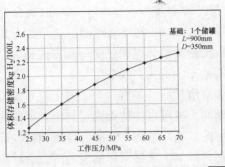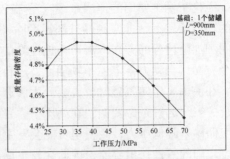

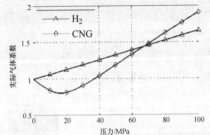

- 实际气体系数=1 ➜ 理想气体
- 实际气体系数<1 ➜ 更大量的气体
  （密度增加快于压力的增加，CNG: 20MPa）
- 实际气体系数>1 ➜ 更少量的气体(H₂)

➜ 氢: 最佳工作压力70MPa

体积/质量存储密度和实际气体特性之间的折中

图 4.34　最佳压力水平（来源：戴姆勒股份公司）

相同。

　　700bar 储氢设施的加注过程是一个复杂的热力学过程，对每个细节都要有所了解。特别是如果要在 3min 内实现加注，必须要精确控制该过程。对此要考虑图 4.35所示的各个方面。可以从加注过程的描述中精确计算储罐中气体的压力和温度随着时间的变化过程。SAE J2601 标准中对此进行了描述，由此衍生出了标准化的加注程序。这种加注程序安装在根据现有先进技术状态下的氢燃料汽车的加氢站中。加氢站通过燃料喷嘴上的红外接口与车辆通信，加注过程自动运行。在此将不讨论复杂的细节。

- 通过压缩加热(不完全绝热)
- 气体与容器壁之间的热传递
- 容器夹套中的热传导
- 容器与环境之间的热传递
- 由于焦耳-汤姆逊效应而加热气体
- 通过摩擦损失而加热气体

- 精确预测在灌注过程中罐内气体随时间变化的压力和温度变化过程

- 标准化的灌注程序

图 4.35　灌注过程中的热力学过程（来源：戴姆勒股份公司）

　　无论车辆中使用的储罐系统（容器数量、容器类型）如何，都可以确保在很宽的环境条件下（非常高的外部温度除外）大约3min的加注时间，这意味着加注时间和加注过程的方式本身可与加注汽油或柴油等液体燃料的时间和方式相当。在这个方面，与动力蓄电池车辆相比，燃料电池车辆的用户没有变化。

　　在使用高压储氢罐时，也会产生渗透和溶解效应，了解这一点对于汽车储氢罐系统的安全运行是必要的。在高压下静置期间，氢可以渗透而通过衬里。如果通过排空储罐来降低压力，则衬里可能会发生屈曲。当车辆再加注时，位于内衬与纤维包裹之间的氢被挤出容器，因此会发生局部氢排泄。通过衬里的氢通道也会导致氢存储在衬里中，由于惯性，在排空储罐时通常不会脱气。然后，溶解的氢可能会在衬里中膨胀，并可能由于气泡和裂缝的形成而导致损坏。研究表明，衬里屈曲不会导致任何与安全相关的泄漏，并且溶解效应在实际情况下不会导致损坏。图4.36显示了车辆中加压氢和液态氢、动力蓄电池和柴油燃料装置的泄漏率。

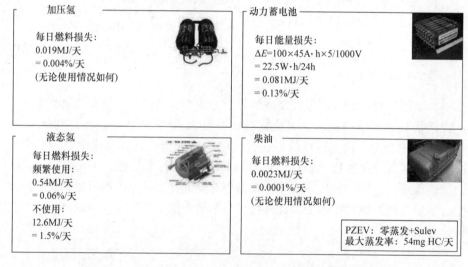

加压氢
每日燃料损失：
0.019MJ/天
= 0.004%/天
（无论使用情况如何）

动力蓄电池
每日能量损失：
$\Delta E = 100 \times 45A \cdot h \times 5/1000V$
= 22.5W · h/24h
= 0.081MJ/天
= 0.13%/天

液态氢
每日燃料损失：
频繁使用：
0.54MJ/天
= 0.06%/天
不使用：
12.6MJ/天
= 1.5%/天

柴油
每日燃料损失：
0.0023MJ/天
= 0.0001%/天
（无论使用情况如何）

PZEV：零蒸发+Sulev
最大蒸发率：54mg HC/天

图4.36　各种存储系统的泄漏率（来源：戴姆勒股份公司）

　　除了液态氢以外，损失率可以忽略不计。还应注意的是，加压氢罐系统从能量方面来考虑的泄漏率低于动力蓄电池通过电流泄漏的泄漏率。只有柴油油箱的泄漏率更低，因为通过钢的蒸发量极少。在实践中，加压氢罐被认为是防漏的。

　　通常承受超过100bar压力的罐式容器形状是圆柱形。由于圆柱形不是在车辆中容纳此类罐的最佳形状，因此已经研究了各种其他形状。为了能够在车辆的传动系通道中容纳这样的储罐，还设计了锥形的罐式容器形状。锥形对碳纤维缠绕技术提出了特殊的要求，使用已知的缠绕技术无法确保均匀缠绕。因此，与圆柱形设计相比，此类储罐需要使用更多的纤维。

　　没有其他储罐形状可以占上风。尽管在车辆中的外形尺寸方面存在限制，但具有球形端部的圆柱体已被证明是存储天然气和氢气最合适的常见的结构。

为确保车辆中加压氢罐的安全性，一方面燃料电池车辆与传统车辆一样进行相同的车辆碰撞测试，另一方面，在储罐系统层面进行广泛的标准化的组件测试（图4.37）。只有当两个测试系列均合格，则加压氢储罐才可以批准作为车用。

在网址"http：//extras. springer. com /2014/ 978 – 3 – 642 – 37414 – 2"上可找到有关射击测试和防火测试的视频。

射击测试的目的是容

许可测试程序：
· 材料测试
· 氢相容性测试
· 水压测试
· 水爆测试
· 负载变化测试
· 极端温度下的负载变化测试
· 带槽口的负载变化测试
· 破裂前泄漏试验
· 防火测试
· 射击测试
· 环境酸性测试
· 加速蠕变测试
· 跌落测试
· 泄漏测试
· 渗透测试　　仅Ⅳ型圆柱形容器
· Boss稳定性测试
· H₂循环测试

图4.37 车辆中加压氢系统的许可测试程序
（来源：欧洲综合氢能项目/European Integrated Hydrogen Project，EIHP）

器即使被射击也不会爆裂；防火测试的目的是确保即使在极端火灾的情况下，容器也会使用"压力释放装置"有针对性地吹散。

4.6.2 液态氢的存储

液态氢的温度为21K。在液态下，氢的体积存储密度非常高。但是，由于温度低，对于车辆使用存在一些明显的缺点：氢的液化所需的能量相当大；"沸腾"（Boil – off）现象，即由于低温和长时间不可能完全隔热，液态氢加热并部分变为气相。一旦容器中的气体压力上升到允许的极限压力以上，就必须通过释放氢将压力降低到允许的水平。一方面，被吹出的"燃料"会从系统中消失，从而导致消耗量显著增加（参见图4.36中的"泄漏率"）；另一方面，不允许在公共道路上从车辆中"排出"物质。在像车库或多层停车场等相对封闭的空间中，还必须安装必要的设备以收集排出的氢并以受控方式排放。鉴于所描述的情况，液态氢不是乘用车储氢的候选方式。如果燃料电池驱动用于重型商用车，肯定会再次讨论液态氢，因为它的体积存储密度高，而商用车的能量要求也非常高。然而，在此之前，必须澄清一个问题，即是否可以在原则上开发出提供所需功率的燃料电池驱动系统。

4.6.3 氢化物

谈到氢化物，需要区分金属氢化物、化学氢化物和复合氢化物。

金属氢化物由氢形成，当压力增加时，例如氢溶解在金属固体（α相）镁中，然后，在恒定的浓度时最终嵌入金属中的固体间隙中（β相），如图 4.38 所示。在金属氢化物形成过程中氢的吸附是一个放热过程，其中产生热量（负反应焓），因此必须冷却。在氢的解吸过程中，需要热量来启动吸热过程（正反应焓）。吸附所需的冷却功率有时可能相当大。由戴姆勒公司在 20 世纪 80 年代对氢内燃机进行的车队测试中，使用了金属氢化物存储设施，当用氢加注时需要 60kW 的冷却功率。

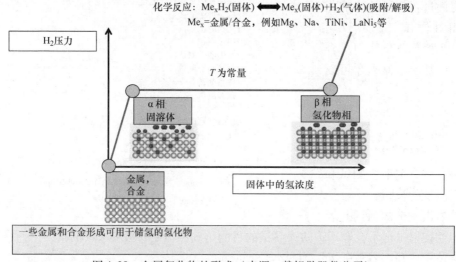

化学反应：Me$_x$H$_2$(固体) ⟷ Me$_x$(固体)+H$_2$(气体)(吸附/解吸)
Me$_x$=金属/合金，例如Mg、Na、TiNi、LaNi$_5$等

图 4.38　金属氢化物的形成（来源：戴姆勒股份公司）

根据解吸温度的不同，可以分为高温（100℃ 以上）和低温金属氢化物（0℃以下）。一些简单的经验法则适用于金属氢化物存储设施：

1）温度越高，在金属中达到一定氢浓度的压力就越高。解吸时需要加热，吸附时必须冷却。

2）在给定温度下，在低温金属氢化物中的氢的压力高于在高温金属氢化物中的氢的压力。高温金属氢化物的存储容量通常高于低温金属氢化物。

3）高温金属氢化物的氢容量（质量分数）通常高于低温金属氢化物。然而，容量随解吸温度增加在各种情况下并没有普遍的规律。

尽管进行了数十年的研究，迄今为止仍未能成功地找到一种在车辆或 PEM 燃料电池的工作温度窗口中具有足够的储氢容量的金属氢化物。虽然在材料层面，质量存储密度仍约为 1.8% ~ 2%（质量），但在系统层面的值通常下降至 1.3% 或 1.5%（质量）。壳体、热交换组件和氢的填充或提取是造成这种情况的原因。这种存储设施的总质量相当可观，在上述车队测试中使用了总质量为 320kg 的金属氢化物存储设施，如图 4.39 所示。由于上述原因，金属氢化物存储技术最终从未应用在量产车辆中，只要解吸温度或存储密度没有显著进步，这种情况也不会有所改变。

复合氢化物，例如铝氢化物 ［Li（AlH$_4$）］在材料层面通常具有良好的存储容

质量 320kg
容积 170L
压力 50bar

有效的存储密度 ≈1.3%(质量)
仅有材料时：≈1.8%(质量)
氢化物，容积 → 7544.1%(体积分数)
总容积 170L

50bar H_2 冷却

图 4.39   戴姆勒公司测试的金属氢化物存储系统

量。然而，由于缺乏循环稳定性［Na（AlH_4）］、回收过程需要的不可逆性［Mg(AlH_4)$_2$］或解吸温度太高，它们在车辆中的使用失败了。酰胺［Mg(NH_2)$_2$］的情况也类似。

在化学氢化物方面，特别是硼氢化钠（$NaBH_4$），在 2000 年前后引起了极大的关注，因为它在室温下与水混合时，根据反应 $NaBH_4 + 2H_2O → NaBO_2 + 4H_2$ 放热分解为氢和硼酸钠。该材料的质量分数为 21.3%，达到了创纪录的值。然而，在能量平衡方面非常糟糕，因为硼酸盐必须在复杂的再生过程中转化回硼氢化钠。其他的缺点是，在车辆中需要一个双罐系统，即燃料和残渣（硼酸盐），在燃料物流中要处理两种物质。最后但并非最不重要的事实是，硼氢化钠和水的混合物是一种极强的碱。其他一些液体氢化物，如甲基环己烷或咔唑不适合用于 PEM 燃料电池，因为反应温度过高，约为 200℃。

因此，不仅对于复合氢化物，而且对于化学氢化物，目前的状况与金属氢化物一样不够理想。到目前为止，这三类物质中尚无已知的物质能满足在车辆中使用的要求，哪怕是接近满足要求的都没有。尽管如此，许多研究团体，尤其是学术团体，仍在深入参与到氢化物的研究中。小型金属氢化物存储设施与加压氢存储设施的组合可以授权用于车辆，氢化物的热力学特性可以支持燃料电池，诸如在冷启动方面。更多细节可以阅读文献［41］获知。

4.6.4　其他方案

在 21 世纪的第一个 10 年里考虑的许多存储方案是基于吸附的存储方法，例如纳米管或金属有机骨架（MOF）。

4.6.4.1　纳米管

纳米结构的碳氢化合物通过吸附存储在纳米管中。1991 年，美国波士顿东北大学的罗德里格斯（Rodriguez）和贝克（Baker）生产出具有 73%（质量分数）储氢能力的纳米管时引起了轰动。然而，不久之后，事实证明这是测量设备的故障（泄漏）。目前，已知结构都仅在极低的温度（77K）下具有显著的存储容量，存储容量在室温下至少会降低一个数量级。

4.6.4.2　金属有机骨架

在金属有机骨架中，例如 $C_{36}H_{36}O_{13}Zn_4$，氢被吸附在材料的孔隙中，材料孔隙直径明显大于氢分子的直径。在提到的材料中，44% 的体积在理论上可用于储氢。但是，只有在非常低的温度（77K）下才能进行大量地存储，材料层面为 5%（质量分数）。在室温下，存储容量相比而言下降了一个数量级。即使在车辆的正常工作温度下，也无法找到存储容量足够的金属有机骨架。

4.6.4.3　低温压缩氢

将液态氢和压缩氢结合起来并称之为低温压缩氢的储氢系统已经研究了好几年，例如采用 150 ~ 300bar 的压力和 30 ~ 80K 的温度，氢处于所谓的超临界状态。其优点是与压缩氢相比具有高的存储密度，而比液态氢具有更低的“蒸发率”（Boil – off – Rate）。决定性的缺点是蒸发率仍然与零相差无几，冷却能耗高，加注过程复杂，以及与纯压缩和液态氢相比，由于高压和同时极低的温度的综合要求，使得罐式容器、阀门和泵的成本更高。此类系统仍处于早期的研究阶段。

4.7　移动式应用中燃料电池技术的历史

4.7.1　货车和乘用车

尽管燃料电池的原理是由克里斯蒂安·弗里德里希·舍恩拜因（Christian Friedrich Schönbein）和威廉·格罗夫爵士（Sir William Groove）在 1838 年和 1839 年几乎同时发现的，但经过 100 多年的时间，燃料电池才能实现汽车应用中所需的性能。1966 年，通用汽车公司推出了第一辆配备碱性燃料电池（AFC）的可行驶的电动货车。1970 年，卡尔·科德施教授（Prof. Karl Kordesch）在 Austin A40 的基础上制造了一辆燃料电池汽车，同样采用了 AFC 技术。当 NASA 开始研究燃料电池时，在 20 世纪 80 年代中期开发出来 AFC 技术的替代方案，即聚合物电解质膜或质子交换膜（PEM）技术。由此发现了在汽车中应用的一个重要组成部分，因为 PEM 技术还能采用空气，而不是只能采用氧来运行。

1994 年，戴姆勒公司率先在全球范围内展示了基于这种 PEM 技术的燃料电池驱动的 Necar1 车型，实现了其车辆应用在原理上的可行性。早在 1996 年，随着继任者 Necar2 的推出，该技术就已经向前迈进了一大步，特别是在体积功率密度方面，从而证明了这项有前途的技术是内燃机的真正替代品。图 4.40 显示了戴姆勒公司在过去 15 年中展示的车辆。

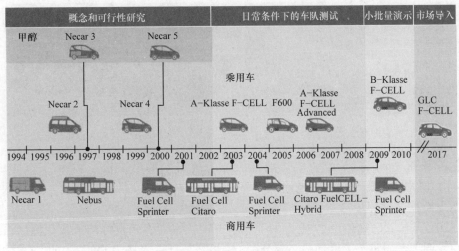

图 4.40 戴姆勒公司燃料电池汽车自 1994 年以来的历史（来源：戴姆勒股份公司）

从 20 世纪 90 年代中期到 2002 年左右，研究人员进行了大量的研发。燃料电池汽车上的氢通过所谓的蒸汽重整系统采用碳氢化合物，例如通过汽油、柴油、煤油或主要是甲醇来产生。与气态燃料相比，液态燃料具有非常高的能量密度，尤其是在使用汽油或柴油时，可以将其添加到现有的基础设施中，从而推动了这项工作。由于甲醇最容易重整，而且重整温度还相对比较低，只有 250 ~ 350℃，因此整车厂的重整工作都集中在甲醇上。然而，最终由于以下所述原因，甲醇重整工作在 21 世纪的第一个 10 年开始时便停止了。

● 车载重整器的高度复杂性，还必须要紧凑和轻便。固定式、更大型的重整装置可显著提高效率。

● 甲醇具有毒性，其毒性与终端消耗者一起大规模投放到道路交通中。

● 不是零排放。

● 与内燃机相比，全链条的效率几乎没有任何提高。

● 需要新的临时性的基础设施，因为根据政府、汽车制造商和能源公司联合进行的详细研究，人们一致认为，从长远来看，氢是燃料电池汽车最合适的燃料。

从那时起，汽车制造商和基础设施公司及能源公司的所有努力都集中在氢上。

在过去的 20 年里，所有汽车制造商展示了许多原型车，其中最重要的来自戴姆勒、丰田、通用、福特、本田、日产和现代等公司。

2004 年，戴姆勒公司用 60 辆梅赛德斯 - 奔驰 A 级 F - Cell 汽车开始了第一次车队测试，随后福特公司将 30 辆福特福克斯（Ford Focus）投入到道路试验（图 4.41）。两种燃料电池系统都是基于相同的电堆和燃料电池系统技术来开发和制造的。从车辆的运行中收集了重要的数据，并对下一代燃料电池驱动的开发进行了评估。

丰田和本田公司也已经运行燃料电池汽车进行车队测试，特别是在美国加利福尼亚州和日本。

图 4.41　梅赛德斯－奔驰 A 级和福特福克斯（来源：戴姆勒股份公司、福特汽车公司）

2004 年，通用汽车公司成功地完成了"燃料电池马拉松"（Fuel Cell Marathon），使用欧宝赛飞利燃料电池汽车 HydroGen3 从哈默费斯特（挪威）穿越欧洲到达里斯本（葡萄牙），行驶约 10000km。

2011 年，梅赛德斯－奔驰提供了燃料电池技术对客户友好的重要证据。作为汽车发明 125 周年纪念活动的一部分，3 辆梅赛德斯－奔驰 B 级 F－Cell 汽车从斯图加特出发环游世界。在 125 天内环游世界四大洲的过程中，每辆车都完成了超过 30000km 的行驶里程，而没有任何明显的故障。

这些车辆都由记者驾驶，不受任何限制。在环游世界的行驶过程中，这些汽车受到了截然不同的环境的影响：穿越寒冷的法国的山脉，穿越中国和哈萨克斯坦的沙漠，穿越澳大利亚的炎热地带和像美国俄勒冈州和加拿大不列颠哥伦比亚省这样的多雨地区。这成功地证明了这种驱动技术和氢加注的日常使用的适用性（图 4.42）。

图 4.42　梅赛德斯－奔驰 F－Cell 车型在截然不同的天气条件和道路特性下行驶
（来源：戴姆勒股份公司）

"2012 年欧洲氢之旅"（The European Hydrogen Tour 2012）是作为"H2moves Scandinavia"项目的一部分组织的，该项目是欧盟组织"氢和燃料电池联合技术倡议"（JTI）框架内的几个项目之一。这次巡游的目的是让当地观众有机会测试戴姆勒、丰田、现代和本田公司的燃料电池汽车。此外，还在汉堡、杜塞尔多夫、法兰克福、慕尼黑、巴黎、伦敦、哥本哈根和博尔扎诺等城市组织公开的讲座和活动，以展示燃料电池汽车和氢基础设施的最新技术。同样，丰田、本田、现代、福特、日产、大众和宝马公司在过去 2006—2016 年期间也推出了燃料电池汽车，无一例外都配备了 PEM 燃料电池。

已经上市销售的有丰田（Mirai）、现代（ix35 Fuel Cell）和本田（Clarity Fuel Cell）的最新车型。2017 年，戴姆勒推出基于梅赛德斯 – 奔驰 GLC 的第三代燃料电池汽车（图 4.43）。

图 4.43 梅赛德斯 – 奔驰 GLC F – Cell 车型（来源：戴姆勒股份公司）

图 4.44 显示了从梅赛德斯 – 奔驰 B 级 F – Cell 过渡到梅赛德斯 – 奔驰 GLC F – Cell 所取得的技术改进。

4.7.2 城市公交车

燃料电池技术非常适用于城市公交车。城市公交车有明确定义的行驶循环，然后返回到停车场。

对于城市而言，燃料电池城市公交车的应用可以为实现减少对环境有害的排放物和降低噪声做出重大贡献。

下一代燃料电池汽车：
燃料电池安上了插头

NEDC循环工况下续驶里程可达大约
500km

驱动功率：+40%

燃料电池设备安装空间：-30%

燃料电池堆铂用量减少：-90%

过渡到插电式混合动力，以应对
H_2基础设施的逐渐扩张

从梅赛德斯-奔驰模块化系统中经济
高效地使用众多高压部件

图4.44　梅赛德斯－奔驰技术改进（来源：戴姆勒股份公司）

巴拉德（Ballard）公司于1991—1992年展示了该公司的第一辆燃料电池原型车。对于原型车，有许多挑战需要克服。1993—1995年进行了所谓的"P2技术"的首次富有成效的演示，这项技术的进一步发展（P3）于1998年集成到6辆公共汽车中，并在加拿大温哥华和美国芝加哥投放各3辆汽车的车队运营中得到了证明。

戴姆勒公司的研究部门很早就开发了一种高度创新的公交车，并于1997年5月以NeBus项目的形式向公众展示。其动力总成由一个250kW的安装在公共汽车后部的发动机舱中的燃料电池系统、一个带有两个集成的轮边电机（每个电机的输出功率为75kW）的后桥以及七个位于车顶的高压储氢罐所组成。带有铝衬里的300bar玻璃纤维罐能够存储总共21kg的氢。尽管没有采用混合动力，但它仍能行驶约250km。燃料电池系统由10个模块所组成，每个模块有150个Mk7型电池，每个模块的输出功率为25kW。电堆以机械方式安装在一个框架中，可以单独更换（图4.45）。

图4.45　NeBus（1997）项目中的公交车（来源：戴姆勒股份公司）

在 NeBus 的成功以及电堆技术和储罐容器的快速发展之后，梅赛德斯－奔驰决定将这项技术整合到众多城市公交车中并组建一个小型车队。

此后，在 1999 年，所有燃料电池公交车活动都整合到 Xcellsis 公司的 ZeBus 项目中（图 4.46）。由此，这在成熟度方面又向前迈进了一步：该技术是戴姆勒公司迄今为止在欧洲最大的示范项目 CUTE 的基础，动力总成是专为公共汽车使用而设计的。

图 4.46　ZeBus 项目中在车辆后部发动机舱装有燃料电池组件（来源：NuCellSys 有限公司）

作为欧洲公共汽车项目 CUTE 和 ECTOS 的一个部分，在欧洲 10 个主要城市部署了 30 辆城市公交车（图 4.47）的第一个大型车队，几年来在公交线路上极其成功的运行是一个证明燃料电池公交车适用于城市交通常规服务的里程碑。另外又建造了 6 辆公共汽车并在中国北京和澳大利亚珀斯投入公交线路运行，车队总共行驶了超过 2120000km，累计运行约 139000h。燃料电池系统的开发和设计是为了可靠性而不是最低能耗，与此应用相关的频繁加速和制动过程会导致在没有混合动力化的情况下相对较高的氢消耗量，约为 22kg/100km。

图 4.47　2003 年欧洲 CUTE 项目的 30 辆梅赛德斯－奔驰 Citaro 公交车（来源：戴姆勒股份公司）

与上一代相比，下一代燃料电池公共汽车梅赛德斯－奔驰 Citaro 燃料电池混合动力汽车显示出一些明显的进步。由于其系统效率提高了 35%，并且进一步优化了动力总成，因此可以将车辆的能耗降低 50%，尽管储罐容积减小（数量从 9 个减到 7 个），但续驶里程增加了 25%。此外，由于优化的运行策略，燃料电池的使用寿命比其前身提高了 50%（图 4.48）。

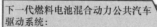
2个燃料电池系统也用于B级F-CELL上

下一代燃料电池混合动力公共汽车驱动系统：
· 通过混合动力化回收能量
· 提高效率
· 通过提高动力总成（两种能源）的可靠性而获得最佳可用性

燃料电池公共汽车(CUTE)

技术参数	
燃料电池系统功率	250kW
使用寿命(燃料电池)	4年
驱动功率	205kW，持续时间 <15~20s
储氢罐	40~42kg(350bar)
续驶里程	180~220km
动力蓄电池	—
燃料电池系统效率	43%~38%
H₂消耗量	20~24kg/100km

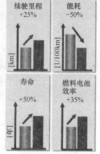

续驶里程 +25%　能耗 -50%

寿命 +50%　燃料电池效率 +35%

[km]　[L/100km]　[年]

Citaro燃料电池混合动力公共汽车

技术参数	
燃料电池系统功率	120kW(恒定)/140(最大)
使用寿命(燃料电池)	6年
驱动功率	功率(恒定/最大)：2×80kW/2×120kW
储氢罐	35kg(350bar)
续驶里程	>250km
动力蓄电池	26.9kWh,功率250kW
燃料电池系统效率	58%~51%
H₂消耗量	10~14kg/100km

图 4.48　梅赛德斯 – 奔驰 Citaro 燃料电池混合动力公共汽车与其前身 CUTE 项目的 Citaro 公共汽车相比的改进（来源：戴姆勒股份公司）

1999 年，IRISBUS 公司与菲亚特研究中心合作对混合动力燃料电池公共汽车进行了研究。动力总成集成的基础是来自 Altra（依维柯子公司）的柴油混合动力。燃料电池系统的输出功率为 62kW，因此取代了柴油机。在 2001—2006 年期间，在都灵和马德里测试了 3 辆公共汽车。

从 1996 年到 2001 年，MAN 公司在纽伦堡、埃尔兰根和菲尔特（Fürth）展示了燃料电池公共汽车。

2004 年，一辆 Xcellsis 公司的采用燃料电池系统的新型燃料电池公共汽车概念车在慕尼黑机场展出。

作为"慕尼黑机场氢能项目 5 周年"纪念活动的一部分，MAN 商用车集团展示了一款新开发的低地板公共汽车，采用混合动力燃料电池驱动。电力驱动系统由 68kW 的 PEM 燃料电池系统和超过 100kW 的能量存储设施供能。

还有其他几家公共汽车制造商推出了燃料电池公共汽车原型车，但从未投入小批量生产。在文献［51］中可以找到所有燃料电池公共汽车的概述。

作为联合国开发计划署（UNDP）资助项目的一个部分，TuttoTransporti/Marcopolo（巴西）于 2005 年签署了一个项目，以展示巴西燃料电池技术的优势。混合动力化的动力总成安装在汽车后部，包括两个 Hy80 燃料电池系统和 3 个动力蓄电池。

4.7.3 其他移动式应用

4.7.3.1 商用车

商用车的完全电动化在原则上是可行的。但是，必须考虑特定的使用情况和由此产生的对动力总成的要求。

需要较小续驶里程且功率水平低于 250kW 的应用场景在这里很受关注，比如垃圾清运车。

如果对典型的长途汽车也要规定"零排放"的话，从目前的情况来看，采用适合大批量的储氢技术的氢燃料电池驱动是唯一可以想象的解决方案。

4.7.3.2 辅助电源装置（APU）

未集成到车辆中以向动力总成供电的小型燃料电池系统称为 APU。通常，APU 的功率水平为 1~5kW。如果可以实现系统成本目标，APU 的市场潜力是巨大的。

APU 的两个有吸引力的应用在乘用车和商用车上得到了成功的展示。

1999 年，宝马公司将氢燃料电池系统集成到配备氢内燃机的宝马 7 系车型中。该系统确保了车载电源供给，以实现改善整体效率的目标。特别是用作驱动的氢内燃机的低效率应由 APU 通过使用高效燃料电池系统，而不是通常效率明显较低的传统交流发电机产生车载电力来部分补偿。

此外，在非氢驱动的乘用车中使用 APU 作为替代方案也得到了探索和示范。在这方面的重要案例是德尔福（Delphi）公司的汽油 SOFC 系统和戴姆勒克莱斯勒公司的汽油 PEM 系统。

长途商用车中的 APU 应用引起了极大的兴趣，特别是在美国。因为发动机在怠速时使用，为确保驾驶室的舒适度，空调、冰箱和娱乐设备会消耗大量能量，这些能量是在车辆静止时由发动机通过交流发电机产生的，效率非常低，只有 5% 左右。因此，人们寻求替代方案来避免怠速时的污染物排放。Freightliner 公司于 2001 年首次推出了使用氢的 2kW APU（图 4.49a），并于 2003 年推出了以甲醇为燃料的 5kW APU。

作为美国国防部资助项目的一部分，Ballard 公司还开发了一种使用合成柴油的 APU。

戴姆勒 – 克莱斯勒公司于 2002—2003 年开发了一种基于 PEM 燃料电池和与汽油重整耦合的、用于传统动力车辆的 APU（图 4.49b）。APU 与电动空调压缩机组合的功能在迈巴赫 62 上进行了演示，用于为空调和车辆中的各种用电设备供电。重整是通过汽油、水蒸气和空气在高压重整器中的自热反应进行的，随后通过贵金属膜分离氢。该装置的电气输出功率约为 1kW。

4.7.3.3 铁路

JPL 美国喷气推进实验室（JPL）于 1995 年发表了关于使用燃料电池技术作为铁路列车驱动的第一项研究成果。该研究侧重于大型高功率列车，比如可以越过加

a)　　　　　　　　　　　b)

图 4.49　安装在 Freightliner 公司重型货车上的氢 APU 和安装在迈巴赫车
上的汽油 APU（来源：戴姆勒股份公司）

利福尼亚的山脉前往洛杉矶。

　　作为第四个框架项目的一部分，欧盟委员会委托其进行了一项关于在欧盟条约下在列车中使用燃料电池技术的可行性研究，该研究随后由欧洲铁路研究所（ERRI）进行协调。

　　采用燃料电池技术的列车可用于非电气化路线或在局部地区应用。特别是在需要避免与柴油驱动相关的排放物和烟尘颗粒的区域中使用时，燃料电池驱动是一种替代方案，比如在封闭的火车总站，如米兰、法兰克福或伦敦，或者用于在地下采矿。

　　与柴油机和电气化机械相比，列车面临的挑战是要安装的功率（在兆瓦级）、使用寿命（大于 20 年）、燃料和经济性。非电气化线路或功率级在 250 ~ 480kW 之间的调车机车的利基应用可以证明它们的使用是合理的。

　　JR – East 与戴姆勒公司在 2006 年提出了在一辆列车中安装两个乘用车燃料电池系统的示例。

　　用于矿山运输物料的小型燃料电池列车近年来已建成。零排放交通运输的需求以及降低隧道通风用电量的需求催生了许多示范项目。在一个项目中已经表明：在小型列车中使用燃料电池系统可以提供一种有前途的方法。2016 年，阿尔斯通（Alstom）公司推出了燃料电池列车，作为德国资助项目的一部分。

4.7.3.4　船舶

　　燃料电池系统在船舶上的应用，可以根据船舶的大小和用途，分为两大类：集成为 APU 或作为独立驱动。

　　对于更小的船舶驱动，例如在作为小型机动游艇或帆船的休闲用途中，可以实现集成独立的氢燃料电池驱动。

从今天的角度来看，对于具有高的能量需求的超大型船舶，柴油推进似乎是最有效的选择。在这样的应用中，单独的氢气供应是不可用的，既不是通过氢罐也不是通过柴油重整。

2008 年 11 月在汉堡下水的第一艘氢燃料船 "Alsterwasser" 是一个具有 12 个集成氢罐的应用示例。

4.7.3.5 航空和航天

燃料电池系统早在 20 世纪 60 年代就已用于太空旅行，当时对机载电源的需求稳步增加，蓄电池无法完全满足要求。例如，双子星项目、阿波罗项目以及最近的航天飞机都使用了碱性燃料电池。

如今，空中客车公司和波音公司都在研究燃料电池系统。潜在的应用目的是用作机载发电机以产生电力和水，以及用于生产惰性气体以对储罐容器进行惰化。使用燃料电池作为飞机的主要推进系统已成为近 10 年的研究主题，相应的方案和原型机主要包括斯图加特大学的 Hydrogenius 概念飞机（2006 年）、波音公司的 Super Dimona（2008 年首飞）和德国航空和航天中心与朗格航空合作的 Antares DLR – H2（2009 年首飞）。后面提到的原型机于 2012 年在从茨魏布吕肯到柏林往返的多小时长途飞行中证明了其可靠性，并且每次仅中途停留一次。有关氢和燃料电池在航空和航天工业中的应用的详细说明，参阅本书第 5 章。

4.8 展望

经过众多汽车制造商近 20 年的密集研发工作、成功的车队示范项目并出版了相应的大量文献后，自 2015 年以来，来自多家汽车制造商的燃料电池汽车已投放市场。目前销量较少，但丰田、本田和现代等大型制造商预测到 2020 年以后销量将显著增加，增加的销量将达到 5 位数范围。这些制造商的战略以及在建立氢基础设施中找到的解决方案为氢的移动性应用提供了积极的前景。燃料电池技术将不得不与其他替代驱动解决方案竞争，尤其是纯电动汽车。快速的加注时间以及与当今移动性的相关类比是氢动力汽车的决定性优势。

在 "柴油门" 的背景下，量产解决方案的探索和开发的动力目前正在大幅增加。汽车行业的这一挑战将导致制造商和供应商领域的必要进程的加速。经过过去 25 年在道路车辆运行中使用燃料电池的密集开发工作之后，大规模量产的最后冲刺现在可能迫在眉睫。而且，与传统驱动的 100 多年的优化相比，燃料电池驱动及其测试的历史相对较短。燃料电池的发明虽然可以追溯到很久以前，但自 1839 年发明后，它几乎被遗忘了 100 多年，因为没有看到有意义的应用。直到 20 世纪 50 年代，燃料电池才作为太空旅行中的能量供应系统被 "重新发现"。再过了 20 多年后，在道路车辆驱动中使用燃料电池的第一项工作才被记录下来。

在这短短的时间内，正如各个制造商的车辆令人印象深刻地展示的那样，在功率密度/能量密度、功能（包括冷启动）、结构体积、重量和成本方面取得了非常好的进展。迄今为止，在汽车燃料电池开发方面投入的工程工时总数仍然只是内燃机当前技术状态背后的开发工作的极小一部分。

过去，这种情况导致人们对汽车燃料电池驱动的商业化时间做出了一些预测，但最终都没有实现。这当然是由于尽快实施高性能和环保技术的愿望，这是可以理解的。而且，在开发初期，开发人员难免没有从两个方面正确评估技术的复杂性。

首先，熟悉以电化学为特征的燃料电池技术的化工行业开发人员，最初对汽车技术的边界条件、在一个宽泛的环境条件下（例如温度）要求运行的部件的高性能和可靠性，并最终在大批量生产中要求极高、一致的质量缺乏了解。另外，主要受机械工程影响的汽车工程师对高压领域内的电化学和电气工程不太熟悉。现在，双方对各自的"另一面"有更深入的了解，从而可以对燃料电池技术在汽车上的实施和商业化做出现实的评估。

所描述的情况还表明，需要将电化学和电工领域的这一新资格纳入未来的汽车工程师的培训中。这也适用于燃料电池和动力电池技术。

在从之前的小批量和示范车队到大批量的过程中，制造商、零部件供应商、基础设施和政府机构仍然面临着一些重大挑战。

以前的项目和试验者希望能更好地了解技术和客户要求，但也不应低估公众认知的影响以及此类新技术的产业化做相应的准备。

对于制造商而言，主要的挑战将是实现可持续的盈利和建立可靠的供应商结构体系。对于燃料电池驱动部件，从制造调试到大批量生产设施的转变，需要在生产过程中付出相当大的努力。

销售和售后领域必须适应和准备与新技术相关的话题。在交流方面，重要的是提供有关该技术的进一步宣传工作，特别是其在公共场合的性能、舒适度和安全性宣传。

几家原始设备制造商（OEM）最近宣布的合作可以对燃料电池技术的成功商业化产生重大影响。2013 年 1 月，丰田与宝马，戴姆勒、日产与福特之间，以及 2013 年 7 月通用汽车与本田之间宣布各自的结盟。

在引入车辆的同时，必须促进相应的加氢站基础设施的可用性。客户需要确定氢是否适合日常使用。

最后但并非最不重要的一点是，政府机构将通过支持实施措施以及与技术相对应的立法会对该技术的成功产生重大影响。

随着这些目标的实现，从长远来看，用环保、零排放的燃料电池驱动技术逐渐取代传统驱动技术可以取得成功。

参 考 文 献

1. Deutsche Bundesregierung: Eckpunktepapier Beschluss (2011)
2. Berechnet mit TREMOD 5.25c, Trend-Szenario, Inlandsbilanz, Daimler
3. Stolten, D., Grube, T., Mergel, J.: Beitrag elektrochemischer Energietechnik zur Energie-wende. VDI-Berichte Nr. 210, 2183 (2012)
4. http://www.arb.ca.gov/msprog/zevprog/zevprog.htm
5. COM(2012) 393 final"Proposal for a regulation of the European Parliament and of the council amending regulation (EC) No 443/2009 to define the modalities for reaching the 2020 target to reduce CO_2 emissions from new passenger cars". European Commission, Brussels (2012)
6. http://ec.europa.eu/research/fch/pdf/a_portfolio_of_power_trains_for_europe_a_fact_based_analysis.pdf
7. Erdölprognose IEA
8. Energy Watch Group. Wikipedia/Globales Ölfördermaximum
9. Auto Motor Sport – Sonderheft Edition Nr. 3, ISSN: 0940-3833
10. http://www.spiegel.de/auto/werkstatt/brennstoffzellen-marathon-opel-auf-tournee-a-297209.html. Zugegriffen: 30. Januar 2013
11. http://www.scandinavianhydrogen.org/h2moves%5D/news/the-european-hydrogen-road-tour-kicks-off
12. http://cafcp.org/
13. http://www.cleanenergypartnership.de
14. http://www.jari.or.jp/jhfc/e/index.html
15. http://www.fch-ju.eu/
16. http://www.forum-elektromobilitaet.de/flycms/de/web/232/-/NOW+-+Nationale+Organisation+Wasserstoff-+und+Brennstoffzellentechnologie.html
17. Daimler Chrysler: Faszination Forschung – Drei Jahrzehnte Daimler-Benz Forschung, S. 44–49. ISBN 3-7977-0451-8
18. Povel, R., Töpler, J., Withalm, G., Halene, C.: Hydrogen drive in field testing. In: Proc. 5th World Hydr. En. Conf S. 1563–1577. Toronto (1984)
19. Eichleder, M.: Wasserstoff in der Fahrzeugtechnik.
20. JRC/EUCAR/CONCAWE: Well-to-Wheels Report (2004)
21. JRC/EUCAR/CONCAWE (2013) WtW Report, Version 4
22. Specht, M., Sterner M.: Regeneratives Methan in einem künftigen Erneuerbare-Energie-Sys-tem". Vortrag Messe Stuttgart (11. Februar 2011)
23. WTT: LBST (2010) Assessment and documentation of selected aspects of transportation fuel pathways. TTW: EUCAR PISI (Port Injection Spark Ignition) CNG Fahrzeug für 2010, Daimler
24. Kramer, M.A., Heywood, J.B.: A comparative assessment of electric propulsion systems in the 2030 US light-duty vehicle fleet. Society Automotive Engineering 2008-01-0459
25. Mohrdieck, C., Schulze, H., Wöhr M.: Brennstoffzellenantriebsysteme. In: Braess, H.-H., Seiffert. U. (Hrsg.) Vieweg Handbuch für Kraftfahrzeugtechnik, 6. Aufl. (2011)
26. Wind, J., Prenninger, P., Essling, R.-P., Ravello, V., Corbet, A.: HYSYS Publishable Final Activity Report, Revision 0.2 (2012)
27. http://www.fch-ju.eu/sites/default/files/20121029%20Urban%20buses%2C%20alternative%20powertrains%20for%20Europe%20-%20Final%20report.pdf
28. Kizaki, M. –Toyota: Development of new fuel cell system for mass production. EVS 26
29. Vielstich, W., Lamm, A., Gasteiger, H.A.: Handbook of Fuel Cells, Bd. 1, Chap. 4, S. 26ff. Wiley & Sons (2003)
30. Venturi, M., Sang J.: Air supply system for automotive fuel cell application. Society Automo-tive Engineering 2012-01-1225

31. Honda FCX with breakthrough fuel cell stack proves its coldStart performance capabilities in public test. Torrance, CA, February 27th (2004). http://world.honda.com/news/2004/4040227FCX/

32. Manabe, K., Naganuma, Y., Nonobe, Y., Kizaki, M., Ogawa, Toyota: Development of fuel cell hybrid vehicle rapid start-up from sub-freezing temperatures. SAE 2010-01-1092

33. Ikezoe, K., Tabuchi, Y., Kagami, F., Nishimura, H.: Development of an FCV with a new FC stack for improved cold start capability. SAE 2010-01-1093

34. Lamm, A., et al.: Technical status and future prospectives for PEM fuel cell systems at DaimlerChrysler. EVS 21

35. FC Award 2007, f-cell Award Gold: NuCellSys GmbH, Zuverlässiger Gefrierstart eines Brennstoffzellensystems für den Pkw-Einsatz. www.f-cell.de/deutsch/award/preistraeger/jahr-2007

36. Züttel, A., Borgschulte, A., Schlapbach, L. (Hsrg.): Hydrogen as a Future Energy Carrier. 1. Aufl. Wiley-VCH, Weinheim (2008)

37. Maus, S.: Modellierung und Simulation der Betankung Fahrzeugbehältern mit komprimiertem Wasserstoff. Dissertation, VDI Fortschrittsberichte Reihe 3, Nr. 879 (2007)

38. Maus, S., Hapke, J., Ranong, C.N., Wüchner, E., Friedlmeier, G., Wenger, D.: Filling procedure for vehicles with compressed hydrogen tanks. http://www.elsevier.com

39. Töpler, J., Feucht, K.: Results of a fleet test with metal hydride motor cars. Daimler-Benz AG, Stuttgart (1989)

40. Hovland, V., Pesaran, A., Mohring, R., Eason, I., Schaller, R., Tran, D., Smith,T., Smith G.: Water and heat balance in a fuel cell vehicle with a sodium borohydride hydrogen fuel processor. SAE Technical Paper 2003-01-2271

41. Wenger, D.: Metallhydridspeicher zur Wasserstoffversorgung und Kühlung von Brennstoffzellenfahrzeugen. Dissertation, Universität Ulm (2009)

42. Iijima, S.: Nature **354**, 56–58 (1991)

43. Chambers, A., Park, C., Baker, R.T.K., Rodriguez, N.M.: J. Phys. Chem. B **102**, 4253–4256 (1998)

44. Hirscher, M.: Handbook of Hydrogen Storage: New Materials for Future Energy Storage. Wiley-VCH, Weinheim (2010)

45. Broom, D.P.: Hydrogen Storage Materials: The Characterization of Their Storage Properties. Springer, London (2011)

46. U.S. Department of Energy Hydrogen Program: Technical Assessment: Cryo-Compressed Hydrogen Storage for Vehicular Applications, October 30, 2006. Revised June 2008, Kircher, O., Brunner, T.: Advances in cryo-compressed hydrogen vehicle storage FISITA 2010. F2010-A-018

47. Verkehrswirtschaftliche Energiestrategie (VES): 3. Statusbericht der Task Force an das Steering Committee (August 2007)

48. Mohrdieck, C., Schamm, R., Zimmer, S.E., Nitsche C.: DaimlerChrysler's Global Operations of Zero-Emission Vehicle Fleets. Convergence (2006)

49. Pressemitteilung Mercedes Benz: Eco-friendly Mercedes-Benz fuel cell buses at the World Economic Forum in Davos, January 23rd (2013)

50. http://www.fuelcellbus.com/

51. http://www.fuelcells.org/wp-content/uploads/2012/02/fcbuses-world.pdf

52. Omnibus Brasileiro a Hidrogenio: Brasilian fuel cell bus project. Launch event

53. Venturi, M., Martin, A.: Liquid fuelled APU fuel cell system for truck application. Society Automotive Engineering 2001-01-2716

54. Solid Oxide Fuel Cell Auxiliary Power Unit. Delphi Program Overview Essential Power Systems Workshop, December 12–13th (2001)

55. Venturi, M., Smith, S., Bell, S., Kallio, E.: Recent results on liquid fuelled APU for truck application. Society Automotive Engineering 2003-01-0266

56. Brodrick, C.J., et al.: Truck idling trends: results of a pilot Survey in Northern California. Society Automotive Engineering 2001-01-2828

57. Analysis of Technologies options to reduce the fuel consumption of idling trucks. Center for Transportation Research Argonne National Laboratory Operated by the University of Chicago, under Contract W-31-109-Eng-38, for the United States Department of Energy

58. Bodrick, C.J., et al.: Potential benefit of utilizing fuel cell auxiliary power units in lieu of heavy duty truck engine idling (November 2001)

59. The Maintenance Council (1995b): Analysis of cost from idling and parasitic devices for heavy duty truck. Recommended procedure. American Truck Association, Alexandria, VA

60. Venturi, M., zur Megede, D., Keppeler, B., Dobbs, H., Kallio, E.: Synthetic hydrocarbon fuel for APU application: the fuel processor system. Society Automotive Engineering 2003-01-0267

61. Lim, T., Venturi, M., Kallio, E.: Vibration and shock considerations in the design of a truck-mounted fuel cell APU system. Society Automotive Engineering 2002-01-3050

62. Gavalas, G.R., Moore, N.R., Voecks, G.E., et al.: Fuel cell locomotive development and demonstration program. Phase I: Systems. Final Report prepared for South Coast Air Quality Management District by Jet Propulsion Laboratory, California Institute of Technology

63. Pernicini, B., Steele, B., Venturi, M.: Feasibility study on fuel cell locomotive. European Commission DGXII. Contract n. JOE3-CT98-2002

64. The Hydrogen & Fuel Cell Letter – December 2012 Bd. XXVII/No.12 ISSN 1080-8019 (2012)

65. http://pinktentacle.com/2006/10/jr-tests-fuel-cell-hybrid-train/

66. www.zemships.eu

67. The Hydrogen & Fuel Cell Letter – January and August 2013 Bd. XXVIII/No. 2 ISSN 1080-8019

68. http://www.alstom.com/de/press-centre/2016/9/alstom-enthullt-auf-der-innotrans-seinen-emissionsfreien-zug-coradia-ilint/

第 5 章 氢和燃料电池在航空中的移动式应用

5.1 引言

以商用飞机的总重量来衡量，其携带的燃料比例相对较大。根据负载的不同，该比例约为30% ~ 40%。其能量载体通常是碳氢化合物——煤油，而对于配置活塞发动机的小型飞机来说是汽油。能量载体存储在机翼中，以减轻飞行过程中机翼上的负载。

绝大部分燃料用于推进，但是如今飞机的传动机构不仅为推进提供推力，而且还为机载系统提供电力、液压和气动能量（图5.1），现代客机安装的发电机功率约占推进功率的3%。

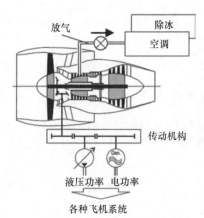

图 5.1 双轴涡扇传动机构
二次取力器原理示意图

5.2 氢作为主要动力

为飞机完全供应氢的想法已经在多个项目和研究中实现。波音（Boeing）、洛克希德（Lockheed）、图波列夫（Tupolev）和空中客车（Airbus）公司的研究证实了该想法原则上的可行性。

这种可行性的主要焦点与氢的存储有关。氢的高的质量能量密度虽然具有优势，而其非常低的体积能量密度是明显的缺点。作为替代方案，计划在飞机上在低压下以低温液态形式存储氢，这意味着机翼作为储罐是不可能的。最合适的存储系统是一个超级绝缘的圆柱形压力罐，工作压力约为2bar，根据飞机的尺寸，它纵向布置在机身内部或机身上。

还存在与安全性、基础设施、排放及其对气候的影响有关的其他问题，所有的问题理论上都可以得到积极的回答，只是对气候的影响还有很大的不确定性。虽然模型计算显示出积极的结果，但它们需要通过实际研究和测试来确认。

在技术方面，氢方案被评估为是可行的并通过测试得到了验证。

例如，冯·奥汉在 1936 年用氢点燃了他的第一台涡轮动力装置，从而表明涡轮动力装置可以用氢运行。然而，当时他并没有因为环保原因选择这种燃料，而是因为它的化学反应性能非常好，这使他能够从燃烧室中的"贫"混合气开始研究。然后他采用了更有利的碳氢化合物，它更容易处理，且比氢的体积能量密度高出 4 倍左右。在当时，这些方面对飞机制造商和运营商都是有利的。

之后，波音公司对氢燃料点火的涡轮发动机和部件进行了实际测试，在那里，双发动机飞机的动力装置改装成氢燃料驱动并进行飞行。随后，德国－加拿大的合作项目进行了燃烧室试验，该试验可以表明：可以通过减少 H_2－空气混合气来减少燃烧过程中产生的氮氧化物排放。另一次试飞是在德俄合作中进行的，在这里，三台涡轮动力装置中的一台首先使用天然气运行，然后使用氢运行。在亚琛应用技术大学（FHAC）的航空航天技术学院，一台辅助动力装置也被改装为氢燃料并在动力装置试验台上运行，该动力装置今天仍在 FHAC 处于运行状态，而其他试验研究装置则没有进展。

这些试验研究表明，飞机动力装置可以使用氢安全地运行。像燃料泵、管路、测量装置等辅助装置和安装组件也不是无法解决的问题，对于大多数组件，在"技术气体"、太空旅行或汽车制造领域都有来自工业界的基本解决方案。

最大的挑战是在飞机上大量地存储氢。虽然已经证明，对于所有类型的商用客机（从商务飞机到大型客机的所有类型都进行了研究）都可配备氢，但在能量消耗方面存在缺陷。通过计算确定，氢配置的空重（即机上没有燃料）原则上高于相应煤油配置的空重。而在长途飞行的情况下，当储罐注满时，情况正好相反，这可以用液氢（LH_2）储罐系统原则上比类似的煤油罐重来解释。此外，它们必须被加入到机身重量中，从而对机翼结构施加更高的载荷。所有飞机的机翼都装有航空煤油，它的重量减轻了飞行过程中的机翼结构承载。

在长途飞行的情况下，加注状态其总重量更低。这可以通过与航空煤油相比，LH_2 具有更高的质量能量密度来解释。

LH_2 更低的体积能量密度（航空煤油是其 4 倍），导致更大的飞机表面被冲刷，这反映在更高的空气摩擦力上。由此产生的空气阻力的增加部分地抵消了提高了的动力装置效率。

氢的高价、基础设施的缺乏以及市场上无法预知的需求对行业构成了如此高的风险，以至于业界暂时停止了此类研究的进一步实施。

只有诸如代尔夫特大学和斯图加特大学等高校进一步追寻这一想法并在飞机设计领域开展工作。

汉堡应用技术大学在2007—2009年间开展了"绿色货机"项目，在这里研究了可以在多大程度上优化H_2驱动的货机。例如，该飞机的目标参数是ATR72和类似于飞翼的"混合翼体"，具有B777的运输能力。结果表明氢变型没有缺点。

由于所有先前追求的方案都涉及太大的风险，因此，同时在成本可控的试验机型方向上追求进一步的想法。这个想法是将现有的飞机转换成双发动机的"双燃料"飞机，这样它就应该在一侧配备新的驱动装置。在这个方案中，飞机只能在现有航线系统中运输货物，由此来证明其对日常使用的适用性。与运行的客机相比，这一方案旨在简化运行的许可条件，从而提供安全运行的证据。涡轮螺旋桨驱动将确保高效率，这将使能量消耗和由此在机上的氢存储保持在限制范围内。与客机相比，货机缩小的客舱系统进一步降低了能量消耗。飞机可以以相对较小的基础设施建设整合到真正的机队运营中。运营成本估算仍在进行中。

5.3　商用飞机上燃料电池的功能

在前文中已经提到，飞机大约需要3%的推进能量来供应机载系统。如果从航空煤油罐到动力装置上的泵、变速器、发电机等再到消费者的整个供应链来看，计算出的效率约为40%，而在H_2 + PEM的情况下，供应链效率约为47.5%。

目前关于各种来源的排放物对地球大气造成污染的讨论越来越多，人们呼吁持续节省碳氢化合物的消耗。航空运输的航空煤油消耗目前仅占全球能量消耗的2%，相当于全球石油产量的6%左右。其中，在一架现代客机中，机载系统需要大约3%作为发电机功率，这与总消耗量的数量级相关，意味着相对"低消耗"。如果想用氢等能量载体来覆盖这些功率，在建立相应的基础设施方面仍然是一个重大挑战。

一种新的机载能量供应方案可以基于氢作为第二能量载体和燃料电池作为发电机发电，它将具有低噪声和低废气排放的主要优势。为了最大限度地发挥燃料电池更高效率的优势，尽可能使所有机载系统都基于耗电设备来构建。这样做的优点就是不再需要将不同的能量系统相互转换，例如从电能到液压能的转换。如今必须考虑到这些可能性，以便通过冗余系统架构提高运行可靠性，这样的方案已经在MEA项目中进行了研究。一开始，会研究所有消耗设备的运行特征和优先级，对于具有高优先级的设备以及功能，必须尽可能降低故障概率。

在这种情况下，客舱消耗设备不如飞机控制设备重要。

当然，飞行控制是最重要的。即使在所有内燃机，例如主动力装置和辅助电源装置（APU）在最大飞行高度飞行时出现完全故障的情况下，飞机自身仍必须安全可控，直到它安全降落在备降机场。

当今机载系统不断增加的能量需求以及对安全运行的高要求需要复杂和冗余的系统架构。

　　如果要预测燃料电池在飞机上的运行情况，就必须准确了解其运行环境的特殊性。由于不同的气候条件，飞机上的环境可能非常极端。在世界各地有气候条件极其不同的机场。在这些条件下，所有装置和组件都必须正常运行且功能不受限制。其中包括飞行中的环境条件，以及由于飞机已获得批准的飞行动机引起的姿态和加速度变化。

　　如果对机上消耗设备进行分析，则要考虑从准备飞行到飞行后下降的时间。进一步的运营变化来自各个航空公司的运营理念和飞行持续时间。

　　这导致了某些消费趋势，故必须研究其实际发生情况。由于机上食品和娱乐供应量较少，廉价短途航班的能量需求低于更舒适的长途航班（图 5.2）。

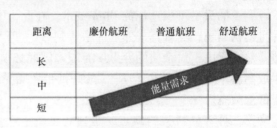

图 5.2　能量需求的发展

　　这直接表明，更高效的长途航班能量供应方案比传统发电机系统更具优势。另一个不容忽视的因素是飞机方面的系统重量。原则上，人们可以假设短途飞机比长途飞机更能从轻的整体重量中受益，因为根据使用时间和航线，它必须更频繁地"增加"其重量。

　　还必须比较运行特性。飞机的驱动系统是针对行程进行优化的，即其最佳效率是在大约 85% 的推力杆位置。由于排放原因，最佳运行范围在 40% ~ 60% 之间，而燃料电池的最佳运行范围在部分负载范围内，这取决于热管理系统。

　　下一步是观测一直到消耗设备的整个效率链。如果考察一下消耗设备的发展，可以认为飞机上将有越来越多的直流电消耗设备，这些主要是驾驶舱设备、机载娱乐和照明（LED）设备。电阻消耗设备，例如厨房中的加热器等，在交流（AC）和直流（DC）之间没有偏好。对于调节电子设备，仅使用电动机可能仍然存在缺点。这意味着在使用直流发电机的情况下，例如由燃料电池供电只需要通过电力电子设备从动力装置发电机的交流电转换为直流电的功率更少，这种 AC/DC 的转换是有损耗的，由此产生的功率损耗会转化为热量，即使在高温条件下也必须主动冷却，因此对传统效率链而言是不利的。

　　燃料电池的优势在于其热功率、氢和氧反应时形成的水以及低氧废气。

　　与燃气轮机相比，燃料电池的质量比功率和体积比功率明显较差。用于航空的 PEM 燃料电池堆可达到约 1.5kW/kg，而航空燃气轮机机轴上的典型值约为 2.64kW/kg。燃料电池的这些值在很大程度上取决于各自的技术、结构设计和辅助单元。正如前文所提到的，决定性因素是运行工况点以及运行类型，即稳态或动态，部分负荷或全负荷。

　　燃料电池的重量方面的劣势可以通过更深入地集成到整个机载系统中来实现。

在飞机上使用过程水（反应产物）是有意义的，从而减小淡水罐的尺寸。由于氢是最轻的元素，反应物氧相对较重，可从周围大气中提取，因此可以减轻重量。然而，其前提是氢不是如在一些建议的配置中提出的、通过飞机上的航空煤油重整生产，并且使用 SOFC 技术转换成电能。一方面，重整器是另一个又大又重的部件；另一方面，它对系统故障分析有负面影响；第三方面，如果发生与 SOFC 技术相关的故障，在采用这种技术的阳极侧（即 H_2 侧）的过程水会造成污染，从而使其无法使用。

剩下的只是可供选择的 PEM 技术。在此，HT - PEM 技术由于有意利用热功率并且结构简单，尽管其成熟度尚未达到 NT - PEM 的程度，但它仍具有表面上的优势。然而，由于对杂质的容忍度有限，因此必须携带纯氢。无论如何，这将有利于生成高质水。根据文献［18］，最好携带所需量的氢，无论如何要超过 5kg，并处于低温液态。

第二种"燃料"的缺点，是独立于航空煤油的能源，也有一个优点，即不再需要传统的应急电源 RAT，从而节省重量和成本。

在考虑包含电热元件（例如烤箱、加热垫或水管防冻系统）或更大的加热系统（例如前翼上的防冰系统）时，HT - PEM 燃料电池处于 150 ~ 180℃ 左右的温度水平是有益的。燃料电池中的热能在炎热的环境中，在不被利用的情况下，也更容易冷却。

另一种可用的副产品是来自 PEM 燃料电池或 HT - PEM 燃料电池阴极侧的过程废气。因为空气中大约一半的氧与氢发生了反应，所以在废气流中只有 10.5% 的氧，其余的最大部分是氮。其含氧量如此之低，以至于过程废气中的大多数物质不再燃烧。由于除水外不含任何其他反应物质，因此无毒。在第 8 章中将对此做进一步的解释。

如果综合考虑所有因素，将得到图 5.3 所示框图，显示了主要部件之间的质量流和能量流，没有显示作为一个系统的储氢罐，诸如阀门和控制电子设备等控制元件以及安全装置。核心部件是燃料电池堆。其中，左侧显示了两个热交换器，热废气通过它们垂直流动，气体流和极低温存储的氢水平流动，可提供机舱的空气调节。在巡航高度，机舱空气与外界空气之间虽然存在明显的压力梯度，但可用于燃料电池的正常运行。但即使在巡航过程中失去机舱压力，也必须将足够的空气泵入燃料电池堆。为了覆盖这种情况，必须通过压缩机或风机提供相应的空气供应。然后将废气流干燥，产生工艺用水和干燥的低氧废气。电堆的剩余过程热量要么被冷却液回路吸收，要么用于加热。附加的冷却液供给泵的电动机会在整体能量平衡中产生寄生功率。

假设所有消耗设备的需求都保持不变，情况就很简单了。像 B787 这样的现代商用飞机在设计时遵循多电飞机（More Electrical Aircraft，MEA）的理念，其中所有系统组件都供给电力。像往常一样，只有局部液压回路仍然为飞行控制、反向推

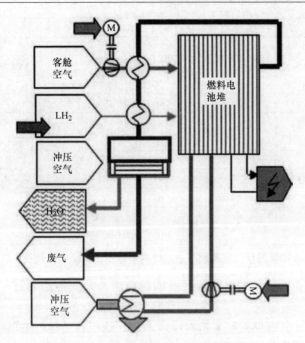

图 5.3　燃料电池的多功能利用的框图

力的襟翼和起落架提供能量。安装的发电机功率达到 1000kW，APU 的输出功率为 450kW。与当今的技术相反，动力装置不是通过 APU 或地面电源（Ground Power Supply，GPS）的压力空气的气动启动，而是电动启动。当发动机运行时，这些启动/发电机单元接着为机载电源供电，就像今天的传统发电机一样。

APU 显然是一个可以被燃料电池系统所取代的组件，然后必须更改该功能以实现最大可能的利益。这意味着，由于与主动力装置上的发电机相比，燃料电池效率更高，因此必须尽可能多地使用燃料电池，以发挥其更高效率的优势。

燃气轮机 APU 通常在动力装置启动后关闭，并作为"空闲载荷"留在飞机上。在燃料电池方案的情况下，它将被省略并有助于减轻重量。

燃料电池 APU 将在整个飞行期间保持运行，并且具有以下作用。

1）减轻动力装置的负载，因为发电机所需的轴功率会减少。

2）产生水，从而确保更低的起飞重量。

3）为机翼加热、WAI（机翼防冰）和其他应用提供热量。

4）用于惰化航空煤油罐的低氧过程废气，符合 CS25 的要求，并在货舱内提供防火保护。值得一提的是，目前正在使用的哈龙（Halon）灭火剂被归类为对环境有害的物质，现已不再生产，只能回收利用。

5）成为一个独立于航空煤油的发电设备，如果所有内燃机因受污染的航空煤油而失效，仍然可以提供电力。

MEA 类型的飞机的初步总体平衡如图 5.4 所示。

	燃气轮机 APU	燃料电池 APU	说明
电机启动	可能	可能	
航空电子设备、客舱系统（是独立的电路）	HTW 的 AC/DC	直接	AC/DC 转换有损耗，需要冷却
机翼加热	热的	电/热混合	
水	储水器	机上取水	总是干净的水，加注后无污染，起飞重量更轻
应急发电机	RAT	通过燃料电池	RAT 不再适用
惰化航空煤油罐和防火	气体分离装置	过程废气	气体分离装置和哈龙被淘汰
系统重量	低	高	
能量载体及其存储	高，机翼集成储罐	低，但需要一个额外的储罐系统	

图 5.4　传统能量供应系统与通过燃料电池系统可能的能量供应的比较

　　此外，因为不同阶段的消费者有不同的需求，必须考虑通过"飞行任务"来运行。

　　图 5.5 显示，并非同时需要所有反应产物，这很容易通过规划缓冲罐来解决水的问题。对于电能和热能以及对 ODA 的需求，情况有所不同。为此，需要智能的、更高级别的"电源和过程管理"，可以同时处理热能和电能的混合负载，例如像 WAI 系统，可能将成为解决方案的一部分。

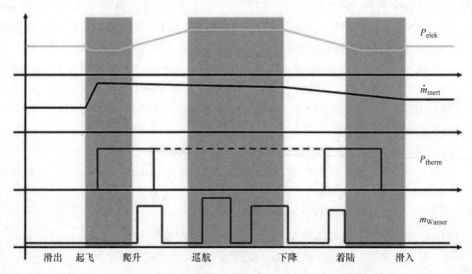

图 5.5　飞行过程中飞机内的消耗设备的需求

　　分析表明，航空煤油和 LH_2 可以同时加注，因此不会延长周转（Turn - Around）时间。

　　能量成本的简化估算基于以下示例性假设：如果替代能量载体的成本是传统的

能量载体成本的 3 倍，那么节省的成本必须是传统能源成本的 3 倍才能被考虑作为当前的替代品。

5.4　燃料电池在飞机上作为"小型"应急发电装置

对于一架飞机，可能会出现需要独立于主动力装置和 APU 的用于飞机控制的能量供应系统的情况。根据大型商用飞机的许可规定，必须考虑所有内燃机、主动力装置和 APU 因被污染的航空煤油、熔岩粉尘或缺乏航空煤油而发生故障的情况。

在这些情况下，目前装备了冲压空气涡轮机（Ram Air Turbine，RAT），它根据飞机类型驱动一个液压泵或一个发电机。它通常位于机身 - 机翼过渡包层的后面或机翼上襟翼机构的包层后面。

这个系统是一个"休眠系统"，它的功能必须以一定的时间间隔启动和测试。

还有一个替代方案是使用燃料电池模块。为保持结构简单和保证运行可靠，一个燃料电池、一个氧气瓶、一个储氢瓶以及控制阀和冷却系统就足够可以作为主要部件（图 5.6）。在工作状态下，可以通过相应的监控系统随时测试运行准备情况，而不需要很多花费。

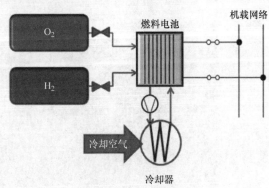

图 5.6　由一个燃料电池、一个氢供应系统和一个氧供应系统组成的应急发电装置的框图

5.5　商用飞机在机场的电动滑行

在提高航空运输能量效率的压力下，需要对整个飞行任务进行分析。低效运行阶段的首要问题是在地面上滑行时使用主动力装置，其原因是如 5.3 节已经提到的涡轮动力装置的运行特性。涡轮动力装置是为巡航飞行而设计的，因此在部分负载范围内效率特别低。

这种低效运行在大型机场尤为明显，因为那里的滑行时间可能长达 32min。

已经有以下解决方案来减少排放：

1）用传统柴油机拖车在滑行道上牵引，由驾驶舱的飞行员控制，这意味着动力装置可以在着陆后不久关闭并在起飞前不久启用。该方案旨在降低燃料消耗和地面服务的成本。

2）借助于动力起落架轮，以自身动力驱动飞机的行驶，原则上在运行性能和运行成本方面具有相同的目标。

在第二个可能性中，基于紧凑的结构设计和合适的转矩曲线，使用电力驱动起落架轮是显而易见的。然而，电力如何供应的问题尚未得到解答。

对此有各种可能的解决方案，其中之一是使用燃料电池发电机。DLR 公司、汉莎航空公司（Lufthansa）和空中客车公司（Airbus）之间的合作已经进行了研究并取得了积极的成果。研究工作于 2011 年 6 月 30 日在汉堡，在 DLR 研究飞机 A320 ATRA 上进行，将一个电动机集成到前轮的轮毂中。

这种方案不仅可以减少高达 19% 的污染物排放，还可以明显降低噪声。

据 DLR 称，在法兰克福机场，一种 A320 机型采用"电动滑行"将节省约 44t 燃油（图 5.7）。而一架波音 747 飞机每次飞行平均可节省约 700kg 航空煤油。

图 5.7 带有集成电驱动的 A320 的前轮（来源：DLR）

5.6 小型飞机中的燃料电池

在航空模型中，电驱动目前已不再罕见，而它们才刚刚开始出现在所谓的运动飞机上。最初，用蓄电池来存储能量。蓄电池同时是能量存储器和能量转换器，它们包含能量并通过化学反应将其转化为电能，电动机将这种能量转化为功。

进一步的解决方案是使用氢作为能量载体，使用燃料电池作为转换器。与作为储能设施的蓄电池相比，具有相同能量含量的、作为储能设施的氢罐要轻得多，这样一来，也增加了续航里程。Antares H3 项目中的飞机设计方案显示了这种效果。使用氢作为能量存储设施可显著增加续航里程，虽然 Antares H_2 的续航里程已经达到 750km，但通过扩大储氢设施，Antares H3（图 5.8）可以实现 6000km 的续航里程。

最初的量产型号 Antares 20E 配备了蓄电池，在电机驱动下最大续航里程为 190km。

不幸的是，这个 Antares H3 设计方案没能实现应用（图 5.9）。

图 5.8　Antares H3（来源：Lange 飞机制造公司）

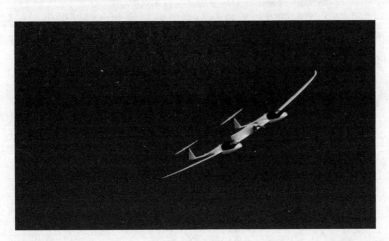

图 5.9　该配置的特点是电机舱位于两个双座舱体之间，这种配置作为纯蓄电池电驱动的
改型赢得了美国宇航局（NASA）2011 年绿色飞行挑战赛的胜利（来源：DLR）

　　Antares H3 被 HY4 方案所取代，该方案也由 DLR 实施，但这次是与斯洛伐克飞机制造商 Pipistrel 合作来实施。这是第一架采用混合动力驱动的 4 座飞机，由氢作为能源供应原料与低温 PEM 燃料电池相结合，该燃料电池在巡航时为带有螺旋桨的电动机提供电力，锂电池用于启动。根据载荷和速度，续航里程为 750 ~ 1500km。

5.7　无人机中的燃料电池

　　使用氢内燃机或氢燃料电池和电机驱动无人机有以下几个原因：

1）观测无人机的任务是持久的，并且仅需要小的体积和少的装载量，这使得液态氢的低的质量能量密度受益。"货物"主要由测量或观察和传输仪器所组成。很明显，内燃机是最好的选择，因为它的比功率高，如"Aurora（极光）"和"Phantom Eye（幻眼）"。

2）另一种方案是通过"Global Observer（全球观察员）"来实现的。在这架无人机中，驱动链由一个储氢罐、一个发电机组（由活塞发动机和发电机组成）和带螺旋桨的电动机所组成。

3）对于间谍无人机，特别重要的是不能产生热特征，以防止被导弹跟踪。这意味着根据配置，内燃机是不合适的。由于这个原因，要使用在低温下工作的驱动系统。这种驱动系统由一个储氢设施、一个 PEM 燃料电池和一个电动机所组成。

4）另一种方案来自大气研究领域，该领域需要无人机在非常高的高度进行极长时间的飞行。由于空气密度低，内燃机被排除在外。携带的氢消耗过快，因此，选择由一个太阳能发电机、一个可逆燃料电池、储氢罐和储氧罐以及一个电动机组成的驱动系统。以氢和氧为燃料，在飞机上通过电解生产并以气态形式存储。由白天飞行的机翼上侧的太阳能发电机提供用于电解过程和电驱动的电力；到了晚上，氢和氧在燃料电池中被转换回电能，为电动机供电（图 5.10）。这个方案应用于"Solar Eagle（太阳之鹰）"无人机（表 5.1）。

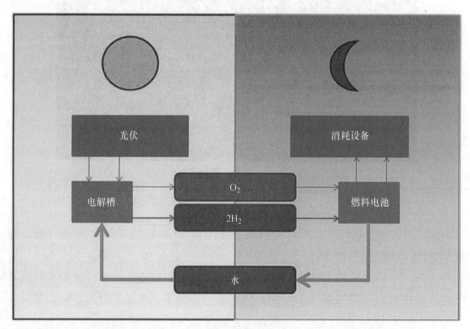

图 5.10 由一个光伏发电机、一个电解槽和一个用于 H_2 和 O_2、白天灌注的储气设施所组成的驱动系统。另一方面，气体被提取并通过燃料电池转化为电能以供应给消耗设备，产生的水送入电解槽

表5.1　概述了一些已实施或正在设计开发中的无人驾驶飞机

名称	配置	高度/m	速度/(km/h)	翼展/m	最大质量/kg	有效载荷/kg	飞行时长/天	状况
Helios HP1	再生的燃料电池，H_2和O_2存储设施，电动机	29524	k. A.	75.3	821	192	~2	2003年坠毁
Solar Eagle	光伏，燃料电池+存储设施，电动机	18288	k. A.	121.9[d]	k. A.	453.6	30	2014年首飞
Global Observer	LH_2发电机组，电动机	19000	k. A.	53.3	3500	180	7	坠毁
Phantom Eye[a]	LH_2，活塞发动机[b]	18288 (3048) (1219.2)	102[c]	45.75	4242	839.2	10 (4)(6)	2012年6月1日首飞
Orion HALE	LH_2，活塞发动机[b]	19800	88~117	33.8	2360	181.4	10	开发中

a）Phantom Eye（幻眼）没有自身的起落架，由汽车启动。

b）带三级涡轮增压器的改装2.3L福特发动机。

c）首飞时的行驶速度。

d）对比：空客A380的翼展为80m。

　　如前文所述，除了这些相对较大的无人机外，还有较小的飞行系统，它们具有电力驱动，其电力供应通过燃料电池和氢存储设施来保证。Aeropak是由Horizon公司为这些飞行器开发的。Aeropak是一个由一个PEM燃料电池和一个化学氢化物存储设施组成的单元，如图5.11和图5.12所示。

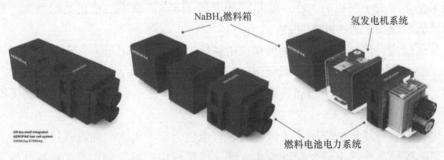

图5.11　Horizon公司的Aeropak的结构（来源：Horizon，2013年5月25日）

　　与锂电池相比，这种配置具有更高的能量密度，从而获得比使用锂电池的电驱动飞行器更大的续航里程。

　　除了无人驾驶的固定翼飞机，电驱动的多旋翼无人机也已经开发了好几年。在这类无人机中，通常由蓄电池为驱动螺旋桨的电动机供电。一个例外是由智能能源公司（Intelligent Energy Limited）改装的四旋翼无人机，其蓄电池已被 PEM 燃料电池和加压气罐中的氢所取代，这将飞行时间增加了 6 倍，达到 2h。

图 5.12　Horizon 公司的 Aeropak，作为无人驾驶飞机中的电能来源（来源：Horizon）

5.8　总结

已完成的实际案例表明氢适合作为飞机主动力装置的燃料。在"Cryoplane"项目中的研究表明，氢运行可以实现更高的动力装置效率，这一优势又被更低的体积能量密度和由此产生的更大的存储设施容量所抵消。由于用于存储低温液态气体的储罐而产生的额外重量导致更高的空重，这又部分地被更轻的燃料重量所抵消。其结果是，取决于飞机的大小，能量消耗增加了 8% ~ 18%。对充足的氢生产和基础设施方面提出了进一步的问题。

其他应用，例如小型私人飞机和商用客机上的机载发电机，鉴于目前的知识状态，正处于技术成熟和运营合理应用的门槛上。相关演示已经证明了每种方法的可行性，因此，油价的上涨趋势将决定，"昂贵"的氢在运营成本方面何时变得有吸引力。

另一个值得注意的应用是飞机上的燃料电池，其不仅向消耗设备提供电能。将燃料电池模块在技术上最大程度地集成到飞机系统中，可以最大限度地提高作为能量载体的氢的产量。根据"如果燃料的价格是其三倍，那么系统的效率必须是其三倍"原则，提出一个方案，该方案利用了燃料电池反应过程产生的几乎所有产物：电、水、热和低氧过程废气。然而，这样的应用是绝对新颖的，因为这只有在全新的飞机类型上才有可能实现，并且需要新的、相匹配的系统架构。

当然，在接受度、基础设施和经济优势方面仍有悬而未决的问题。

　　在回答基础设施问题时，各种研究表明，市场上的一种新型飞机可以从一开始就供应氢，而无需建立新的生产设施，只有在 2～4 年后和产量增加后才需要进行调整。与相关机场联合开展的研究表明，储氢不会造成任何困难，碳氢化合物和氢在存储的安全规定方面是相似的。

　　经济方面仍然是最困难的，应用"贵三倍，三倍好"的模式并不能完全达到目标。全球应用的和可接受的关于调度、处理、人员培训等方面的标准，阻碍了每一个新的发展。出于这些原因，彻底改变系统的优势应该是非常明显的，并且"别无选择"。

参 考 文 献

1. Steinberger-Wilkins, R., Lehnert, W.: Innovations in Fuel Cell Technologies, 1. Aufl. Royal Society of Chemistry (2010)
2. Arendt, M.: Vergleich des Einflusses der Sekundärleistungsentnahme auf den spezifischen Kraftstoffverbrauch unangepaßter und angepaßter Triebwerke. Große Studienarbeit, TU Hamburg-Harburg, Arbeitsbereich Flugzeug-Systemtechnik, Hamburg (2005)
3. Ziemann, J.: Airbus operations GmbH, Potential Use of Hydrogen in Air Propulsion, EQHHPP, Phase III.0–3. Final report (May 1998)
4. Tupolev: Cryogenic Aircraft. http://www.tupolev.ru/English/Show.asp?SectionID=82 (2012)
5. Brewer, G.D.: Hydrogen Aircraft Technology, CRC Press (1991)
6. Brand, J., Sampath, S., Shum, F., Bayt, R.L., Cohen, J.: Potential use of hydrogen in air propulsion. AIAA 2003-2879, July 17th (2003)
7. Seeckt, K.: Conceptual Design and Investigation of Hydrogen-Fueled Regional Freighter Aircraft. Licentiate Thesis, Stockholm, Sweden (2010)
8. Schwarze, M.: Flugzeugvorentwurf Bi-Fuel- und wasserstoffbetriebener Kurzstrecken-Frachtflugzeuge, Hamburg/Stuttgart (Juli 2009)
9. http://beodom.com/en/education/entries/peak-oil-the-energy-crisis-is-here-and-it-will-last. Zugegriffen: 27. April 2013 UTC+
10. OPEC Secretariat: World Oil Outlook 2011. Wein. www.opec.org (2011)
11. Römelt, S., Pecher, W.: Cassidian, MEA-Vortrag, eaa-Kolloquium (2010)
12. ICAO: International Standards and Recommended Practices – Environmental Protection – Annex 16 to the Convention on international Civil Aviation, Bd. II, aircraft engine emissions, 2. Aufl. – 20. November 2008 – Start- und Landezyklus (Landing and Takeoff Cycle, LTO) (1993)
13. Fink, R.: Untersuchungen zu LPP Flugtriebwerksbrennkammern unter erhöhtem Druck. Technische Universität München (2001)
14. Wiesner, W.: Fachhochschule Köln, Institut für Landmaschinen Technik und regenerative Energien, Ringvorlesung 2002/2003 des Arbeitskreises Brennstoffzelle und VDI Bezirksverein Köln, 17. Oktober 2002
15. Horizon Hyfish: http://www.horizonfuelcell.com/hyfish.htm. Zugegriffen: 27. Januar 2013 UTC+
16. Honeywell, Produktbeschreibung, APU 131-9[A] Auxiliary Power Unit (2013)
17. Breit, J., Szydlo-Moore, J.: The Boeing Company, Seattle, Washington, 98124-2207. Fuel cells for commercial transport airplanes needs and opportunities, AIAA 2007-1390, 45th AIAA Aerospace Sciences Meeting and Exhibit Reno. Nevada January 8–11th (2007)
18. Rau, S.: Dynetek Europe GmbH: Deutscher Wasserstoff-Energietag, Essen, November 12-14th (2003)

19. European Aviation Safety Agency: Certification specifications and acceptable means of compliance for large aeroplanes – CS 25.1351(d) RAT Amendment 12, July 13th (2012)

20. N2telligence GmbH; Broschüre 2012

21. http://www.boeing.com/commercial/aeromagazine/articles/qtr_4_07/article_02_1.html. Zugegriffen: 03. Februar 2013

22. European Aviation Safety Agency: R.F00801, Notice of Proposed Amendment (NPA) NO 200819 July 17th (2008)

23. http://www.dlr.de/dlr/desktopdefault.aspx/tabid-10204/296_read-731//year-all/#gallery/1448. Zugegriffen: 20. Mai 2013 UTC+

24. http://europa.eu/rapid/pressReleasesAction.do?reference=IP/12/792&format=HTML&aged=0&language=DE&guiLanguage=en. Zugegriffen: 04. August 2012

25. http://www.airliners.de/technik/forschungundentwicklung/wie-ein-taxibot-funktioniert/27627. „Wie funktioniert ein Taxibot?". Zugegriffen: 19. Juli 2012 UTC+

26. http://www.dlr.de/dlr/desktopdefault.aspx/tabid-10204/296_read-931/. Zugegriffen: 30. Juli 2012

27. http://de.wikipedia.org/wiki/Elektroflugzeug. Zugegriffen: 27. April 2013

28. http://www.langeaviation.com/htm/deutsch/produkte/antares_H3/antares_h3.html. Zugegriffen: 27. April 2013 UTC+

29. http://www.langeaviation.com/htm/english/products/antares_20e/faq.html. Zugegriffen: 30. April 2013, 16:20. UTC+1

30. http://www.dlr.de/dlr/desktopdefault.aspx/tabid-10081/151_read-15429/#/gallery/22059. Zugegriffen: 09. November 2016, 23:47. UTC+

31. http://www.pipistrel.si/news/pipistrel-won-the-nasa-green-flight-challenge-for-the-third-. Zugegriffen: 09. November 2016, 23:47. UTC+

32. http://www.aurora.aero/. Zugegriffen: 14. Juni 2013 UTC+

33. Warwick, G.: Inside Boeing's phantom eye. http://www.aviationweek.com/ (Posted on Dec 22, 2010, 3:40 PM). Zugegriffen: 29. Juli 2012

34. Aeropack: http://www.hes.sg/products.html. Zugegriffen: 27. Januar 2013, 22:33 UTC+1

35. http://www.nasa.gov/pdf/64317main_helios.pdf. Zugegriffen: 07. Juni 2013, 12:19 UTC+1

36. Noll, T.E., Brown, J.M., Perez-Davis, M.E., Ishmael, S.D., Tiffany, G.C., Gaier, M.: Investigation of the Helios Prototype Aircraft, Mishap Bd. I Mishap Report (2004)

37. Boeing Media Release, St. Louis, September 16th (2010)

38. http://www.avinc.com/uas/stratospheric/global_observer/. Zugegriffen: 06. August 2012

39. http://en.ruvsa.com/catalog/orion_hale/. Zugegriffen: 08. August 2012

40. http://www.intelligent-energy.com/about-ie/company-overview/. Zugegriffen: 31. November 2016

41. Westenberger, A.: Airbus Operations Gmbh: Liquid Hydrogen Fuelled Aircraft – System Analysis – CRYOPLANE, Final technical report, September 24th (2003)

缩　写

AC　（alternate current Wechselstrom）交流电

ATA　（Air Transport Assoziation）航空运输协会

APU　（Auxiliary Power Unit）辅助电源单元

ATRU　（Auto Transformer Rectifier Unit）自耦变压器整流单元

ATU　（Auto Transformer Unit）自耦变压器整流单元

CS　（Certification Specification）认证规范

DARPA　（U. S. Defense Advanced Research Projects Agency）美国国防高级研究

计划局

DC　（direct current Gleichstrom）直流电

ECS　（Environmental Control System）环境控制系统

EDP　（Engine Driven Pump）发动机驱动泵

EHA　（Elektro Hydraulischer Aktuator）电液执行器

EMA　（Elektro Mechanischer Aktuator）机电执行器

EMP　（Engine Motor Pump）发动机电机泵

HTW　（Hauttriebwerk（Antrieb））主动力装置（驱动）

JAA　（Joint Aviation Authorities）联合航空当局

JAR　（Joint Aviation Requirements）联合航空要求

k. A.　（keine Angabe）未指定

LBST　（Ludwig Bölkow Systemtechnik）路德维希·布尔考系统技术

MEA　（Membran Electrolyte Assemble）膜电解质组件

MEA　（More Electric Aircraft）多电飞机

ODA　（Oxigen Depleted Air）缺氧空气

PEM　（Polymer Electrolyte Membrane oder Proton Exchange Membrane）聚合物电解质膜或质子交换膜

PTU　（Power Transfer Unit）电力传输单元

RAT　（Ram Air Turbine）冲压空气涡轮

WAI　（Wing Anti Ice）机翼防冰

第6章 住宅能量供应中的燃料电池

2015年，家用能量需求大约占德国终端能量需求的1/4（图6.1），这意味着该领域的能量需求与运输部门或工业的能量需求差不多一样高，其所需的大部分终端能量（约90%）用于提供热水和为建筑物供暖。在此背景下，引入可再生能量和提高能量效率是能量转型的核心支柱。

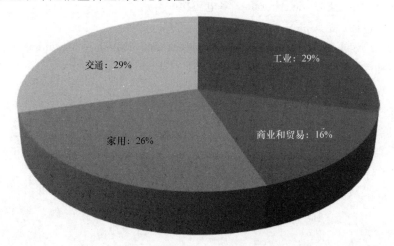

图6.1 2015年德国按行业划分的终端能量需求

同时发电和供热（热电联产）是一种可以提高建筑物和家庭一次能量效率的技术。可以用不同的能量转换机械构建热电联产系统，用于家庭能量供应，最常见的是燃气发动机。由于其固有的优势，例如电效率高，能量转换零污染，运行噪声低等，家庭热电联产系统引领潮流的是燃料电池。因此，通过燃料电池热电联产系统可以进一步减少建筑物区域中的二氧化碳排放。

6.1 热电联产

在传统的加热系统中，例如油加热器和燃气加热设备，可以使供给的一次能量几乎完全转化为热量。2015 年，德国有超过 1900 万台此类供暖设备，通过燃烧天然气或燃油为独栋房屋或公寓供暖。住宅单元的电能需求由集中式发电及其配电网络来保证，天然气锅炉共有 1360 万台，是集中式产热装置中最大的一类（图 6.2）。根据联邦统计局 2014 年的数据，这些集中式产热装置的平均使用年限为 17.6 年。将来用高效的供暖装置替换现有的装置，一种方法是用于家庭能量供应的微型热电联产系统。

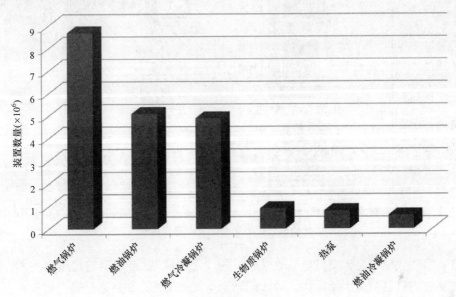

图 6.2　2015 年德国集中式产热装置数量

发电时会产生废热流，由于温度水平比较低，通常在大型发电厂不能进一步利用。发电厂在其再冷却设备中消除这些废热，比如在广为人知的冷却塔中。

分布式热电联产的想法是，在仍然可以合理利用余热的地方生产一些电力，在单户和多户住宅中，这可以是供暖装置或家用热水器，住宅的供暖装置可以说是分布式发电站的再冷却装置。这种分布式微型热电联产装置（μ – KWK）的优势主要体现在一次能量的节约上，这与能量成本和二氧化碳排放量的降低密切相关。

图 6.3 举例说明了整体效率约为 90%、电效率约为 40% 的燃料电池加热装置与燃煤电站相比的一次能量节约潜力。

各种技术均可用于微型热电联产装置，出现在市场上的主要的 μ – KWK 系统使用发动机。在发动机中通过燃料的燃烧产生机械能，从而驱动发电机发电，然后使用发动机的废气和废热为住宅供暖。对于 μ – KWK 系统，可使用两种不同的发动机原理，最普遍的是汽油机，类似于乘用车汽油机，通过燃料的内部燃烧产生机械能，另一种是斯特林发动机。斯特林发动机又称热气机，是一种热力机械，在其中，诸如空气、氦或氢等封闭的工作气体从外部的两个不同区域加热和冷却，通过由此产生的压力差会产生可以转换为电能的机械能。加热的水通常用作冷却介质，而工作气体通常由燃气燃烧器加热。

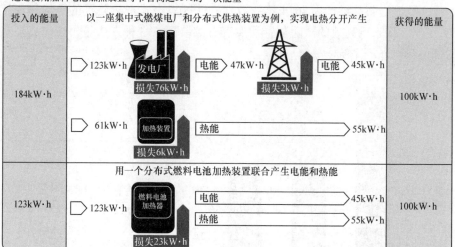

通过使用燃料电池加热装置可节省高达33%的一次能量

图6.3 理论上所有微型热电联产系统的一次能量的节省，可以实现的节省量取决于 μ–KWK 单元的电气效率和整体效率及其功率

微型燃气轮机是大型发电厂燃气轮机的"小姐妹"，基于涡轮增压器技术，这在车辆和飞机制造中广泛应用。吸入的燃烧空气被压缩，然后通过微型燃气轮机的热废气加热，压缩的燃烧空气和压缩的燃料（例如天然气）一起燃烧，由此产生的废气驱动涡轮机，涡轮通常安装在与压缩机和发电机同一轴上。微型燃气轮机通常在 70000 ~ 100000r/min 的速度范围内工作，获得的大约 1600Hz 的高频电流在多级转换过程中以电子方式转换为 50Hz 和 400V 或 230V 的交流电。来自微型燃气轮机的废热可用为过程热量或加热能量以及热水供应。微型燃气轮机的主要优势是维护间隔长，因为与内部燃烧的气体发动机相比，其运动部件更少。微型燃气轮机的废气具有相对较高的温度水平，因此它们可以作为过程热而被很好地利用并且具有相对较少的污染物排放。与发动机应用相比，其缺点是投资成本相对较高，电效率受限。因此，迄今为止，微型燃气轮机在单户和多户住宅中还没有像 μ–KWK 技术那样具有重要意义。

经济和环境友好型能量消耗协会（ASUE）会定期发布已上市的 μ–KWK 装置的名单。

6.2 为什么仍然是燃料电池

为什么在发动机 μ–KWK 单元已经成功投放市场的情况下，燃料电池加热装置仍被开发作为住宅能量供应的 μ‑KWK 单元？下面将根据各类客户的要求讨论这个问题。客户对 μ‑KWK 产品的要求是高的电效率，这个要求通常来自以下两个考虑：

1）通过隔热技术的进步，未来建筑物的热量需求将会减少。此外，生活水平的提高导致对电能的需求更高。燃料电池加热装置最能满足这种需求，直至系统的电效率超过 40%。

2）与机械能一样，电能也很容易市场化。现在客户的看法是，高的电效率对经济性有积极的影响作用。但是，必须考虑到燃料电池加热装置仅在需要热量时才运行，在夏天，这只是偶尔的或根本没有的情况。通过使用一个合适的存储设施可以在几乎没有损失的情况下解耦对热和电的需求。除了市售的加热和热水存储设施外，还有许多关于这一主题的研究和开发项目。

燃料电池作为电化学能量转换器，不像热力机械（比如燃气发动机等）那样受卡诺效率的约束，而是受可逆的电池效率的约束。这两种效率都代表着一个理想的过程，代表了这些技术的理论效率极限，即实际的系统永远无法得到比上述描述更好的效率。对于热电联产机械，通过过程温度上限来确定可实现的电效率，但可逆电池效率不受此限制。在热电联产机械中，由于高的材料负荷和物料负荷，不能随意提高过程温度上限。与此相反，燃料电池已经可以在中等过程温度下实现高的电效率。

在住宅环境中对 μ‑KWK 单元的另一个要求是低噪声和无振动运行，以避免对居民造成困扰。除了诸如用于输送气体的风扇可能会引起噪声或振动以外，燃料电池加热装置实际上没有移动部件，这导致它们具有安静运行的潜力。这种潜力使其可以用于其他应用，例如已经进行商业开发的燃料电池动力潜艇，这是出于其他的动机需要低噪声运行。

与燃气发动机相比，燃料电池系统只有很少运动部件能保证未来会有更低的维护成本（例如不需要定期更换润滑油），并且由于机械磨损更少而使用寿命更长。这两点都是当前探索、研究和示范项目的主题。例如，在 Callux 项目（www.callux.net）中，在德国，对燃料电池加热装置的使用进行了试验。还有一些其他大型的欧洲示范项目，例如 ene.field 项目（www.enefield.eu）和 PACE 项目等。

此外，燃料电池加热装置提供了燃料的多种可能性，例如将天然气转化为电能和热能，而不释放诸如二氧化硫或氮氧化物等污染物。在由联邦政府资助的作为氢和燃料电池国家创新项目（NIP）的一部分的研究项目"燃料电池加热装置的工业溶液脱硫"中，已使用参考建筑对燃料电池加热装置的环境优势进行了详细研究。

在参考情景的基础上，使用各种方法确定二氧化碳减排的潜力。其中，使用基于电力的替代方法导致二氧化碳减少 52% 以上，根据 DIN V 18599 "建筑物能量评估"来计算，二氧化碳减少 47.8%。NIP 研究产生了两个有趣的结果：一方面，一项能源技术的二氧化碳减排潜力的绝对水平也取决于评价方法的选择；另一方面，所有被关注的方法都证实，燃料电池加热装置具有非常可观的二氧化碳减排潜力，因为它已经被各制造商测试过，包括在 Callux 示范项目中。罗兰贝格（Roland Berger）的一项研究得出了类似的结论，在其场景中，通过在单户住宅中使用燃料电池加热装置，可以减少 33% 的二氧化碳。

除了减少二氧化碳排放潜力之外，无污染的能量转换是燃料电池加热装置的另一个优势。氮氧化物、硫氧化物和二氧化碳是对流层"酸雨"形成的主要因素。通过使用燃料电池加热装置，可以降低二氧化碳排放，甚至可以将氮氧化物和二氧化硫排放降至零。威能（Vaillant）燃料电池加热装置目前正在 ene. field 示范项目中进行测试，可以降低二氧化碳排放，并且没有二氧化硫或氮氧化物排放。相比之下，2014 年电网的氮氧化物排放量为 $423mg/kW \cdot h$，二氧化硫排放量为 $264mg/kW \cdot h$。前面提到的罗兰贝格的研究还指出，燃料电池加热装置减少二氧化硫和氮氧化物排放量具有高达 100% 的潜力。

在对流层，酸雨是由氮氧化物、硫氧化物、二氧化碳引起的。反应方程式如下：

- 硫氧化物

$$SO_2 + H_2O \rightarrow H_2SO_3$$
$$SO_3 + H_2O \rightarrow H_2SO_4$$

- 氮氧化物

$$2NO_2 + H_2O \rightarrow HNO_2 + HNO_3$$

- 二氧化碳

$$CO_2 + H_2O \rightarrow H_2CO_3$$

通过大气污染物二氧化碳、氮氧化物和硫氧化物造成的危害主要包括：

- 促进气候变化。
- 导致健康问题，例如死亡风险增加。

– 氮氧化物会刺激和损害呼吸系统，吸入空气中氮氧化物浓度的增加对儿童和成人的肺功能有负面影响。

– 二氧化硫是一种无色、会刺激黏膜的气体。

– 吸入高浓度的三氧化硫会引起刺激，并且会在肺部形成硫酸，从而导致危及生命的肺水肿。

- 农作物损失。
- 材料损坏，例如造成腐蚀。

这清楚地表明，空气污染物会造成相当大的经济损失。从经济的和生态的角度来看，避免这种情况是非常必要的。燃料电池加热装置甚至可以将氮氧化物和硫氧化物这些空气污染物减少到零。

综上所述，供暖行业为什么要开发和测试燃料电池加热装置并将其推向市场的问题，可以用其具有的固有优势，即主要是低排放的能量转换、高的电效率、长的使用寿命和低噪声运行来回答。

6.3　基于天然气的燃料电池加热装置

所有技术类型的燃料电池都需要氢作为燃料，而氢通常在住宅中无法用作燃料。为建筑物供应氢的基础设施更多的是从长远来看，而不是短期或中期选择。因此，住宅能量供应中的燃料电池必须使用通常在住宅中可用的燃料，这些主要包括天然气、取暖油和液化气（LPG）。基于天然气的系统是燃料电池加热装置技术开发和示范的核心，如图 6.2 所示，德国目前使用的集中式热发生器中超过 50% 是基于天然气的。天然气是德国私人住宅最重要的终端能量形式（图 6.4），占比超过 30%。这是大多数开发商和制造商关注在燃料电池加热装置中使用天然气的原因之一。

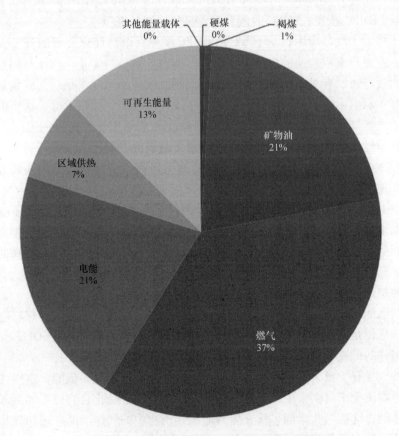

图 6.4　2015 年德国私人住宅终端能量消费结构

住宅能量供应中的燃料电池系统总是以相同的方式构建：传统的燃料转换为富氢气体，气体在燃料电池中转化为电能，产生的直流电转换为交流电，产生的过程热可用于加热或制备热水。为此可以使用各种制氢方法和采用不同的燃料电池类型。现将讨论它们用于基于天然气的燃料电池加热装置的功能以及优缺点。燃料电池加热装置的一个基本特征是同时为建筑物提供电力和热量，因此，燃料电池加热装置同样也是热电联产装置。

用于住宅能量供应的燃料电池类型

已经为各种应用开发了大量的燃料电池技术。在住宅能量供应中，概括为两种被认为是特别有前景的燃料电池类型。一种是高分子电解质膜燃料电池（PEM-FC），由于其与汽车用途的相似性，以后有很大的机会可以实现低成本生产。它的发展水平也很先进，PEMFC 在住宅能量供应中作为低温型（工作温度约为 80℃，简称为 NT – PEMFC）和高温型（工作温度约为 160 ~ 180℃，简称为 HT – PEMFC）进行讨论、开发和示范。另一种是基于固体氧化物燃料电池（SOFC），这种燃料电池加热装置正在开发和示范中，可在 650 ~ 850℃ 的温度范围内工作。由于其高温水平，与 PEMFC 相比，SOFC 的优点是燃料气体制备更简单。

由于接近于汽车应用，基于 NT – PEMFC 的燃料电池加热装置的开发人员希望长期地生产更具成本效益的燃料电池组件。然而，到目前为止，汽车与固定用途之间的协同效应还没有显示出来。此外，它们相对较低的温度水平对集成到建筑物供应中具有不利的影响。特别是在现有建筑中改造创新的加热技术时，这可能是不利的，因为这些加热装置通常在 60 ~ 80℃ 的温度水平下工作，这样的温度水平将导致建筑物不能用作散热或仅部分可用，其结果是装置不能经济地运行。出于这个原因，基于 NT – PEMFC 的燃料电池加热装置更有可能用于具有低温加热装置的新建筑，例如地暖。

HT – PEMFC 和 SOFC 没有这个缺点，两种燃料电池类型都在允许集成到建筑物中的温度水平下工作。然而，两种燃料电池类型都缺乏与汽车应用的类比，这使得难以产生协同效应，这一缺点应该通过更简单的气体制备和潜在的更高的电效率来弥补。

燃料电池加热装置中氢的生产

燃料电池技术的运行需要富氢的燃料气体或氢。在基于天然气的燃料电池加热装置中，它们是使用不同的方法来生产的。图 6.5 显示了不同类型 SOFC 和 PEMFC 的制氢组件的配置概览。

天然气含有少量天然的含硫化合物，如硫化氢、羰基硫、硫醇，这些含硫化合物的数量取决于来自哪个生产天然气的钻井。此外，含硫化合物被添加到天然气中作为添味剂，这些气味难闻，旨在警告居民建筑物中的气体泄漏。用作气味剂的典型含硫化合物有四氢噻吩（Tetra – Hydro – Thiophen，THT），以及硫醇，比如叔丁基硫醇（tert – Butylmercaptan，TBM）。

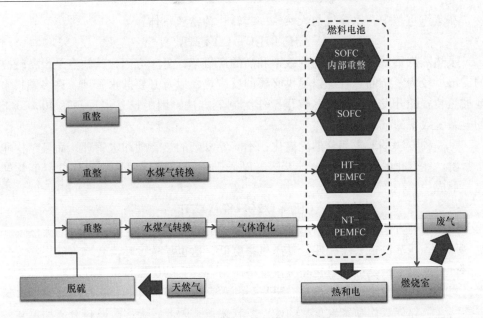

图 6.5　基于天然气的燃料电池加热装置中制氢元件的配置

　　然而，硫也是一种催化剂的毒素，它会不可逆地损害燃料电池加热装置中的电催化器。所有用于住宅能量供应的燃料电池类型或多或少都会被硫化合物损坏，因此必须预先分离硫。还开发了基于氮的添味剂以降低天然气中的硫含量。然而，这些不含硫的添味剂在德国的市场份额仅达到约 25%，而且通常比含硫的竞争对手更昂贵，这阻碍了它们的广泛推广应用。

　　已经提出了各种对用于燃料电池加热装置的天然气进行脱硫的方法，其中有两种目前用于燃料电池加热装置。一种是采用硫伴的冷吸附方法，即天然气流通过吸附剂并分离出硫成分。该系统非常灵活，可以轻松地集成到任何燃料电池加热装置中，而不需要更多的花费。这种"硫过滤器"的缺点是必须不时地更换，目前的发展状态是提供了 1~2 年的使用寿命。这种相对较短的使用寿命导致维护工作和成本的增加，这被认为是不利的。当前研究项目的主题是提高其使用寿命并降低吸附剂和滤芯的成本。

　　氢化脱硫则作为另一种反应性方法，这种方法主要受到日本的燃料电池加热装置开发商的欢迎。在此方法中，将少量氢加入待脱硫的天然气中，在催化剂作用下与天然气中的含硫成分反应生成硫化氢，然后在一个吸附器中将这种硫化氢从天然气流中分离出来。这种方法的优点是可以实现潜在的长的使用寿命，缺点是系统技术花费较高，要为燃料电池加热装置中的氢化脱硫提供氢。

　　在燃料电池加热装置中分离的硫随后被回收并重新用于建筑材料。

　　在所谓的重整器中，富氢气体是从脱硫的天然气中产生的。在开发燃料电池加热装置时，制造商主要采用三种重整方法。

在蒸汽重整中，水蒸气与天然气一起转化为富氢气体：

$$CH_4 + H_2O \leftrightarrow CO + 3H_2$$

吸热蒸汽重整的优点是高的效率和高的产氢率，另一方面，其缺点是设备较高的支出、较为复杂的热管理以提供必要的反应热，以及必要的水管理。许多燃料电池加热装置的开发人员依赖蒸汽重整作为制氢方法，因为这是实现高达 40% 以上的电系统效率的唯一途径。

另一种方法是干式部分催化氧化，不需要复杂的热管理和水管理，而且结构非常紧凑。在催化的部分氧化中，天然气以低于化学计量与大气中的氧进行催化转化，形成一氧化碳和氢：

$$CH_4 + 1/2O_2 \leftrightarrow CO + 2H_2$$

虽然这种方法具备非常紧凑的结构和简单的热管理，但它要求苛刻的天然气和空气计量。与蒸汽重整器相比，其产氢率更低，这也导致重整器效率更低一些。

自热蒸汽重整是部分氧化和蒸汽重整的组合。它的优点是可实现相对较高的效率，同时结构更紧凑，其缺点是需要复杂的水管理和通常复杂的化学剂计量。自热重整结合了部分氧化和蒸汽重整的优点及其缺点，因此，大多数燃料电池加热装置的开发人员依靠蒸汽重整或部分氧化来获得各自的全部好处也就不足为奇了。

一氧化碳是 PEM 燃料电池加热装置的电催化器中催化剂的毒素。此外，一氧化碳含有一定量的能量，该能量应该可以用于燃料电池。水煤气置换反应是：

$$CO + H_2O \leftrightarrow CO_2 + H_2$$

由水煤气置换反应形成的氢现在可以在阳极中被电化学氧化。与 PEM 燃料电池相比，在氧化陶瓷燃料电池中，产物水以更有利的方式出现在阳极侧，因此该置换反应不需要其他反应器来进行这个反应。这就是为什么人们常说一氧化碳不是 SOFC 类型燃料电池的催化剂的毒素，而是燃料。准确地说，应该意味着 SOFC 对一氧化碳进行内部转化，由于工作温度水平高，这是可能的，而在 PEM 燃料电池中，在动力学上有利于电催化器上的一氧化碳吸附，而"毒害"了它。因此，在 PEM 系统中，必须在燃料电池的上游安装转换器，并且还必须为转换提供水蒸气。与 SOFC 相比，这是一个技术系统缺点。

在 HT - PEM 燃料电池中，转化足以将一氧化碳含量降低到这样的程度，即在燃料电池中的电催化器上自身没有破坏性的、竞争性的吸附反应。这不适用于 NT - PEM 燃料电池，因为其转化后剩余的一氧化碳含量仍然很高，需要进行精细的气体纯化。

为了将转化后的燃气中的一氧化碳含量进一步降低到 NT - PEM 燃料电池可以容忍的水平，已经提出了各种方法，压力交变吸附和膜分离级已作为物理纯化的可能性被提出。这两种方法都需要非常高的设备支出，以至于迄今为止还不能在燃料电池加热装置中经济地应用。

化学去除一氧化碳是燃料电池加热装置中常见的方法。为此目的，研究和开发了两种方法。一种方法是一氧化碳在大多数含贵金属的催化器上的选择性氧化：

$$CO + 1/2O_2 \leftrightarrow CO_2$$

这种方法的缺点是氢也会在不需要的副反应中一起被氧化。

另一种方法是甲烷化（萨巴蒂尔反应）：

$$CO + 3H_2 \leftrightarrow CH_4 + H_2O$$
$$CO_2 + 4H_2 \leftrightarrow CH_4 + 2H_2O$$

该反应也导致氢的消耗并降低了 NT – PEM 燃料电池加热装置的效率。在很多地方都讨论萨巴蒂尔（Sabatier）反应作为一种存储可再生能源的可能性。在燃料电池加热装置的开发中，该反应作为化学的精细的气体纯化方法，目前并没有意义。

向燃料电池提供过量的氢和氧，因此在运行期间化学势不会消失，并且端电压不会崩溃，但这也意味着，离开阳极的气体仍然含有可燃成分。这些可燃成分通常在燃料电池加热装置中与阴极废气或额外供给的燃料空气进行后燃烧，产生的热量用于覆盖燃料电池过程中的内部散热器或作为加热提供给客户。

6.4　住宅内燃料电池加热装置的集成

对于一个 4 口之家，可以假设每年的电力需求为 5000kW·h；这对应于 570W 电能的平均功耗。燃料电池加热装置的尺寸面向供应对象的基本负载和平均负载，在这方面，大多数用于单户住宅的燃料电池加热装置的电气连接负载在 1kW 的范围内。假设每年完全使用 5000h，燃料电池加热装置将能够满足一个单户住宅的需求。但是，必须考虑到住宅的电力需求与燃料电池加热装置产生的电力并不总是相匹配的。在电力需求高的时候，燃料电池加热装置不能或仅部分覆盖电力需求。因此，与几乎所有 μ – KWK 装置一样，燃料电池加热装置是并网系统。这意味着自发电无法满足增加的电力需求时，需要从电网中获取。当自发电超过住宅自身的电力需求时，就会将其馈入电网。

为了解耦热量的产生和消耗，燃料电池加热装置连接到储热设施。热量输入通常在较长时间内以低功率进行，而热量在短时间内以高功率再次给出。如果储热设施的这种缓冲功能不足以确保住宅内的热舒适性，则燃料电池加热装置由峰值负载加热装置提供热支持，这种峰值负载加热装置可以集成到燃料电池加热装置中或从外部连接到加热装置中。

图 6.6 显示了威能（Vaillant）开发的第五代燃料电池加热装置在住宅能量系统中的集成。覆盖热峰值的峰值负载装置位于最左侧，燃料电池加热装置安装在右侧，峰值负载装置在这里设计为传统的冷凝锅炉。在中间，可以看到系统调节器和排热模块，它将燃料电池加热装置与建筑物的液压系统连接起来。最右边是热水缓冲设施，带有饮用水站，用于提供热水和加热。

该系统是 ene. field 示范项目的一部分，在单户住宅中运行。

图6.6　作为ene.field示范项目的一部分，在德国的单户住宅中安装威能（Vaillant）
燃料电池加热装置（来源：威能）

大尺寸的缓冲存储设施通过更好地平衡热峰值来改善燃料电池加热装置的运行时间。然而，由于安装室的可用空间受到限制，缓冲存储设施的大小是有限的，因此，有必要调节燃料电池加热装置的功率。当住宅的热量需求减少时，相应地减小功率。如果根本不需要热量，燃料电池加热装置也可以完全关闭。这里的系统调节器的任务是根据住宅内的要求优化调节燃料电池加热装置和峰值负载加热装置的功率供给。为此，可以对系统调节器采用不同的优化方式。

给予系统调节器哪种优化方式，在很大程度上取决于燃料电池加热装置的运营者想要实现的目标，这里考虑了几个不同的运营商模型作为示例。

房主使用燃料电池加热装置的动机是，除了可以使用节能的、低排放的和低噪声的天然气技术外，还要降低能量成本。通过自己发电，房主减少了电力的购买，而作为回报，增加了天然气的购买。由于电力成本明显高于天然气成本，因此房主可以通过购买更合适的天然气与避免购买更昂贵的电网供电之间的差异来降低其能量成本。通过可再生能源的扩张和核电的淘汰，预计未来德国房主的电价将继续上涨。通过新的和非传统的天然气储层的开发（例如在北美），天然气价格在未来可能不会上涨到与电价上涨相同比例的程度。此外，根据"热电联产维护、现代化和扩建法"（KWK法），房主在运行微型热电联产装置（其中还包括燃料电池加热装置）时可获得以下收益：

- 对馈入一般供应电网的KWK电力附加费，目前为8欧分/kW·h；

● 对未馈入一般供应电网的 KWK 电力附加费，目前为 4 欧分/kW·h。

这些附加费的持续时间仅限于 60000h 的完全使用时间。除了这些好处外，房主还可以获得馈入到电网的 KWK 电力的免除的电网费用，以及从莱比锡的 EEX 电力交易所获得的上一季度基本负荷电力的平均价格。

根据能源税法，高效的微型热电联产装置有权获得能源税退税，例如用于运营该装置的天然气。如果装置产生的电力用于自用，则根据电力税法也无需缴纳电力税。

在这些条件下，自用热电联产电力对房主来说比将其馈入到电网更有利可图，因为收益通常低于从电网购买电力的成本。简单地说，其商业模式包括避免购买电力以节省成本。

此外，作为联邦政府能源效率激励计划的一部分，德国复兴信贷银行的投资补助金可用于安装燃料电池加热装置，该补助金目前包括 5700 欧元的固定金额以及与功率相关的额外金额（每启动 100W 电功率为 450 欧元）。KWK 法规定之外的公共补贴，例如免除电力税，目前不能与激励计划相结合。

与电网中风电和其他可再生能源的出现相比，KWK 电力是可规划的和可控制的，这种特性使电网运营商对 μ-KWK 装置很感兴趣。许多 μ-KWK 装置在电网中的工作方式与发电站相同，唯一的区别是 μ-KWK 装置可以非常快速地、没有任何问题地关闭，并且原则上也可以快速重新启动。如果电网运营商在他们的控制下拥有大量的 μ-KWK 装置，当大量来自可再生能源的电力被馈入电网时，他们可以在必要时将它们从电网中分离出来。其商业模式是通过虚拟发电厂提供三级调节能量。在这个方案中，电网运营商有两种选择来控制燃料电池加热装置。在第一个方案中，房主允许电网运营商部分或完全控制他的燃料电池加热装置并为此获得经济补偿。在第二种方案中，燃料电池加热装置属于电网运营商，房主仅提供安装空间并与电网运营商签订电力和热力供应合同（承包模式）。在此模式中，电网运营商可以完全控制 μ-KWK 装置。此外，这种承包模式使电网运营商能够长期留住客户。威能（Vailland）和项目合作伙伴在 2002—2005 年期间在现场测试中成功地示范了一个带有燃料电池加热装置的虚拟发电厂的运行。

另一方面，设备制造商的经营理念相对简单，他们关心的是通过开发可以支持各种运营商模式的系统来生产和销售尽可能多的 μ-KWK 装置。除了此处概述的 μ-KWK 装置的两种运营商模式外，还有许多其他可能的观点和模式。

6.5　使用可再生能源的燃料电池加热装置

原则上，燃料电池加热装置可以使用所有燃料运行，只需要相应地更改制氢系统。问题和答案正是在这里：为什么几乎所有燃料电池加热装置的开发商目前都专注于将天然气作为燃料？这是因为将生物质燃料转化为富氢气体比使用天然气困难得多。此外，如单户和多户住宅中的燃料电池加热装置所需要的那样，对于更小的功率单元，生物质燃料制氢目前是不经济的。

在此背景下，讨论、开发和测试了其他方案，以使可再生能源可用于燃料电池加热装置。一种可能性是将所谓的生物质甲烷送入天然气管网，它被调整到达到天然气的质量要求，然后送入管网。随后可以从天然气管网中提取这种生物质甲烷，并在一个燃料电池加热装置中分布式地转化为电能和热能。燃料电池加热装置不需要进行技术更改，因为从技术角度来看它也是天然气，只是对生物质甲烷（"生物质天然气"）的电力转换的监管处理不同，必须根据可再生能源法（EEG），而不是根据 KWK 法推广所产生的电力，这可以对燃料电池加热装置的经济运行产生积极的影响作用。第一个采用生物质甲烷的此类装置已经投入运行，并且正在开发和实施相应的商业模式。

另一个想法是通过电解将水分解为氢和氧，电解的电来自风力发电，然后在适用规则的框架内将氢送入天然气管网。根据现行适用的法律，可以按 5%（体积分数）进入德国天然气管网。随着即将修订的燃气管网准入条例，该值将在短期内提高到 10%（体积分数）。燃料电池加热装置可以将这种由可再生能源生产的氢与天然气一起重新分布式地转化为电力和热量。这个方案的监管问题仍有待讨论，因为由化石天然气产生的 KWK 电力将根据 KWK 法合理收费，而添加氢的 KWK 电力则要根据可再生能源法进行处理。从热力学和技术上来看，将由可再生能源生产的氢添加到天然气管网中，并在燃料电池加热装置中一起发电不会成为问题，而在组织和监管政策方面，首先必须为此创建相应的框架。

在"从电力到燃气"或"从风到气"的关键词下，除了将由可再生能源生产的氢添加到天然气管网中之外，萨巴蒂尔反应也被讨论作为将大量可再生能源电力转化为甲烷并将其送入天然气管网的一种可能性。

萨巴蒂尔反应如下：

$$CO + 3H_2 \leftrightarrow CH_4 + H_2O$$
$$CO_2 + 4H_2 \leftrightarrow CH_4 + 2H_2O$$

从燃料电池加热装置的角度来看，与生物质甲烷一样，也没有任何变化。这种由可再生能源生产的甲烷可以很容易地通过燃料电池加热装置以分布式的方式转化为电能和热能，并且要根据 EEG 法规进行处理，尽管这里仍然需要法律上的和政策上的澄清。除了氢，萨巴蒂尔反应或甲烷化还需要二氧化碳或一氧化碳，这种"从电力到燃气"或"从电力到甲烷"概念的碳从何处长期获取的问题尚未阐明。

在以天然气为基础的燃料电池加热装置中，当使用生物质甲烷、在天然气管网中添加氢和甲烷化时，按照萨巴蒂尔反应，在系统技术方面是不需要改变的。

然而，如果氢要在燃料电池加热装置中分布式地转化为电能和热能时，则需要改变系统结构。作为 BMBF 项目的一部分，研究了一种在家庭中提供可再生能源生产氢的可能性。在为期三年的研究项目中，开发了一条可以输送液态氢的管路。对于这个项目，威能（Vaillant）当时估计，如果将氢而不是天然气输送到消费点，燃料电池加热装置中大约 40% 的系统技术可以省略。例如，在燃料电池加热装置中采用由天然气生产的富氢气体所需要的重整技术和脱硫工序，在这种情况下就可以省去。由于目前还没有相应的氢基础设施，用于住宅能量供应的氢驱动的燃料电池加热装置还没有具体的发展。

6.6　燃料电池加热装置的现状和展望

预计未来几年德国将进一步扩展分布式和可再生式发电装置。这种波动很大的发电量，例如通过光伏或风力发电装置，必须与非波动性发电装置相结合，以保持电网的稳定性。例如，燃料电池因具有高的电效率、可调节性以及使用甲烷或氢的可能性而符合发电领域的这些前瞻性发展。

燃料电池加热装置在住宅能量供应框架内还可以为改善能源效率做出贡献。此外，它还具有其他优势，例如零污染的能量转换或低噪声运行。通过加热装置制造商的多样化开发活动，市场上正在推出相应的燃料电池加热装置。可以在 IBZ 燃料电池计划（www.ibz–info.de）的网页上找到来自不同制造商的设备的最新概览。

燃料电池加热装置的总体市场成熟度和可靠性已经在诸如 Callux 和 ene.field 等示范项目中得到验证。现在，成功开发市场的主要挑战在于实现进一步的成本降低以及继续开发活动以开拓更多的技术潜力，例如进一步提高电效率及延长核心部件的使用寿命。降低成本的一个核心手段是增加产量，以进一步开发有效的工业生产过程。德国的燃料电池加热装置能效激励计划和诸如欧洲 PACE 项目等其他示范项目也旨在开拓除德国以外的其他欧洲市场，并在这方面提供了重要支持。除了产生规模效应外，这些机制也有助于相应的零部件供应商产业的进一步发展，从而也有助于燃料电池加热装置技术的进一步发展。

2010 年，约有 100 套燃料电池加热装置在德国进行了现场测试；2012 年，已有 500 多套投入使用。此外，PACE 项目的目标是到 2018 年安装超过 2500 台设备。通过这种发展，现在的问题已经不是燃料电池加热装置能否征服欧洲市场，而是何时会征服欧洲市场。

参 考 文 献

1. Arbeitsgemeinschaft Energiebilanzen e. V.: Auswertungstabellen zur Energiebilanz Deutschland 1999 bis 2015, Stand Juli (2016)
2. Bestand zentraler Wärmeerzeuger für Heizungen in Deutschland nach Kategorie im Jahr 2015. Statista GmbH, Hamburg. https://www.destatis.de. Zugegriffen: 7. Nov. 2016
3. Roland-Berger-Studie.: „Advancing Europe's energy systems: Stationary fuel cells in distributed generation". Publications Office of the European Union, Luxemburg (2015)
4. BDEW Bundesverband der Energie- und Wasserwirtschaft e. V.: Mitteilung zu „Fakten zur Nettostromerzeugung für das Jahr 2014", Berlin (2016)

第7章 备用电源

7.1 意义和应用领域

我们社会的所有领域或多或少都依赖于可靠的电力供应。一些设施非常重要或其功能至关重要，以至于电源故障可能导致对人的生命和肢体的伤害或给经济造成重大损失，此类设施通常被称为关键基础设施。

关键基础设施的示例包括交通引导系统和监控系统、紧急呼叫系统、政府电台、隧道和采矿监控设备以及数据中心、数据服务器和工业过程监测和控制系统。在某些情况下，甚至有必要在断电的情况下继续某些生产过程步骤，以避免关键的中间状态或昂贵的生产批次的全部损失。

由于即使是最好的电网自身也无法提供足够的供电安全性，因此此类关键设施通常配备有所谓的备用电源，一旦主电源出现故障，该备用电源会暂时接管并持续供电。主电源和备用电源之间的切换通过自动或手动进行。

备用电源可分为不间断电源（USV）和应急电源系统（NEA）。

USV 可确保在主电源发生故障时所连接负载的不间断运行。它们用于保护高度敏感的技术系统，即使是短暂的电压骤降和频率变化（所谓的"电网雨刷"）也可能导致严重的功能故障。

NEA 用于临时替换从单个电网区域到整个物业的供应。由于应急电源系统需要一定的启动时间（几秒到几分钟），所以常被用作 USV 的补充，以应对更长时间的故障。

7.2 技术状态

出于承担较低风险的主观意愿，备用电源的构建主要采用常规的技术：不间断供电的铅酸蓄电池或长时间运行的柴油发电机。

人们普遍认为这两种技术的广泛使用常常在不知不觉中等同于高度的适用性，

其客观上存在的缺点大多被忽视或至少被低估了。对于备用电源系统的使用来说，这存在可用性不足或待机成本高的风险。

而创新的技术方法中，飞轮、稳态转换器（例如从铁路架空接触线中生成替代电网）或燃料电池技术目前仍然处于领先地位。

7.2.1 USV 系统

USV 系统通常从可充电电池中获取能量，并且通常仅针对短的桥接时间设计尺寸大小，在这段时间内，需要供电的设备进入安全运行状态，或者可以启动应急电源以进一步供电。

由于可充电电池始终提供直流电压，因此有两种类型的 USV：

1）DC - USV：消耗设备以直流电压工作，可直接耦合到可充电电池。

2）AC - USV：消耗设备使用交流电压工作，因此必须通过逆变器与可充电电池耦合。

通常可以在诸如电信、化工和变电站中找到 DC - USV。直流电的电压电平通常在 24V 到几百伏之间，通过串联连接可充电电池单元来实现。例如，一个 DC 48V 的 USV，使用了 24 个铅酸蓄电池单元，每个单元的电压是 DC 2V。所使用的整流器必须超大，因为它不仅要可靠地提供消耗设备的连接功率，而且还必须尽可能为可充电电池提供最大充电功率，以便在断电后再对其进行充电（图 7.1）。

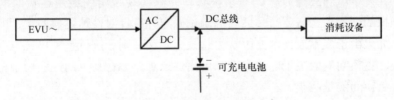

图 7.1 DC - USV 功能图

DC - USV 的优点是结构简单，只发生一次转换损耗。但是，消耗设备必须容忍更大的工作电压范围，因为在充电期间标称电压最多会增加 20%，在长时间放电期间最多会降低 15%（铅酸蓄电池的值）。

在所谓的中间电路中带有备用可充电电池的 AC - USV 称之为在线 USV。它同样可以不间断地工作，因此能提供与上述的 DC - USV 相同的应对较差的电网质量的保护。其缺点是：电网电压不断地转换为中间电路电压，并重新转换为消耗设备所需的交流电压，这会出现两次转换损耗，并且两个变换器始终处于负载状态（图 7.2）。

在对高可用性很看重的数据中心，AC - USV 是首选版本。在 IT 技术中，虽然普遍考虑为了长期地提高效率而切换到直流电压，但绝大多数消耗设备都有内置电源单元，并以"插座供电"为标准。

为了减少转换损耗，AC – USV 也可以设计为离线版本。在电网运行中，消耗设备直接通过旁路供电，只有在超过或低于确定的限值时才切换到可充电电池供电。这意味着逆变器仅在需要时运行，整流器只需在电网运行中为可充电电池提供维护性充电，对此，也不再需要将消耗设备与电网质量解耦。切换时需要一定的时间，因此严格来说会发生中断。然而，通过使用特殊电路，中断的持续时间可以减少到小于 20ms，这相当于小于 50Hz 频率的半波，因此实际上可以作为不间断来看待。

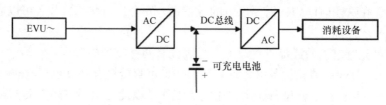

图 7.2　AC – USV 功能图

AC – USV 的特点是：可充电电池的电压电平可以或多或少地偏离消耗设备的电压电平，并且充电和放电引起的电压摆幅对输出电压影响很小或没有影响。强制性逆变器的巧妙设计能够使在经济上有利的电池电压和与消耗设备匹配的最佳输出电压之间实现平衡。

由于在发生电网故障时，USV 系统必须能够实现规定的最短运行时间，因此在定期维护的框架内，需要通过适当的测试确定并有针对性地更换弱化了的电池或电池组。如果由于成本或技术原因认为这没有意义，则会进行整个可充电电池的预防性更换，更换间隔取决于电池类型和可用性要求，如在高可用性应用中铅酸蓄电池的常见更换间隔是两年。

USV 系统最好设计成用于几分钟范围内的短时间运行，低功率时甚至可以长达几个小时。其内置可充电电池会永久老化并随着时间的推移而失去容量。

7.2.2　应急电源系统（NEA）

当桥接时的能量需求过高以至于通过蓄电池系统无法再经济地支持它运转时，就会使用 NEA，桥接时间很长和/或功率很高时就是这种情况。内燃机驱动的发电机满足这两个要求，其中柴油发电机在 NEA 中占有最重要的地位。其能够独立设计功率和能量的优势意味着只需简单地安装更大的或额外的燃料箱，或者在运行期间加注即可延长运行时间。

由于内燃机必须首先启动并且需要一定的预热时间才能接管全负荷，因此不能不间断地提供备用电源，这就是为什么经常将 USV 和 NEA 结合使用，以便既不间断又能够跨越几天。为此，通常在对要保护的消耗设备进行子分配之前通过源切换（ATS）链接 NEA（图 7.3）。

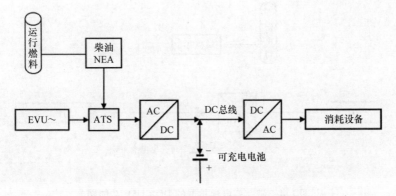

图 7.3 由柴油 NEA 扩展的 AC – USV 功能图

柴油发电机组的单位购置成本（€/kW）相对较低，尤其是在更高的功率输出时，然而，待机所需的支持工作通常被低估。由于冷启动问题、燃料和发动机润滑油的劣化以及冷却液回路的腐蚀导致设备在待机状态下老化，从而对启动可用性产生巨大影响。因此，必须进行定期带负载测试（每月或每季度）。滤清器和润滑油必须定期更换，即使在发动机不运转时也是如此。如果柴油放置时间过长，它会吸水，这会大大降低启动性能。越来越多的案例发现，在柴油上形成了真菌，会堵塞滤清器，从而阻止发动机启动，特别是由于生物柴油比例的增加，这种风险已经增加。如果想实现非常高的启动可用性，所有这些影响最终都会导致无法接受的运营成本。

7.3 采用燃料电池的备用电源

具备合适的特性以及商业上的可用性，使燃料电池技术在备用电源中的使用越来越有吸引力。

燃料电池通过一种燃料（主要是氢，但也有甲醇、丙烷、天然气）与环境空气中的氧发生电化学反应产生电能。如果使用氢，它通常由加压气瓶提供，通常形成所谓的气瓶束。

图 7.4、图 7.5 和图 7.6 显示了如何通过燃料电池系统补充前文所介绍的 USV 和 NEA 设计方案。

这些线路图显示，现有系统也可以改装为燃料电池系统，例如，如果可充电电池容量下降需要更换时，或者如果要求朝着更长的桥接时间方向发展时。对此，可能需要通过 DC/DC 变换器集成燃料电池，以使其与现有的 DC 中间回路电压相匹配。

燃料电池也可以集成在现有 AC – USV 的前面，如图 7.6 所示。在关键基础设施方面，无论如何通常会在此时提供移动式 NEA 的馈送点。从能量的角度来看，

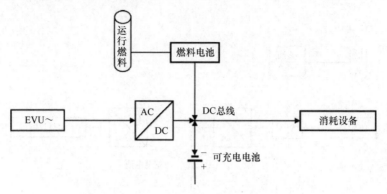

图 7.4　带燃料电池扩展的 DC – USV 功能图

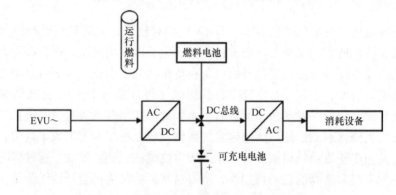

图 7.5　带燃料电池扩展的 AC – USV 功能图

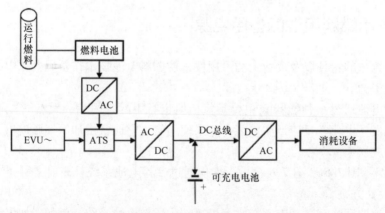

图 7.6　AC – USV 的功能图，由带有 ATS 的 BZ – NEA 扩展

这种类型的集成并不完全有意义，因为需要另一个逆变器。然而，就投资成本而言，这在经济上可能是有利的，因为现有的系统部件，例如用于受保护的消耗设备的配电装置和用于可充电电池的充电整流器，大多可以保持不变。

在重新设计基于燃料电池的备用电源时，可以从一开始就在电压层面更好地相互协调，因此，在理想情况下，燃料电池可以在中间回路上没有电压变换器的情况下工作。此外，因为由燃料电池提供大部分自主时间更经济，可充电电池容量可以显著地减小，而可充电电池则倾向于确保无中断和平滑负载曲线。因此，这两种技术可以实现最佳的相互补充，形成了一个经济的整体解决方案。

7.3.1 重要要求和合适的燃料电池类型

并非所有类型的燃料电池都可以很好地适用于备用电源。本节将说明什么要求是特别重要的，以及哪种燃料电池类型最符合相应的标准。

电网故障时快速启动

低温类型的 PEMFC 和 DMFC 最适合这种情况。它们通常在 0.5~3min 内达到额定功率，因为它们的最佳工作温度为 60~80℃，仅略高于通常的环境温度。如此短的启动过程的优势在于：超级电容也可用于在小功率下进行桥接，这意味着可以完全省去蓄电池。虽然超级电容的购买成本仍然要高得多，但它们是免维护的，并且非常耐循环。

如果电网电源非常不稳定，并且频繁和短时间间隔需要备用电源，则工作温度更高的燃料电池类型（HT-PEMFC、SOFC）是有优势的。为了能够快速发电，可能需要对电池堆和重整器单元进行一定程度的持续加热。同时，这也将防止由于持续的温度变化导致的部件疲劳。因为这些燃料电池类型也由于反应温度较高，能很好地处理重整气，故可以使用丙烷、甲醇或天然气等燃料。与氢相比，这些燃料更易于处理并且可以紧凑地存储。此外，还应检查在这样一种情况下是否也不能使用热量。然而，"住宅能量供应"应用领域的界限就无法再清晰地划定。

少维护工作量和待机时低老化趋势

与蓄电池不同，燃料电池在不使用时不会出现电化学损耗。在系统层面，使用加压氢和空气冷却的燃料电池类型最能满足要求，这对于 NT-PEMFC 和 HTf-PEMFC 来说是完全可能的，对于 SOFC 来说也是如此。

加压氢的优点是不会发生化学老化，并且燃料输送不需要诸如泵等活动部件，这些元件在长时间放置后可能会磨损。

空气冷却的优点是系统中没有液态冷却介质，因为液体冷却需要泵进行循环，并且必须定期更换。

功率可以在很宽的范围内调制

电源故障总是会意外发生。在这个时间点存在的负载是不能确切获知的，并且也经常波动。

原则上，所有燃料电池类型的功率都可以轻松调节，通常在大约 20%~100% 的范围内，甚至在短时间内超出此范围。

EFOY 品牌的直接甲醇燃料电池（DMFC）已经大量生产，提供小的持续功率（<200W）。其优点是所需的燃料是液态甲醇，可在方便使用的燃料罐中获得。

高的效率

为了在有限的燃料供应下实现尽可能长的运行时间，高效率非常重要。

与内燃机相比，燃料电池的效率要高得多，根据类型的不同，效率在 30% ~ 60% 之间，甚至在部分负载范围内达到最大值（ >60% ）。缓冲蓄电池可以最经济地吸收更高的峰值负载。

7.3.2 合适的燃料电池系统的设计特征

为了用于备用电源系统，燃料电池堆必须集成到适合应用的整个系统中。燃料供应、冷却、外壳、控制和监测等所需的组件不仅必须满足燃料电池典型的特定要求，而且还必须满足特定应用的要求，例如安全性、可用性和易于维护。

特别是通过关键功能组件的冗余设计，可以满足高可用性的要求。当然，原则上也可以通过设置两个相同的系统来实现冗余，但就燃料电池技术而言，目前在商业上是不可行的。一种经济的解决方案是模块化的系统设计，其中功率可以分级扩展，这样可以以简单的方式实现 $N+1$ 冗余，比如燃料电池模块和逆变器模块。图 7.7 显示了 Heliocentris 公司的这种系统，它由 9 个 2.5kW 的燃料电池模块所组成。

此外，系统应该能够独立运行自动测试程序，并且，如果检测到错误，可以主动将其报告给控制中心。即使未正确遵守规定的测试和维护间隔，也要确保高可用性所需的定期检查。众所周知，为了降低成本而延长了与人员部署相关的维护间隔，那么受影响的应急电源系统在下一次电源故障的情况下无法可靠地接管负载。

图 7.7 来自制造商 Heliocentris 的模块化燃料电池 NEA，额定功率为 20kW

7.4 技术比较

表 7.1 比较了此处涉及的三种技术在备用电源中使用的优缺点。

理想情况下，不间断供电的消耗设备在供电的同时需要较长的桥接时间时，需要使用混合式备用电源。就不间断性和动态性能而言，铅酸蓄电池不仅对柴油发电机，而且对燃料电池而言都是理想的补充。在这种组合中，可充电电池不再需要针对所需的桥接时间进行设计，而这就是储罐尺寸的问题。

综上所述，可以确定，燃料电池技术在有高的可用性和环保要求的情况下才能展现出其技术优势。

对于功率要求相对较低（<20kW）的备用电源，燃料电池系统也可以作为柴油发电机的经济上有吸引力的替代品。图7.8所示的例子中，燃料电池系统较低的年度维护成本意味着尽管与柴油发电机相比，采购成本增加了35%，但在大约5年后，成本优势会随着时间的增加变得越来越大。

这种情况在图7.9中以概括的方式显示。当只需要少量桥接能量时，铅酸蓄电池是最经济的替代方案，即所需的桥接时间可以很短和/或平均功率输出相应地受到限制。如果需要长的桥接时间和高的功率，柴油发电机是最经济的技术。

燃料电池技术介于两者之间。由于其相对较高的单位功率价格和昂贵的燃料供应（尤其是在使用氢的情况下），目前只能在有限的功率和使用寿命范围内与柴油发电机竞争。然而，随着商业化的推进，燃料电池技术将继续碾压柴油发电机。

然而，尤其是 PEM 燃料电池，更高的启动可用性和更快的满载能力，提供了使相关 USV 系统比与柴油发电机组合所需尺寸更小的可能性。这在图7.9中通过将橙色区域叠加到蓝色区域来说明。

表 7.1 铅酸蓄电池、柴油发电机和燃料电池在备用电源应用中的比较

	优点	缺点
铅酸蓄电池	• 不间断的负载接管 • 良好的动态性能 • 成熟的、已知的技术 • 用于低桥接能量的简单且经济的系统	• 待机时老化 • 容量有限 • 能量密度低 • 结构体积和重量与桥接时间成比例增加
柴油发电机	• 成熟的、已知的技术 • 低的单位功率价格，因此可以非常便宜地表现出高性能 • 通过在运行期间加注可延长桥接时间 • 由于其高的能量密度，柴油燃料可以用节省空间的方式存储	• 柴油和发动机处于待机状态时老化 • 高启动可用性只能通过高水平的待机支持来实现 • 噪声和振动 • 启动时间相对较长 • CO_2 排放
氢燃料电池	• 燃料电池和氢气在待机状态下几乎没有老化 • 非常高的启动可用性 • 通过在运行期间加注可延长桥接时间 • 非常低的维护成本，尤其是风冷系统 • 无 CO_2 排放 • 几乎无噪声运行 • 对于高达约 20kW 的系统，可以证明整个生命周期成本的经济性	• 技术上还有很多未知性 • 相对较高的单位功率价格，因此目前功率 >20kW 在经济上几乎不可行 • 由于能量密度低，氢在运输和存储方面需要相对较大的花费

生命周期成本比较

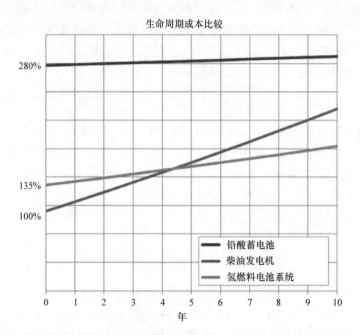

图 7.8　在高可用性应用中确保 4kW 连续功率超过 72h 的各种
备用电源技术的生命周期成本（TCO）

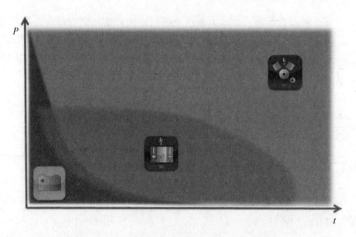

图 7.9　各种备用电源技术经济的应用范围

第8章 与安全相关的应用

燃料电池是能量转换器，其特点是将化学能转化为电能时的效率很高。

除了能量转换外，燃料电池还可用于安全技术。

这里使用来自燃料电池阴极的排气，它相对于阴极供给的空气具有更低的氧浓度，并且必须与阳极气体和阳极废气分离。阴极的反应产物是水，此外，还能获得缺氧的，即富氮的空气。图 8.1 显示了燃料电池原理，重点是阴极侧。

向阴极供给常规的环境空气，可在阴极出口处获得含氧量降低的湿空气。

下面描述通过使用清洁的、缺氧的阴极空气，可以使燃料电池在工业领域和应用中产生附加值。

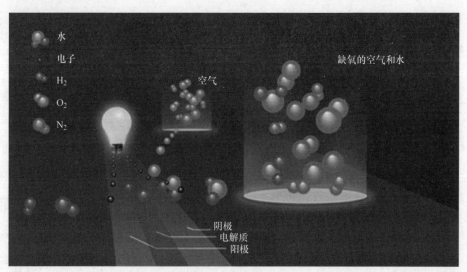

图 8.1　燃料电池原理

8.1　燃料电池和防火

燃料电池阴极排出的缺氧的空气可用于降低密闭空间中的氧含量，这在防火方面尤为重要。其目的是将这些空间中的氧含量持续地保持在更低的水平。为稳态运行而设计的燃料电池系统特别适用于此目的，因为阴极排气是连续产生的。

与传统的灭火相比，减氧是一种预防性的防火概念，这样着火的可能性可以大大降低，甚至排除。因为火灾的发生总是需要三样东西：材料、能量和氧。

减氧防火原理又称为惰化原理（图 8.2）。

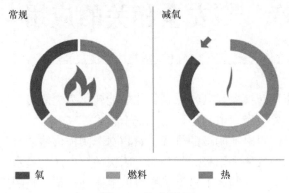

常规　　　　　　　　减氧

■ 氧　　　　　■ 燃料　　　　　■ 热

图 8.2　惰化原理

8.2　减氧概述

用于防火的减氧并不新鲜，多年来，它一直是一个通用原理，并在工业中广泛使用。与传统的在火灾发生之前必须被检测到的灭火相比，减氧是一种主动防火系统。

在许多情况下，尽管没有直接的火灾损失，但其造成的损失比实际火灾更大。

用于防火的减氧系统由以下组件所组成：

- 用于生产缺氧、富氮空气的单元
- 用于监测避难所内氧浓度的控制单元

一种常见的生产单元由一个压缩机和一个空气分离膜所组成。由压缩机产生的压缩空气（这里通常使用外部空气）通过空气分离膜将空气流分成富氧和富氮部分。

通过向避难所供应富氮空气，氧浓度将被永久保持在低水平，氧传感器监测浓度并将信号发送到控制单元。由于避难所通常不密闭，外部空气也会通过非法流入而进入房间，因此氧浓度总是会增加。而氧浓度会通过受控供给再次降低，即通过打开生产单元并产生缺氧空气。图 8.3 说明了具有最小（蓝色）和最大（绿色）目标氧值的滞后性功能原理。

传统的生产单元需要电能来运行压缩机以产生压缩空气，压缩机尺寸和能源需求根据避难所的大小和密闭性以及目标氧浓度来确定，对此，如果系统的运营不能通过购买由可再生能源产生的电力而得到补偿，就会给系统运营商带来额外能源成本，并因此导致相关的额外 CO_2 排放量。此外，压缩机的运行通常伴随着相当大的噪声。压缩的空气也必须要经过良好的过滤，因为空气中可能含有残油、水分或其他物质，所有这些杂质对空气分离膜都是有害的。

常规的生产单元的特点：

- 高的能量需求
- CO_2 排放（可能的话）
- 高的噪声污染
- 约为 5%（体积分数）的低残留氧含量

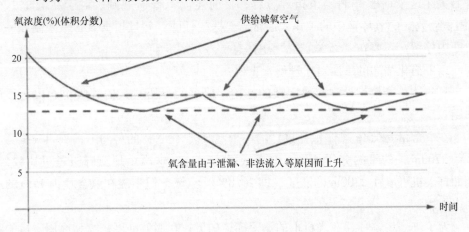

图 8.3　惰化曲线

8.2.1　材料的保护

通过缺氧空气的受控供应，使封闭房间内的氧含量始终保持在低水平，从而降低甚至消除着火的可能性。

为了防火，氧含量必须降低到什么程度取决于储存在要保护的房间中堆积的材料。每种物质都有自己的着火极限，通常也称为氧极限浓度（SGK）。表 8.1 列出了各种所选材料的着火极限。

表 8.1　所选材料的着火极限

材料	着火极限 O_2（%）
乙醇	12.8
亚克力（PMMA）	15.9
聚氯乙烯（PVC）电缆	16.9
云杉木（托盘木，未经处理）	17.0
瓦楞纸板（包装材料，棕色，未处理，未印刷）	15.0
纸（书写纸，$80g/m^2$，白色，未经处理）	14.1

正常环境空气的氧浓度为 20.8%（体积分数）。如表格中所列，仅减少几个百分点就可以有效降低常见材料的火灾风险。

作为一个典型的应用领域，这里应该提到数据中心。许多服务器机房都使用 15.0%（体积分数）的氧进行保护，因而常用的固体不会着火。

8.2.2　人员的逗留

人们在缺氧室内的逗留是一个经常引起争议的话题。许多职业保险联合会已经开始关注这个话题并制定了指导方针，目前还没有普遍规则。对于在低于 17%（体积分数）的氧环境中的工作，通常需要医生证明，并且根据氧含量限制在一定时间内停留，还要在"新鲜空气"中休息。

以下简化描述的事实对于理解很重要：

氧的体积分数对火灾起决定性的作用，但氧的分压对人的呼吸也起决定性的作用。

在氧含量为 15%（体积分数）的位于零海拔（NN）的房间中，氧的分压与海拔约 2700m 处的氧的分压相同。对于人类来说，在这两个地方呼吸是可比较的。例如打火机可以在 2700m 的高度（即 20.8%）点燃，但不能在氧含量为 15% 的房间内点燃。

为了进一步解释，在飞机上的逗留描述如下：在巡航高度，大型商用飞机的客舱压力为 0.7bar（绝对压力），该值对应于约 2250m 的海拔，而对于人类而言，这相当于在海平面上待在氧含量为 16% 的房间中。然而，值得注意的是，进行时长 8h 的长途飞行并不需要医疗证明。

8.2.3　保护区

减氧的预防性防火措施主要用于建筑物中，以保护高质量的技术设备以及用于存放无法回收的物品和有害物质。传统的气态灭火剂可覆盖较大的容积，例如在高架仓库中，并且由于灭火剂残留和随之而来的火灾损坏的风险而迅速达到其使用极限。同样用于大容积的自动喷水灭火系统通常不适用于技术设备和无法回收的物品。在高架仓库中，每个托盘空间都必须用出口喷嘴单独保护，这增加了安装成本并降低了仓库使用的灵活性。

作为防火措施的减氧技术最适合以下应用领域：

- 数据中心
- 博物馆、图书馆
- 储藏室，尤其是高架仓库和深度冷冻储藏室
- 危险品仓库

8.3　燃料电池的新应用

通过能量生产和防火的结合，为燃料电池技术提供了新的应用并为其商业化带来另外的附加值，尤其是在固定式工业领域。

由于缺氧空气是燃料电池中反应过程的产物，与基于压缩机的系统相比，燃料电池作为生产单元具有以下特征：

- 降低防火的能量成本
- 减少防火的 CO_2 排放
- 减少防火的噪声污染
- 持续生产缺氧的空气

在工业领域，燃料电池主要用作热电联产系统（KWK），有时也用作热电冷联产（KWKK）。还可以扩展到防火领域，产生燃料电池系统应用的新产品。名为 QuattroGeneration 的整个系统已经由 N_2telligence 股份有限公司在市场上销售（图 8.4），QuattroGeneration 这个名称代表四种产品：供电、供暖、制冷、防火。

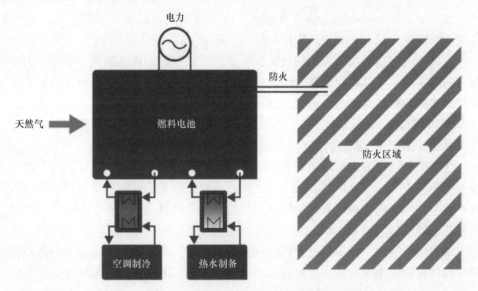

图 8.4　QuattroGeneration：供电、供暖、制冷、防火

根据上述的原理描述，燃料电池系统以天然气为原料运行，将天然气的化学能转化为电能和热能。其包括两种不同类型的热量提取方式，因此可以通过外部吸收器或吸附器将部分热量转化为空调制冷（6~12℃），从而获得完整的 KWKK 系统，在这种情况下扩展到包括防火在内的应用。

表 8.2 列出了市场上可购买的 QuattroGeneration 系统的关键数据。

表 8.2　QuattroGeneration 100 系统的关键数据

电功率	100kW
电压	AC 400V
频率	50Hz
热量提取	约 54kW 到 92℃，或约 40kW 到 6℃，约 54kW 到 62℃
能量效率	约 90%
降低 O_2 的保护区域	1000m^3
能源	天然气、氢、生物质气体
尺寸	2.2m（宽）×6.5m（长）×3.5m（高）
重量	15.5t

　　标准系统提供 100kW 电功率和约 108kW 热功率。电功率和热功率可以连接到几乎所有可以想象的客户基础设施中。对于数据中心和生产工厂，自发电是对公共电网的补充，在发生断电故障时具有冗余性，因为燃料电池系统仍然可用。热功率可用于加热系统、热水制备或其他消耗设备。由于该系统可以在超过 90℃的情况下进行部分热量提取，因此也可以如前文所述那样，通过吸收式制冷机提供空调制冷。这对诸如数据中心等设备很有意义，因为这些设备必须一年 365 天、一天 24 小时不间断地冷却。一些生产工厂和仓库也需要制冷。

　　有关防火应用的房间大小的信息仅适于作为参照点。说到减氧，房间的大小不如房间的密闭性重要，在规划系统时必须将后者作为基准，通过该基准人们确定要保护的房间内新鲜空气的摄入量。通常，它由以下部分组成：

- 非法流入和开门
- 建筑围护结构泄漏

　　建筑围护结构的密封性通常借助于气密性检测来确定，必须估计通过非法流入吸入的新鲜空气。综上所述，如果有必要，会根据一天的时间获得正常空气进入避难所的值，燃料电池系统必须能够通过供应足够的缺氧空气来补偿新鲜空气的总摄入量并保持目标氧值。

　　根据房间的大小、房间的密闭性和目标氧浓度的要求，几个系统也可以相互组合。模块化构建是可行的，由此可以增加电能和热能的供应并产生额外的冗余。

8.4　结论

　　产生能量和防火的结合实现了更高的效率和更好的温室气体减排。燃料电池成为一个防火系统，可以保证最高质量的防火，即预防性保护。此外，可以假设该组合应用中的燃料电池系统有助于降低能量成本，这为整个系统提供了一个投资回报的时间点，这在以前的防火系统中是不可能的。与传统的能量产生和防火系统相比，燃料电池在固定式领域的独特卖点是更为经济。

参 考 文 献

1. http://www.n2telligence.com
2. BFT Cognos: Einführung Feuerlöschtechnik. Jahresfachtagung (2007)
3. Madsen, C.N., Jensen, G., Holmberg, J.: Hypoxic air venting – fire protection for library collections. In: World Library and Information Congress, 71th IFLA General Conference and Council (2005)
4. http://www.minimax.de
5. http://www.wagner.de
6. Bosch, J.: Lagern ohne Risiko. Gas Aktuell **56**
7. Industrie Report International: Erfolg durch Präzision **11** (2004)
8. http://www.tis-gdv.de/tis/tagungen/kunst/kunsttagung2011/06_rexfort/inhalt.htm#5
9. http://www.experton-group.de/research/ict-news-dach/news/article/betrachtung-der-technischen-infrastruktur-in-den-data-centern.html
10. Albers-Dehnicke, K.: Arbeitsplätze in sauerstoffreduzierter Atmosphäre – Befragung von Betrieben, Betriebsärzten und Beschäftigten zu technischen Sicherheitsvorkehrungen, medizinischen Vorsorgeuntersuchungen sowie Erkrankungen und Beschwerden von Exponierten (2011)
11. Küpper, Th., Milledge, J.S., Hillebrandt, D., Kubalova, J., Hefti, U., Basnayt, B., Gieseler, U., Schöffl, V.: Arbeiten in Hypoxie. UIAA (2009)
12. Westenberger, A.: Airbus, Telefonat am 05. Dez 2012
13. Walter, A.: Merkblatt: Luftdichtheitsmessung (BlowerDoor) nach EN 13 829 (2008)

第9章 便携式燃料电池

9.1 引言

便携式燃料电池的概念包含两个不同的技术领域。一方面，传统的小功率燃料电池能够应用在系统中，这样生产的产品从广义上来讲仍然是便携的。然而，技术上更有吸引力的是基于制造工艺新技术的微型燃料电池。虽然在第一个提到的技术领域中，成熟的产品广为人知，但对于第二个技术领域，目前还在进行深入研究。而更大的区别是对于燃料的选择，耗氢燃料电池和直接甲醇燃料电池都是小功率范围的典型代表，选择的燃料电池类型通常是聚合物电解质膜燃料电池（PEFC）。当然，高温下工作的固体氧化物燃料电池（SOFC）也存在小型化的可能。由于一些燃料的重整反应也在400℃以上的高工作温度下进行，因此除了使用甲醇或乙醇外，还可以考虑使用化石能量载体，比如液化石油气。各种系统方案的典型性能和技术状态将在下文中进行阐述。

9.2 技术状态

9.2.1 氢系统

耗氢燃料电池的基础知识和氢的基本存储可能性已经在本书的其他章节进行了叙述。由于便携式储氢设施目前仅在示范计划和研究项目中可供使用，因此终端用户不能使用可填充的储氢设施，只有在非常特殊的市场上才会有便携式耗氢燃料电池。这里提供了各种模式，这些模式说明了可再生能源转换为氢以及氢在小型化的聚合物电解质膜燃料电池中的应用。基于金属氢化物的储氢设施已经开发出来并且原则上可供使用。Horizon 公司和 Myfc 公司的开发者用功率范围不大于 2W 的便携式系统瞄准不依赖于电网的小型电子设备市场，例如智能手机、MP3 播放器、便携式视频游戏和 GPS 设备（图 9.1）。其中，Myfc 公司的充电器的氢供应是通过加水分解 NaSi 来实现的。

在燃料电池技术方面，便携式系统利用了市场上可供的和为其他应用开发的膜电极单元和气体扩散层的组件。由于小型燃料电池的工作温度通常低于 50℃，因此对所用材料稳定性的要求比其他应用要低得多。这涉及密封技术以及电池框架和双极板的材料。例如，众所周知，由市场上可供的不锈钢制成的金属双极板在低温下工作时腐蚀缓慢，因此足以达到便携式应用的工作寿命要求。

a) Horizon公司的Minipak，
2W/14W·h，214cm³，120/210g

b) Myfc公司的Powertrekk，
5W/4W·h，380cm³，244g

图 9.1　燃料电池充电装置

在研究和开发领域，有各种小型化燃料电池的设计方案，并实现了与之相关的示范系统。无人机的驱动装置具有广泛的应用范围，可用于监视任务、货物交付和空中摄影，已成为新的产品理念。为此目的，进一步开发了重量尽可能轻的，并与更安全的、更高能量密度的氢的供应相结合的燃料电池系统。另一个有吸引力的任务是其几何尺寸与各自应用的匹配，特别是，极扁平的设计便于向电子消耗设备提供能量，同时可保持多个电池的串联连接以实现必要的工作电压。通常，小功率燃料电池是被动吸气的，因此，最好配备一个风机来为阴极提供空气。这种方案要求一个开放式的阴极结构设计。据此，可以相对简单地构建一个燃料电池系统，它至少由一个燃料电池堆、一个带有阀门和压力调节的储氢设施所组成。当然，为了具备更好的可操作性，需要一个电子控制单元和调节单元。对于氢化物的分解，控制和释放的氢的量与燃料电池各自需求的匹配是很重要的。能量密度高达 750W·h/kg 的氢化物分解是 HES Energy Systems 开发的用于便携式离网电源和应急电源的燃料电池系统的技术基础，它也适用于军事应用。位于德累斯顿的 Fraunhofer IFAM 作为氢供应商，也致力于研究安全的氢化糊状物。在那里研究的氢化镁（MgH_2）可以通过特殊的添加剂而成为 $NaBH_4$ 的环保替代品。

9.2.2　直接甲醇燃料电池

膜燃料电池也可以使用更易于处理的液态能量载体甲醇取代氢来工作。在具有酸性膜电解质的燃料电池中利用甲醇运行时的电极反应如下：

阳极：$CH_3OH + H_2O \rightarrow CO_2 + 6H^+ + 6e^-$

阴极：$1.5O_2 + 6H^+ + 6e^- \rightarrow 3H_2O$

电池反应：$CH_3OH + 1.5O_2 \rightarrow CO_2 + 2H_2O$

反应的理论电池电压为 1.214V，对应的自由反应熵为 $\Delta_R G^O = -702.5kJ/mol$，然而实际有所不同。由于在阳极的电催化剂上形成了 CO 类物质的中间产物，电流密度明显低于耗氢燃料电池，并且由于不可逆过程，电池电压降低。一个更重要的问题是膜的甲醇渗透性，其在静止状态下会导致在燃料电池的阴极形成混合电位，并且由于特殊催化剂的作用，其能够加速 CO 的氧化，从而可以提高甲醇氧化的电流密度。

电流 – 电压曲线示例（图 9.2）可以很好地比较 DMFC 和耗氢 PEFC 这两种燃料电池类型。另一个重要的区别是燃料电池可以达到的效率。虽然在部分负载运行时使用氢作为能量载体的效率可以达到 60%，但由于与甲醇电极相关的损失导致可达到的效率显著降低，仅为 25% 左右。

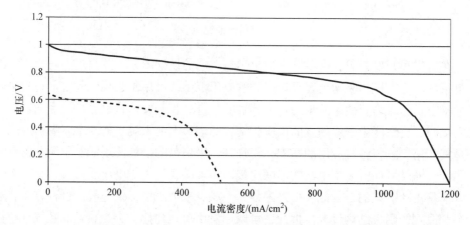

图 9.2　耗氢 PEFC 与 DMFC 的电流 – 电压曲线示例

MTI Mico 燃料电池公司和 Fraunhofer 太阳能系统研究所（ISE）也参与了功率范围从几瓦到 100W 的 DMFC 的开发。其应用于无网的小型电气设备和休闲消费电子产品的驱动，以及其他离网供电任务，由 ISE 开发的系统是一种被动工作的、平面的，用于长时间工作的心电图机的微型直接甲醇燃料电池（图 9.3）。然而，此类系统的市场仅处于构建阶段，因此迄今为止仅制造和销售了几千个燃料电池。以 2009 年底为例，东芝公司在日本市场上销售了 3000 套基于 DMFC 的 "DYNARIO" 系统。经过过去几年的开发努力，其已经形成了第一个商业体系。在 40 ~ 500W 的功率范围内，SFC 公司以燃料电池为基础，提供用于军事应用、交通技术、环境技术以及露营和休闲领域的完整的发电设备。目前，甲醇罐的分销也正在建立。

a) SFC   b) Fraunhofer   c) 东芝

图 9.3 带有 DMFC 的产品

9.2.3 带前置重整器的燃料电池系统

用于生产氢的重整反应是目前最先进的技术。对于便携式燃料电池，反应器的小型化是必不可少的，这可以通过微结构技术来实现。已经制造出具有毫米级及更小的通道结构的反应器，并涂敷合适的重整催化剂，例如贵金属或 Cu/Zn 涂层等。由于的重整温度大约为 300℃，相比于其他化石燃料的重整温度更低，因此在用微型重整器生产富氢重整产物时甲醇成为首选能量载体。重整器包含一个用于甲醇－水混合物的蒸发区和一个重整区。对于这两个过程，试验测试了提供热量的不同方案。启动阶段甲醇的催化燃烧和工作阶段阳极废气的催化燃烧、电加热以及燃料电池废热的转移（如果使用高温膜燃料电池）是三种目前可选择的方案。首批产品也针对重整甲醇燃料电池（RMFC）进行了测试。其主要针对在救援服务和军事等极端市场中的应用。

如果燃料真的需要随处可供，液化气仍然是最好的选择。基于此，重整器系统会与 PEFC 联合开发。然而，液化气的重整温度相对较高，在 650℃ 左右，这就不可避免地需要一个较长的加热阶段，重整产物中的 CO 浓度必须通过后置的转化反应器降低到燃料电池所需的值，如果有必要，还需进行 CO 精细纯化，这就会使得系统变得复杂，且在控制和调节技术方面耗费巨大，而预先计划的市场导入至今并未成功。如果在 200～300W 功率范围内，向露营车的车载电池提供一个充电系统，那么通过这种在混合系统中的使用方式，可能可以应对液化气重整器导致的启动时间的延长。

9.2.4 小功率的固体氧化物燃料电池

与固定式应用相比，便携式燃料电池需要频繁的启动和停止循环，因此膜电极单元的鲁棒设计尤为重要。室温与高达 600～800℃ 的工作温度之间的频繁热循环对由阳极、陶瓷电解质和阴极组成的层状结构在热稳定性和机械稳定性方面提出了很高的要求。多年来，人们致力于开发管状的微型燃料电池，但至今没有形成商业化的产品。因为对 SOFC 来说，除了使用纯氢作为燃料运行外，也可以考虑使用诸如天然气或液化气直接重整运行，因此进行了在工作温度降低的同时在阳极转化碳氢化合物的研究。

微型 SOFC 的工作温度在 600℃ 以下，并根据结构形式，可以降至 350℃。这可以通过在 MEMS 方法中制造的薄膜来实现。膜越薄，意味着氧离子的扩散路径越短。这种微型 SOFC 的功率范围为 1 ~ 20W。硅或光敏玻璃主要用作此类膜的载体，直到最近才有报告提到，其在热循环时具有良好稳定性，这样至少研究和开发工作将会有进一步的成果。

9.3　储氢设施

在便携式燃料电池的功率范围内，各种储氢设施都可以考虑。最简单的选择是可逆的、可装载和卸载的氢化物材料，该材料包含在为最大装载压力而设计的压力容器中。这种材料是粒径在纳米级的金属合金。合金成分决定了装载和卸载过程的压力水平。用氢可以可逆地装载和卸载氢化物的可能性意味着反应的自由反应焓值必须为 $\Delta_R G \approx 0$ 或 $\Delta_R H \approx \Delta_R S \times T$，其中 $T = 298K$。由于卸载过程中典型的、所使用的金属和金属合金（Ni、La、Ti 等）的反应焓通常为正值，因此在快速卸载时存储设施变冷，从而减慢了卸载过程，这也使得存储设施更加安全。氢化物存储设施的缺点是金属粉末的重量相对较高，这会增加耐压外壳的重量。已知的金属氢化物具有约 2%（质量分数）的储存容量，因此 1g 金属粉末中可存储 20mg 或 224mL 的氢。

具有更高存储容量的复合氢化物正在开发中，但通常需要一种特殊的催化剂来实现分解反应的可逆性，并且通常需要更高的温度水平才能达到足够的反应速率。目前，$NaAlH_4$ 似乎是最好的复合氢化物材料，可逆存储容量为 5.5%（质量分数）。

如果存储过程的能量效率无关紧要，则只能释放氢的氢化物也可用于便携式系统。长期以来，$NaBH_4$ 一直是所选材料，因为与水发生如下反应后会产生氢：

$$NaBH_4 + 2H_2O \rightarrow NaBO_2 + 4H_2 \quad \Delta_R H = -212kJ/mol$$

根据该反应方程式，1g 的 $NaBH_4$ 与同样约 1g 的水释放 200mg 或 2.3L 的氢。通常情况下会使用过量的水。其他氢化物，如上面已经提到的 NaSi 和 MgH_2，作为糊状或固体供氢体同样也在开发中。

另一种选择是加压气体存储设施。这里开发出 700bar 的高压罐，出于安全原因，它有一个内置高压阀。这些储存设施，包括加压气体储存设施和氢化物存储设施目前都在认证，届时将可用于燃料电池系统。然而，以氢为能量载体在多大程度上支持并实现便携式燃料电池系统进入市场，还有待于观察。

9.4　微型燃料电池

目前在市场上还没有可供的微型燃料电池。在研究和开发中可以观察到各种有吸引力的技术萌芽。最有吸引力的是可以直接集成在芯片上为电子电路供电的燃料电池。在基于硅的微型燃料电池实用化时，通常采用了半导体行业的上游 CMOS 兼容过程，并结合下游的 MEMS 过程进行生产。另一种方法是使用半导体工业中已知的封装方法将 MEMS 组件与 CMOS 电路部分组合。在第一个方案中，平面的燃料电池是在钯－氢存储设施上的硅芯片层面实现的，并在自带的温/湿度传感器上进行测试（图9.4）。对于大于6V 的电压，无需额外的电转换即可实现 $450\mu W/cm^2$ 的功率密度。自给自足的微系统成为此类系统的目标市场。

图 9.4　由弗莱堡的 IMTEK 开发的微型燃料电池

参 考 文 献

1. http://www.udomi.de/, http://www.heliocentris.com, www.h-tec.com. Zugegriffen: 12. September 2012

2. http://www.aquafairy.co.jp/en/technology.html

3. http://www.horizonfuelcell.com

4. http://www.myfuelcell.se/

5. Fuel Cells Bulletin **2012** (2), 7–8. http://dx.doi.org/10.1016/S1464-2859(12)70045-7 (2012)

6. Rau, O.: Das Korrosionsverhalten metallischer passivierbarer Werkstoffe in der Polymerelektrolyt-Membran-Brennstoffzelle. Universität Duisburg (1999)

7. Makkus, R.C., Janssen, A.H.H., de Bruijn, F.A., Mallant, R.K.A.M.: Use of stainles steel for cost competitive bipolar plates in the SPFC. J. Power Sources **86**, 274 (2000)

8. Heinzel, Hebling, C.: -Portable PEM systems. In: Vielstich, W., Lamm, A., Gasteiger, H. (Hrsg.) Handbook of Fuel Cells, Bd. 4(2), S. 1142. Wiley, Chichester (2003)

9. Büchi, F.N.: Small-size PEM systems for special applications. In: Vielstich, W., Lamm, A., Gasteiger, H. (Hrsg.) Handbook of Fuel Cells, Bd. 4(2), S. 1142. Wiley, Chichester (2003)

10. http://www.hes.sg, download 20.9.2016

11. http://www.hus.sg, download 20.9.2016

12. Heinzel, A., Nolte, R., Ledjeff-Hey, K., Zedda, M.: Membrane fuel cells – concepts and system design. Electrochim. Acta **43**, 3817 (1998)

13. Lundblad, A.: US Patent US2011/0151345A1

14. CP. Wang, Coretronic, "Portable Fuel Cell", Vortrag auf der Hannover-Messe 2015, http://www.h2fc-fair.com/hm15/images/forum/ppt/03wednesday/13_20.pdf, download 20.9.2016

15. M. Tegel, L. Röntzsch, "Wasserstoff ohne Tankstellennetze" in Hzwei, Hydrogeit Verlag, 4, S. 35-37 (2016)

16. Bagotsky, V.S., Vassilyev, Y.B.: Electrochim. Acta **9**, 869 (1964)

17. Bagotsky, V.S., Vassilyev, Y.B.: Electrochim. Acta **12**, 1323 (1967)

18. Liu, H., Zhang, J. (Hrsg.): Electrocatalysis of Direct Methanol Fuel Cells from Fundamentals to Applications. Wiley-VCH, Weinheim (2009)

19. Zedda, M., Oszcipok, M., Dyck, A., Groos, U.: Brennstoffzelle und Verfahren zu deren Herstellung. Patent DE 102008009414 A: 20080215

20. http://www.toshiba.com/taec/news/press_releases/2009/dmfc_09_580.jsp

21. http://www.sfc.com. Zugegriffen: 12. September 2012

22. Kolb, G.: Fuel Processing for Fuel Cells. Wiley-VCH, Weinheim (2008)

23. http://ultracellpower.com/rmfc.php. Zugegriffen: 12. September 2012

24. http://enymotion.com/, http://www.truma.com/de/de/stromversorgung/brennstoffzelle-vega.php. Zugegriffen: 12. September 2012

25. Liang, B., Suzuki, T., Hamamoto, K., Yamaguchi, T., Sumi, H., Fujishiro, Y., Ingram, B., Carter, J.D.: Performance of Ni-Fe/gadolinium-doped CeO2 anode supported tubular solid oxide fuel cells using steam reforming methane. J. Power Sources **202**, 225 (2012)

26. Evans, A., Bieberle-Hütter, A., Rupp, J.L.M., Gauckler, L.: Review on microfabricated micro-solid oxide fuel cell membranes. J. Power Sources **194**, 119–129 (2009)

27. Kim, K. J. et al. „Micro solid oxide fuel cell fabricated on porous stainless steel: a new strategy for enhanced thermal cycling ability." *Sci. Rep.* 6, 22443; doi: 10.1038/srep22443 (2016).

28. Andreasen, A.: Report Risoe-R-1484 (EN), Dezember (2004)

29. Bogdanovič, B., Felderhoff, M., Streukens, G.: Hydrogen storage in complex metal hydrides. J. Serb. Chem. Soc. **74**(2), 183 (2009)

30. Frank, M., Kuhl, M., Erdler, G., Freund, I., Manoli, Y., Müller, C., Reinecke, H.: An integrated power supply system for low power 3.3 V electronics using on-chip polymer electrolyte membrane (PEM) fuel cells. IEEE J. Solid-State Circuits (1), 205 (2010)

第 10 章 常规、低碳、绿色的氢的工业化生产和应用

10.1 引言

如今，氢在世界范围内作为原材料被广泛应用在工业上的许多工艺过程中。氢气通常由天然气或其他碳氢化合物通过蒸汽重整或部分氧化而生成，有时也借助于电解使水裂解来生产。迄今为止，世界上氢的总量的绝大部分是直接在使用地点或在使用地点附近生产，并通过管道运输来供使用。因此，氢在很大程度上对公众来说是"隐形的"。

然而，目前，氢作为清洁的能量载体或能量存储介质和移动性燃料也越来越具有"可见"的重要性。这样做主要是因为，氢在应用时不会释放温室气体，它可以从多种一次能量载体中产生，可以存储和运输，最后但并非最不重要的是它可以在燃料电池中有效地和小规模地转化为电能。在此背景下，主要是发电的应用类型扮演着重要的角色，它对整个能量转换链和能量使用链具有重大的环境影响作用。所产生的氢可以通过多种方式存储。在具有相应地质条件的地区（例如德国北部），特别适合于地下盐穴存储，因为在那里可以以相对较低的成本和不占用太多空间的方式安全地储存大量氢，从而可以形成类似于今天拥有的天然气和石油数量的战略储备。

显而易见，氢的这种新作用和多样化也将引起现有的工业气体市场的反响。其中一个重要方面首先是在工业中低碳制氢的应用，这可以为减少工业产品的"产品碳足迹"（Product Carbon Footprint）做出贡献。就附加值和能量效率而言，这是与移动领域和能源领域的用途相结合的气体的合理应用。此外，氢可以对"部门耦合"做出重大贡献。

本章描述氢在工业中应用的现状，讨论低碳生产和可再生能源生产的氢额外应用的潜力和障碍，并由此得出采取行动加强引入这种应用的必要性。

10.2 氢作为工业原材料

10.2.1 按行业划分的全球应用情况

正如前文所提到的，工业上应用的绝大部分氢是在使用地点生产的。基本上可将其区分为由消费者（"自营"）生产的氢和从工业气体公司（"商家"）购买的氢。其中，商业氢也完全可以在消费者所在地（"现场"）由气体公司运营的工厂来生产。商业氢的比例约为总体积的 5%。各种信息来源显示出的全球生产和使用的氢的总量存在明显的偏差。

Freedonia 于 2016 年预测 2018 年全球氢产量将超过 3000 亿 Nm^3；其他信息来源明显更高（例如 IHS 预测 2018 年为 8680 亿 Nm^3）。大多数其他信息来源表明氢的年产量约为 4000 ~ 6000 亿 Nm^3。欧盟 28 国的产量估计为每年 780 亿 Nm^3。

毫无疑问，在所有的信息来源中，最大比例的氢用于合成氨和炼油，甲醇生产以微弱差距而位居第三位。同样，所有信息来源预测未来几年氢的需求将以每年 3% ~ 5% 的速度进一步显著增加，这主要是由炼油厂推动的。一方面对燃料的纯度要求更严格（更低的硫含量），另一方面是越来越多的重质（低氢）原油成分，二者都对氢的需求产生积极的影响。氨产量也在稳步增长。增长预计主要出现在现已经占主导地位的中国和美国；相对来说，欧洲和日本则停滞不前。

在 2030 年后的时间范围内，根据当前脱碳的政治议程，炼油厂的需求将会减少；然而，通过使用氢作为燃料电池汽车的燃料和其他合成燃料的原料以及作为一般行业耦合的原料，可以弥补这种下降。由于预计全球对化肥的需求将稳步增长，因此氨生产趋势不会逆转。

10.2.2 工业应用

对化学工业而言，氢是一种重要的原材料。在大多数情况下，氢要么加入到产品中（"氢化"），要么被用于减少原材料。氢的主要大规模工业应用如下：

● 石油精炼：在精炼时，加氢过程用于分解重质原油馏分（"加氢裂化"）并增加氢含量，从而生产较轻的馏分。同时，不需要的元素如硫、氮和金属也被去除（"加氢处理"）。现有炼油厂的规模和配置差异很大；根据炼油的复杂程度，氢的消耗量最高可达 40Nm^3/桶左右。氢消耗量通常在 10000 ~ 150000Nm^3/h 之间，而在新建的大型复杂的炼油厂中高达 400000Nm^3/h。

● 按照哈伯 - 博世（Haber - Bosch）方法合成氨：在 15 ~ 25MPa 的压力和高于 350℃ 的温度下，氢催化反应生成氨（$3H_2 + N_2 \rightarrow 2NH_3$）。氢和氮要么分别提取和混合，要么通过部分氧化和蒸汽重整的组合产生一种富氮的合成气。典型的设备产能为 1000 ~ 2000t/天，对此，氢需要量为 80000 ~ 160000Nm^3/h。氨是一种用于制造尿素和其他氮基肥料的基本化学品。

● 甲醇合成：合成气（主要是氢气、一氧化碳和二氧化碳）在中等压力和中等温度（200 ~ 300℃）下催化反应生成甲醇。典型的甲醇产能高达 5000t/天；如果合成气中的氢含量为 70%，合成气消耗量为 2520Nm³/t，则氢气消耗量为 370000Nm³/h。甲醇是用作生产其他化学品的化工原材料。

此外，氢还主要用于以下过程，使用量通常为 50 ~ 1000Nm³/h。

● 钢铁生产：用于小型钢铁厂的直接还原，而不是使用焦炭，例如根据米德雷克斯（Midrex）方法（在还原气体的基础上直接还原铁矿石的方法）进行。

● 脂氢化和油氢化：对食用脂和食用油进行氢化，以使其保存更久，例如用于将液态油固化成半固态人造黄油；用于生产肥皂、工业油和脂肪酸。

● 平板玻璃生产：作为惰性气体或保护气体使用。

● 电子工业：在分离工艺、清洁、蚀刻、还原工艺等中，作为保护气体和承载气体。

● 金属加工：主要用于金属的合金化过程，用于热处理和有色金属的还原。

● 热电厂：用于发电机转子的冷却。

10.3　氢的生产

图 10.1 显示了当今已知的来源于可再生原材料和化石原材料的氢的生产类型。基本上，所使用的材料类型和生产过程决定了氢的温室气体强度。

在下文中，根据欧盟的 CertifHy 项目，将生产类型分为以下几类：

● 按照最先进技术进行的传统生产。

● 低碳生产，即主要基于化石能源和原材料但又显著降低温室气体（CO_2）排放的方法。

● 可再生生产，即通过主要使用可再生的（"绿色的"）能源和原材料又显著降低温室气体排放的方法。

在下文中，CO_2 当量法被用作评估温室气体排放的一种手段。

10.3.1　利用化石资源的传统生产

如今，超过 95% 的氢的生产是基于化石资源，其中天然气是最重要的输入材料，占到 49%。除此之外，也可以使用液态碳氢化合物以及石油焦炭和煤。

工业上最常使用的过程是蒸汽重整（图 10.2）。在这里，碳氢化合物最初通过加入蒸汽和外部加热，在大约 900℃ 时催化分解为氢、一氧化碳（反应 Ⅰ）或氢和二氧化碳（反应 Ⅱ）。

$$CH_4 + H_2O \rightleftharpoons CO + 3H_2 \qquad \Delta H_{R,0} = 206kJ/mol \quad （Ⅰ）$$

$$CH_4 + 2H_2O \rightleftharpoons CO_2 + 4H_2 \qquad \Delta H_{R,0} = 165kJ/mol \quad （Ⅱ）$$

然后气流被冷却，在大约 250 ~ 450℃ 下，部分一氧化碳在平衡反应器中经过所谓的水煤气置换反应（反应Ⅲ）转化为氢：

$$CO + H_2O \rightleftharpoons CO_2 + H_2 \qquad \Delta H_{R,0} = -41 \, kJ/mol \quad （Ⅲ）$$

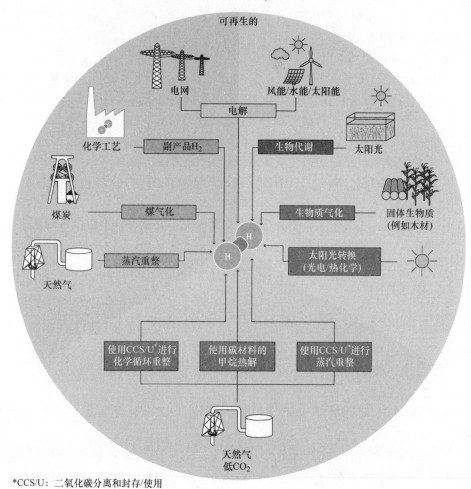

*CCS/U：二氧化碳分离和封存/使用

图 10.1　用化石和可再生能源进行氢的生产（来源：Linde）

紧接着，通过变压吸附将氢与剩余成分分离，并将这些成分送入底部燃烧。根据所使用的材料和规模，整个过程的效率在 55% ~ 75% 之间。与其他替代方案相比，单位投资成本相对较低。蒸汽重整提供了从小于 $100 Nm^3/h$ 到超过 $120000 Nm^3/h$ 的一个很宽的规模范围。

天然气的大规模蒸汽重整通常用作衡量 CO_2 强度的基准，其参考排放值为每 1MJ 热量的氢产生 91g 的 CO_2 当量。这相当于每 $1 Nm^3$ 氢产生约 0.98kg 的 CO_2 当量。

另一种生产技术是部分氧化，它是通过向碳氢化合物中加入亚化学当量比的氧，以直接氧化一部分碳氢化合物，从而产生必要的反应热：

图 10.2　蒸汽重整装置，右边是重整炉，左前是变压吸附装置（来源：Linda）

$$2CH_4 + O_2 \rightleftharpoons 2CO + 4H_2 \qquad \Delta H_{R,0} = -71kJ/mol \quad （Ⅳ）$$

这个过程的温度在压力高达约 80bar 时为 1350~1600℃。当除了氢外还需要产生高比例的一氧化碳或不能使用蒸汽重整时，例如使用更高比例的碳氢化合物时，该过程会被优先采用。这种过程被称为"自热重整"，表示蒸汽重整和部分氧化的组合。

特别是在中国，大量使用的煤炭气化，也依靠部分氧化（反应Ⅴ）为气化反应（反应Ⅵ）提供能量。产氢率最终可以通过置换反应（反应Ⅲ）来提升。

$$2C + O_2 \rightleftharpoons 2CO \qquad \Delta H_{R,0} = -221kJ/mol \quad （Ⅴ）$$

$$C + H_2O \rightleftharpoons CO + H_2 \qquad \Delta H_{R,0} = 131kJ/mol \quad （Ⅵ）$$

然而，氢通常不会与产生的合成气分离，例如在合成燃料的生产中就是这种情况。

根据反应Ⅶ，通过水电解所产生的氢目前只占氢总量的百分之几。

$$2H_2O \rightleftharpoons 2H_2 + O_2 \qquad \Delta H_{R,0} = 484kJ/mol \quad （Ⅶ）$$

如果在需要氢的地方可以非常便宜地使用电力，或者如果无天然气可用和氢需求量很少时，通常非常适合使用该工艺过程。

除了上述提到的生产方法之外，氢还是许多生产流程中的副产品，特别是在氯－碱电解和乙烯、乙炔、氰化物、苯乙烯和一氧化碳的生产中。如果可能，这些氢可用作原料或部分提供给工业气体公司；其中一些也用于供热。但如果发现后者有更高价值的用途，则可以用天然气来替换氢，并以等价的热值"免费购买"。然而，氢的质量往往不能满足应用（例如燃料电池）的要求，这会产生额外的清洁成本。根据欧洲 HyWays 项目的估计，10 个参与的欧洲国家可提供约 22 亿 $Nm^3/$年。

在传统的生产方法中，天然气的蒸汽重整通常是 CO_2 排放量最低的。尤其是在电解途径中，电力生产的上游排放起决定性的作用；使用燃煤发电时，与蒸汽重整相比，排放量增加了 4 倍多。除此之外，在使用副产品的情况下，其结果也依赖于温室气体排放的计算方法，即在各种最终产品中排放的分布。

10.3.2 来自化石资源的低碳生产

未来，在能量系统和材料系统逐步向可再生能源转变的过程中，氢的生产也将首先要考虑减少温室气体排放，最终接近温室气体中性；特别是氢除用于工业外，还会用作能量载体、燃料和储能介质。

对于上述的化石发电方法（类似于电力部门的做法），可以想象，用于 CO_2 分离和封存/使用的技术（CCS/U），是减少碳排放的可能途径。

原理上，气流中 CO_2 的分压越高，分离就越容易。在经过蒸汽重整器的置换反应之后，过程气体的绝对压力通常会超过 20bar。作为一种过程选择，吸收/吸附方法或膜方法可以商业化或接近商业化。为了过程成本的优化，并不追求完全分离。此外，此时只能分离那些在重整反应和置换反应中直接产生的部分，而不能分离重整器加热废气中的 CO_2，这导致生成的 CO_2 的分离率约为 50%。通过重整器废气的烟道气洗涤可以实现高达 90% 的分离率，但是，由于烟道气在大气压力下存在并且燃烧空气引起氮的稀释，因此成本明显更高。

化学循环重整（Chemical Looping Reforming，CLR）方法是一种已经集成了 CO_2 分离的相对较新的方法。它基于对一种固态的、循环的氧载体（Oxygen Carrier，OC）材料的使用，例如铁基材料。由于易于吸收和释放氧，这种 OC 材料使化石能量载体局部分离氧化，以形成高浓度的二氧化碳（反应器 1；反应Ⅷ），随后将水蒸气分解成氢（反应器 2；反应Ⅸ），在用空气关闭 OC 循环之前发生 OC 的完全氧化和同时加热（反应器 3；反应Ⅹ）。

$$CH_4 + 4OC_{OX} \rightleftharpoons CO_2 + 2H_2O + 4OC_{Red} \quad （Ⅷ）$$
$$H_2O + OC_{Red} \rightleftharpoons H_2 + OC_{OX} \quad （Ⅸ）$$
$$O_2 + 2OC_{Red} \rightleftharpoons 2OC_{OX} \quad （Ⅹ）$$

作为替代方案，有可能仅设计通过反应Ⅷ进行蒸汽重整的燃烧室侧工艺，从而避免与大气中的氮混合，以便于分离。

CLR 方法受益于对化学循环燃烧方法的研究，作为发电过程的 CCS/U 开发的一部分，目前正在开发规模上进行研究。

使用 CLR 方法，可以实现超过 90% 的 CO_2 分离率，因此在使用天然气时可以在极低 CO_2 排放下产生氢。

同样，另一种值得一提的方法是将甲烷吸热裂解成碳和氢。

$$CH_4 \rightleftharpoons C + 2H_2 \quad \Delta H_{R,0} = 75kJ/mol \quad （Ⅺ）$$

就氢而言，这种方法虽然并不如重整反应产生的氢那么丰富，但可以获得作为副产品的、高价值的、有许多应用领域的热解碳，并且过程本身不会产生直接的 CO_2 排放。根据分配方法的不同，以这种方式生产的氢，也可以使用天然气以极低 CO_2 排放生产。而为了完全脱碳，可能仍需要在碳使用方面采取进一步的措施。

20 世纪 90 年代，阿克·克瓦纳（Aker Kvaerner）进一步开发了甲烷热解方法；最近，在研发领域又新增了一些成果，至少等离子体热解方法开始进入了商业化。

10.3.3　可再生（绿色）氢的生产

对于可再生氢的生产，一方面，可以将诸如上述那些传统的过程转化为可再生原料，对此，可能需要进行某些修改。另一方面，各种直接利用诸如太阳光的新方法正在开发中。

在采用生物质时，要根据生物质的类型来使用气化技术、重整技术或热解技术，这些技术与提到的化石的一次能量载体过程相似或相同。原则上，这会导致与采用化石燃料类似的 CO_2 排放；但考虑到生物质的生产，这些排放与光合作用过程中吸收的 CO_2 保持平衡。如果通过 CCS/U 同时使用由此产生的二氧化碳，甚至可以实现负的碳排放。

第一步，可以将绿色原料与传统的化石原料混合，因此与基准相比，可以在通常只需稍加改造的设备中实现初步的 CO_2 减排。

通过蒸汽重整向天然气管网供应生物质气的应用，目前已经是一个在技术上非常简单的方法，以产生低碳的或（如果从资产负债表中分离出来）部分绿色的氢。

固态生物质可以通过气化转化为氢。生物质气化基于部分氧化，这种氧化是通过氧或空气以及蒸汽来进行的。对此，存在不同的反应器类型和方案（例如固定床、流化床、夹带流气化器），它们的主要区别在于不同的停留时间和不同的生物质进料（木屑、颗粒、粉尘）。所提到的方法目前已经在原型机中进行示范；然而，目前仍然没有专门生产氢的商业化设备。

新型的方法，像通过诸如藻类或细菌等的新陈代谢生物方式制氢，以及利用阳光对水进行光催化分解，仍处于基础研究阶段。热化学过程，即借助于在化学反应的中间阶段和高温热量将水转化为氢，也正在研究中。这种方法的优点是直接热解水需要 2500℃以上的高温，在某些情况下可以降低到 1000℃以下。

与过剩的、由可再生风能和光伏生产的电力相关的水电解，对绿色氢的生产有着重要意义。事实上，它提供了将大量电能有效地转化为作为能量载体氢的潜力，从而实际上可以存储几乎无限量的能量。通常，较低的工作温度有利于动态负载变化和部分负载性能，这是电网调节重要的先决条件。最大的挑战在于它的经济性；水电解目前仍然是相对投资密集型的，这在对电解能力高利用率的期望与（廉价的）过剩电力时间上的低可用性之间产生了目标冲突，这只能通过大幅降低电解水的成本来解决。除了目前市场在售的碱性压力电解进一步发展之外，PEM 电解是希望的灯塔，由于其具有更简单的结构和在大规模生产中可实现更高的电流密度，因此更具节约成本的潜力，并且自 2015 年以来已在美因茨能源园区以兆瓦级的规模投入使用。在可以解耦高温热量的过程中，固体氧化物电解是合适的。与碱性电解和 PEM 电解不同，该方案仍处于商业化早期阶段。

10.3.4 氢的温室气体强度的检测系统

类似于其他领域，相比于化石产氢方法，需要一套标准和认证流程来证明氢的可再生来源和二氧化碳的减少。南德技术监督协会（TÜV Süd）目前已经针对来自生物甲烷、甘油或可再生电力的绿色氢建立了"绿氢"标准。

此外，欧盟项目"CertifHy"为欧盟范围内的具有"绿色"或低碳制氢的原产地证书的贸易奠定了基础。生产工厂获得资格的先决条件是证明与基准"天然气大规模蒸汽重整"相比，温室气体至少要减少 60%。图 10.3 显示了不同生产类型的排放比较。

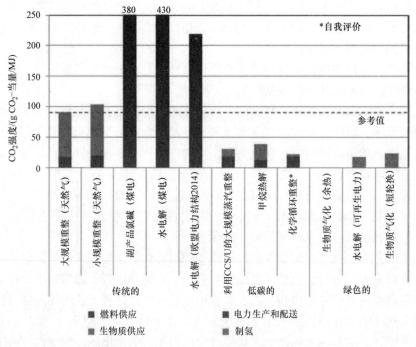

图 10.3　不同的制氢途径下的温室气体强度

10.4　氢的运输和分配

如果氢不是在使用地点直接生产，则要根据数量、距离和产品特性，以不同的方式将其从产地运输和分配给用户。

● 管道。这种方式用于高空间密度下的大型消费者，或制氢地点与大型消费者之间距离较短的情况。这些管道通常具有 40 ~ 70bar 的压力水平和 10 ~ 300mm 的直径。欧洲现有最大的管网是从荷兰的罗岑堡经比利时延伸至法国北部；在勒纳 – 比特费尔德地区和鲁尔地区可以找到其他管网。

● 液态灌装车。它将液化的氢部分地或完全地灌装到现场永久安装的储罐中。这些罐车可装载约 35 ~40000Nm³ 的氢，可实现长达约 1000km 的长距离经济运输。然而，氢的液化需要 0.9 ~ 1.2kW·h/Nm³ 的电能。在欧洲，目前在勒纳、荷兰的罗岑堡和法国的 Waziers 有三个液化厂，总产能约为 8000 万 Nm³/年。

● 拖车（货车和半挂车）。其上装有固定的压力瓶（垂直方向上）或压力管（水平方向上），根据其结构形式，在 200 ~ 500bar 的压力下可以容纳 3000 ~ 12000Nm³ 的气态氢（图 10.4）。根据数量，可以用压力瓶对在消费者那里设置的压力罐通过溢流进行填充，或者通过更换的方式留下拖车并换取空拖车。压缩所需的能量明显低于液化所需的能量。然而，拖车相对较低的容量通常会使超过 200 ~

图 10.4　具有 500bar 工作压力的气态氢拖车

300km 的行驶里程无利可图。用氢量较少时，可以通过成捆的加压气瓶或不同体积和压力的单个加压气瓶来供应，此时最具成本效益。

为了改善运输效率，正在开发基于载体材料的新系统。这些材料通过氢的吸附或化学键实现比压力容器更高的体积和/或质量存储密度。尤其是所谓的"液态有机氢载体"（Liquid Organic Hydrogen Carriers，LOHC）被认为具有较大的潜力。例如，Hydrogenious 公司提出了一个方案，利用 LOHC 材料二苄基甲苯可以将高达 20000Nm³ 的氢存储在货车和半挂车中，这要比压缩氢的拖车便宜得多。因此，原则上有明显的降低成本的潜力。然而，消费者必须忍受更高的设备和能源投资才能在购买时从载体材料中释放氢。

10.5　工业上低碳制氢的应用

10.5.1　低碳和绿色氢的主要应用方式的比较

表 10.1 比较了与不同的应用方式，包括天然气管网馈入、发电、燃料电池乘用车的 H₂ 移动性，通过"从电力到液体（Power – to – Liquids）燃料"的移动性，

以及工业应用相关的低碳制氢和可再生制氢的主要特征。表中显示了使用 1kW·h 的氢可以节省多少化石能源和多少温室气体排放；但这其中不考虑低碳制氢的温室气体排放。同样，在表中也定性地给出销量潜力和经济性以及最重要的技术监管障碍。

根据所做的假设，很明显，因为这里使用氢 1:1 替代天然气，天然气管网馈入和发电的替代杠杆及温室气体减少明显低于 H_2 移动性和工业应用。在从电力到液体（Power – to – Liquids）燃料的情况下，通过合成步骤会产生进一步的损失。相比之下，在 H_2 移动性方面燃料电池的更高效率和在工业应用中重整器节省的能量损失带来了额外的收益，这也为 H_2 移动性和工业带来了经济优势，然而这在目前还是不够的。所有应用方式在销量方面都有相当大的潜力。在天然气管网馈入的情况下，其受到天然气管网的最大 H_2 承载能力的限制，在甲烷化和从电力到液体（Power – to – Liquids）方面，它受到 CO_2 可供性的限制。现今对 H_2 移动性的需求仍然很低，但未来几年将会有明显的增长。因此，总的来说，未来 5~10 年的限制因素可能不是销量潜力，而是经济性。

表 10.1 低碳制氢和可再生制氢的应用方式比较

	替代化石能量载体	替代杠杆[a]（$kW·h_{foss}$/$kW·h_{H_2}$）	温室气体减少[b]（$g_{CO_2}eq/MJ_{H_2}$）	销量潜力	当下的经济性	社会/政治意识	技术和监管障碍
天然气管网馈入[c]	天然气	0.8~1	45~56	+	– –	+ +	价格补偿：技术调整受限的 H_2 承载能力/CO_2 可用性；甲烷化反应器动力学
发电[d]	天然气	1	56	+ +	– –	+	可用性；H_2 燃气轮机、燃料电池成本
移动性（H_2）	汽油，柴油[e]	1.5~2.2	114~167	– → + +	–	+	目前低的销量
移动性（从电力到液体）	汽油，柴油和其他	0.5~0.85	36~64	+ +			合成反应动力学，CO_2 可用性
工业	天然气[f]	1.3~1.5	91	+	–	–	无

a) 所有与热值相关的能量信息。

b) 无上游链；不考虑低碳制氢的 CO_2 排放。

c) 有和没有甲烷化（$4H_2 + CO_2 \rightarrow CH_4 + 2H_2O$）；甲烷化效率 80%。

d) 假设类似于天然气，在 GT/CCGT 发电设备中将 H_2 转化为电能。

e) 假设燃料消耗单位为 MJ/100km：直接氢混合动力 83.7；柴油（带 DPF 的 DICI，1.6L 混合动力）129.0；汽油（DISI）187.9。

f) 假设来自没有 CCS 的大型蒸汽重整器的氢。

可以得出结论，低碳和绿色氢对当今的耗氢工业有相对的吸引力和简单的用途。然而，相比于诸如天然气管网的馈入，其在政界和公众中还鲜为人知。

10.5.2　在工业中低碳制氢应用的机遇和障碍

转由应用低碳制氢可为化工行业的公司提供各种可量化和不可量化的附加值。

一个易于量化的附加值是可以省去 CO_2 证书。自 2013 年 1 月起，化工行业必须加入欧盟排放交易体系（EU－ETS），也就是说，制氢（例如通过天然气的蒸汽重整）产生的排放也必须在证书里注明。在零碳排放的氢生产中，这些证书就可以省去。但在目前证书价格低至约 4 €/t 的情况下，其附加值非常有限。如图 10.5 所示，证书价格目前低于 0.04 €/kg，按照目前的市场预期，这在未来几年不会有明显的改变。

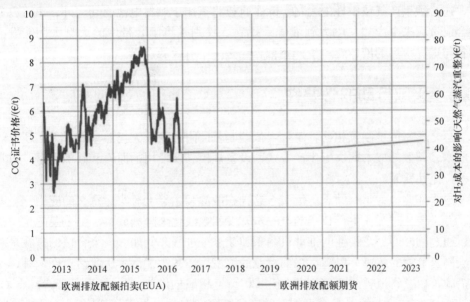

图 10.5　CO_2 证书价格和零碳排放制氢的附加值的变化趋势

另一个不太容易量化的附加值是通过减少所谓的 "碳足迹" （Carbon Footprints），即公司或最终产品的 CO_2 强度，以及通过使用创新的制造方法来强化公司/产品的形象。除了改善 "企业责任" 外，这还可以增加用户产品（例如人造黄油）的竞争优势。英国 2007 年开发了相应的食品 CO_2 标签，然而，迄今为止还没有得到非常强势的推广。从 2012 年起，连锁超市 Tesco 与实现其在所有产品上贴上标签的目标仍有较大距离。可见这种附加值目前来看仍然有限。

另一个潜在的附加值是应用低碳制氢来满足配额，例如矿物油行业温室气体减排配额。为了实现这一目标，通常会输入和混合大量的生物燃料。特别是在炼油厂，如果采用低碳制氢代替传统制氢，可以抵消炼油厂的温室气体减排配额，那么低碳制氢具有潜在的货币附加值，这样可以节省生物燃料的进口。此外，这也将具有生态优势。尽管自 2015 年底以来，在欧盟层面已经为认可这种温室气体减排的潜力铺设了道路，但这并未在国家的法律中实施，至少在德国是这样的。

面对所有短期监管和经济上的困难，不应忘记一个重要的战略性问题：为了实现长期脱碳的政治目标，所有部门都必须大幅减少温室气体排放。对此，所谓的"部门耦合"（也称为"Power – to – X"），即在供暖、制冷、交通运输和工业等其他部门使用可再生电力，其目标是显而易见的。人们普遍认为，部门耦合对能源转型的成功和脱碳目标的实现至关重要。

尤其是对于化工行业，这意味着向可再生原材料基础和更强大的循环经济转型。如今，吸热合成过程仍以作为碳源和能源的化石能量载体为基础。作为替代方案，回收的 CO_2 可用作碳源，由可再生电力生产的氢可用作合成过程的能源。同样，还必须生产气候中性的燃料。除了直接将氢用于燃料电池驱动之外，也可以通过合成过程来生产"从电力到液体"燃料。特别是将阳光带中的大型太阳能发电设备与世界市场的液体燃料生产相耦合，是一个有效的选择。

10.6　采取行动的必要性

总之，与传统制氢相比，工业上低碳制氢的附加值今天仍然太低，无法超过额外成本，其额外成本取决于生产方式、设备规模、所使用的原料和其他因素，通常是每千克几欧元。

尽管如此，为了有助于广泛引入这种在能源和生态上有实际意义的应用，一方面，有必要通过工业生产技术的进一步开发和规模化来降低成本。更重要的是，也可以通过临时的、政策性的推动机制来加速这一进程。例如，一个合理的措施是对低碳制氢监管的认可，以满足炼油行业的温室气体减排配额。从政治角度来看，这项措施可以立即在全国范围内实施。2015 年相应的欧洲"燃料质量指令（Fuels Quality Directive）"使这成为可能，并呼吁成员国鼓励实施这一政策。这种机制将有效地激发对低碳生产设施的投资。对于通过水电解的可再生制氢，由于购买电力成本较高，目前这种方法与传统的制氢方法相比尚不具有竞争力，因此，在监管背景下将该方法归类为电力存储设施更具合理性。对此，电解装置同时通过可再生制氢以实现相关部门的脱碳和可再生电力的整合，可以通过取消所用电力的附加费和税收而变得更加经济。

对于部门耦合，电解制氢的应用迄今为止尚未在系统层面进行充分研究，并且政策上尚未充分考虑将其作为能源转型的重要组成部分。为了实现部门耦合，应该在早期阶段做好准备。为此，下一个重要的步骤将是一个涉及商业、科学和政界等所有主要参与者的联合协调。

参 考 文 献

1. Freedonia Group, World Hydrogen – Industry Study with Forecasts for 2018 & 2023 Study #3165, Juni 2014, Broschüre online verfügbar, aufgerufen November 2016. http://www.free-doniagroup.com/brochure/31xx/3165smwe.pdf

2. IHS, Englewood, Colorado, USA. Webseite „Hydrogen", aufgerufen Dezember 2014. http://www.ihs.com/products/chemical/planning/ceh/hydrogen.aspx

3. Institution of Gas Engineers & Managers, Report: Hydrogen – Untapped Energy?, 2012. http://www.igem.org.uk/media/251537/IGEM_Hydrogen_%20Report_FINAL-v2013.pdf

4. CertifHy Projekt. EC Project under the 7th Framework Programme; Contract Nr. 633107, 2014-16. Deliverable 1.2: "Overview of the market segmentation for hydrogen". http://certifhy.eu/images/D1_2_Overview_of_the_market_segmentation_Final_22_June_low-res.pdf

5. IHS, Englewood, Colorado, USA. Webseite „Hydrogen", aufgerufen Dezember 2016. https://www.ihs.com/products/hydrogen-chemical-economics-handbook.html

6. Jean-Paul Malingreau, Hugh Eva, Albino Maggio, NPK: Will there be enough plant nutrients to feed a world of 9 billion in 2050? EC-JRC Science and Policy Reports, 2012. http://publications.jrc.ec.europa.eu/repository/bitstream/JRC70936/npk%20final%20report%20_%20publication%20be%20pdf.pdf

7. Ullmann's Encyclopedia of Industrial Chemistry. Hydrogen, Chapter 6: Uses, Peter Häussinger, Reiner Lohmüller, Allan M. Watson. Wiley-VCH Verlag GmbH & Co. KGaA, Weinheim, 2012. DOI: 10.1002/14356007.o13_o07

8. CertifHy Projekt. EC Project under the 7th Framework Programme; Contract Nr. 633107, 2014-16. Deliverable 2.4: "Technical Report on the Definition of ‚CertifHy Green'Hydrogen". http://www.certifhy.eu/images/project/reports/Certifhy_Deliverable_D2_4_green_hydrogen_definition_final.pdf

9. Wikipedia Seite „Treibhauspotenzial", aufgerufen Dezember 2016. http://de.wikipedia.org/wiki/Treibhauspotential

10. Stiller, C., Schmidt, P., Michalski, J., Wurster, R., Albrecht, U., Bünger, U., Altmann, M.: Potenziale der Wind-Wasserstoff-Technologie in der Freien und Hansestadt Hamburg und in Schleswig-Holstein. Langfassung, Ludwig-Bölkow-Systemtechnik (2010)

11. HyWays-The European Hydrogen Energy Roadmap. EC project under the 6th Framework Programme, Contract No SES-502596, 2004-2007. http://www.hyways.de

12. Kathe, M. V., Empfield, A., Na, J., Blair, E., Fan, L. S.: Hydrogen production from natural gas using an iron-based chemical looping technology: Thermodynamic simulations and process system analysis. J Appl Energy 165, 183–201 (2016). doi:10.1016/j.apenergy.2015.11.047

13. Bode, A. et. al.: Methane pyrolysis and CO2-activation – Technologies with Application Options for Hydrogen, Carbon and Synthesis Gas Production, ProcessNet-Jahrestagung. Aachen, Germany 12–15. September 2016

14. Higman, C., van der Burgt, M.: Gasification. Elsevier Science (2003)

15. Projekt Energiepark Mainz; gefördert vom Bundesministerium für Wirtschaft und Energie im Rahmen der Förderinitiative Energiespeicher. http://www.energiepark-mainz.de/

16. Erzeugung von grünem Wasserstoff (GreenHydrogen), TÜV Süd Standard CMS 70 (Version 12/2011)

17. Barbier, F.: Hydrogen distribution infrastructure for an energy system: present status and perspectives of technologies. In: Stolten, D., Grube, T. (Hrsg.) 18th World Hydrogen Energy Conference 2010 – WHEC 2010; Parallel Sessions Book 1: Fuel Cell Basics/Fuel Infrastructures, Proceedings of the WHEC, May 16–21. 2010, Essen

18. Hydrogenious Technologies GmbH, Erlangen, Broschüre: Systeme zur sicheren und effizienten Wasserstoffspeicherung und -logistik mit LOHC; Januar 2016. http://www.hydrogenious.net/wp-content/uploads/2016/02/Hydrogenious_Technologies_booklet3.pdf

19. Edwards, R., Larivé, J.-F., Beziat, J.-C.: Beziat, Well-to-wheels Analysis of Future Automotive Fuels and Powertrains in the European Context; WTT APPENDIX 1: Description of individual processes and detailed input data (2011). doi:10.2788/79018

20. Edwards, R., Larivé, J.-F., Beziat, J.-C.: Well-to-wheels Analysis of Future Automotive Fuels and Powertrains in the European Context; Tank-to-Wheels Report Version 3c, (July 2011). doi:10.2788/79018

21. European Energy Exchange (EEX), Marktdaten Umweltprodukte

22. Hubbard, B.: Is there a future for carbon footprint labelling in the UK? In: The Ecologist, 3rd February (2012)

第11章 电解方法

11.1 引言

保证可靠的、经济的和环保的能源供应是21世纪最大的挑战之一。借助于能源方案，联邦政府制定了环保的、可靠的和负担得起的能源供应指南，并首次描述了可再生能源时代的路线，它涉及长期的、远至2050年的总体战略的制定和实施。

通过可再生能源优先的法案，对在远至2050年的时间范围中，可再生能源在电力供应中的扩张及其优先纳入电力供应系统进行了阐述。

像光伏或风能等可再生能源如今已经为德国的发电做出了重大贡献。目前，德国约有25%的电力生产是由这些能源生产商提供的，预计他们在2020年的发电份额约为40%。

光伏和风能在发电时受自然规律的约束，其能量供应会受风和太阳的影响而波动。

储能设施在这里提供了一种补救措施。一方面，多余的能量可以储存起来，并在需要时再次供给；另一方面，具有稳定和缓解电网的作用。

能量可以通过不同的形式和不同的方法存储。泵存储设施和压缩空气存储设施是广为人知的，有些已经运行了几十年。它们的存储能力在小时数量级。然而，在能源转型的框架下，需要更大的能量储存设施，其不仅可以存储大量的能量，而且可以在时间和空间上进行分配。

氢为此提供了良好的先决条件。它可以以水的形式存在而广为人知，并且广泛可用。水的电解是一项众所周知的、用于生产高纯度氢的技术，并已在工业中使用了数十年。在电解槽（图11.1）中，水通过电流分解为氢和氧。通过使用来自可再生能源的绿色电力，人们由此获得了一种零排放的能量载体：氢。它在进一步转化为热能或电能时不会释放任何排放物，它会重新生成水。

氢是一种化学上的"能量存储设施"，因此可以比势能存储设施在体积上吸收更多的能量。氢可以加压存储，例如在洞穴中存储。此外，氢也可以被送入天然气管网并进行配送，但那样也就只能以热能形式使用。因此，氢不仅有助于解决储能问题，还有助于解决配送问题。DVGW 的一项研究调查了天然气管网中氢的最大浓度限制的问题。当今，天然气中 5%（体积分数）的最大氢浓度被认为是可行的，而无需对基础设施链进行进一步的配套改造。目前的目标是 9.9%。对于作为天然气汽车燃料的特殊用途，氢含量限制在 2%（体积分数）（根据 DIN 51624 和 UN ECE R110）。

图 11.1　Hydrogenics 公司的 HyStat 60 型 V 电解槽

氢还可以借助燃料电池以高的能量效率直接用于各种应用场合，也可以通过热电联产进行发电（见第 4~9 章），或者它也可以在化学工业中用作原材料（第 10 章）。

电解槽是电网与所有其他氢应用（包括通过天然气管网应用）之间的纽带。在后一种情况下（产能过剩），更清洁的电力通过电解转化为氢并馈入天然气管网。"从电力到气体"（Power – to – Gas）一词描述了从电网通过电解到气体技术的能源应用的联系。Power – to – X 一词是指在各种工业应用中跨部门使用"绿色"氢，如图 11.2 所示。

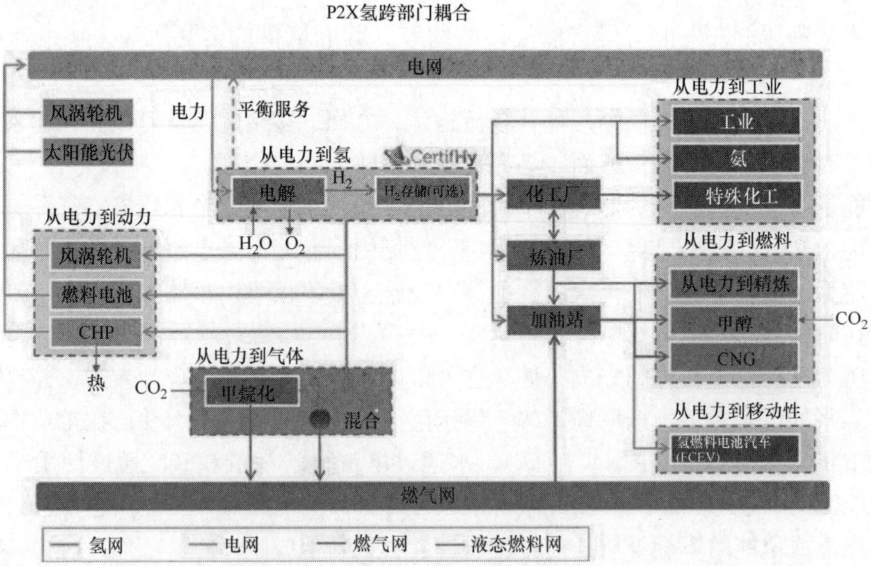

P2X氢跨部门耦合

电网

风涡轮机　电力　平衡服务　　　　　　　从电力到工业

太阳能光伏　　　　　从电力到氢　CertifHy　　工业

　　　　　　　电解　H_2　H_2存储(可选)　　氨

从电力到动力　　　　　　　　　　化工厂　　特殊化工

风涡轮机　　H_2O　O_2　　　　　　　从电力到燃料

燃料电池　　　　　　　　　　炼油厂　　从电力到精炼

CHP　　　　　　　　　　　加油站　　甲醇　　CO_2

热　CO_2　从电力到气体　　　　　　CNG

　　　甲烷化　　　　　　　　　从电力到移动性

　　　　　　混合　　　　　　　氢燃料电池汽车(FCEV)

燃气网

━━ 氢网　　━━ 电网　　━━ 燃气网　　━━ 液态燃料网

图 11.2　Power – to – X 过程链

除了电解槽的这种新应用外，这些技术已在工业中使用了数十年。典型的应用领域是玻璃、钢铁和食品工业以及发电厂和电子元件制造。

11.2 物理化学基础

借助于电解，从水中生产氢和氧是一种技术古老的方法，已在世界范围内建立了100多年。然而，目前每年大约6000亿 Nm^3 的氢主要通过天然气的蒸汽重整、矿物油的部分氧化或煤的气化来生产。其中主要部分直接在化学工业的生产地被消耗。目前世界上只有4%的氢是通过电解生产的，这主要是由于与化石能源制氢相比，电解氢的生产成本更高。

对于将1mol水电解分解为成分氢和氧，在标准条件（298.15K 和1bar）下需要 $\Delta H_R = 285.9 \text{kJ/mol}$ 的反应焓，这相当于液态水的形成焓。

$$H_2O_{(1)} + \Delta H_R \rightarrow H_{2(g)} + \frac{1}{2}O_{2(g)} \tag{11.1}$$

根据热力学第二定律，部分反应焓可以作为热能来施加，即热力学温度 T 与反应熵 ΔS_R 的乘积所对应的最大能量。

$$\Delta H_R = \Delta G_R + T\Delta S_R \tag{11.2}$$

自由反应焓 ΔG_R 相当于必须以电能形式提供的 ΔH_R 的最小比例。

$$\Delta G_R = \Delta H_R - T\Delta S_R = (285.9 - 0.163T)\text{kJ/mol} = 237.2 \text{ kJ/mol} \tag{11.3}$$

因此，在标准条件下开始电解水分解时的最小电池电压 V_{rev} 可以由自由反应焓 $\Delta G_R = 237.2\text{kJ/mol}$ 计算出来，根据下式

$$V_{rev} = \frac{\Delta G_R}{nF} = \frac{237.2\text{kJ/mol}}{2 \times 96485\text{C/mol}} = 1.23\text{V} \tag{11.4}$$

式中，n 是电子数；F 是对于生产1mol 氢的法拉第常数。

但其前提是，$T\Delta S_R$ 的部分要以热量的形式集成到电解过程中。热值电压 V_{LHV} 可用于评估效率，它利用低热值（lower heating value，LHV）来计算，在假设为气态水的情况下，低热值相当于 $3.0\text{kW} \cdot \text{h/Nm}^3$ 的能量含量。如果热能以电能的形式引入（这是在工业电解槽中的正常情况），那么就要提到热中性电压 V_{th}，它是根据反应焓在标准条件下为液态水来计算得到

$$V_{th} = \frac{\Delta H_R}{nF} = \frac{285.9\text{kJ/mol}}{2 \times 96485\text{C/mol}} = 1.48\text{V} \tag{11.5}$$

高热值（higher heating value，HHV）对应于来自 $3.54\text{kW} \cdot \text{h/Nm}^3$ 的液态水中氢的能量含量。在此电压下，电能等于水分解的总反应焓。

$$H_2O_{(1)} + \underbrace{237.2\text{kJ/mol}}_{\text{电能}} + \underbrace{48.6\text{kJ/mol}}_{\text{热能}} \rightarrow H_{2(g)} + 1/2O_{2(g)} \tag{11.6}$$

通过电解，水的分解由两个部分反应所组成，这两个部分反应由离子导电的电解质分开。通过所使用的电解质产生了水电解的三种相关的方法，图11.3总结了它们中的析氢反应（hydrogen evolution reaction，HER）和析氧反应（oxygen evolution reaction，OER）的部分反应过程、典型的温度范围和对应的电荷运输的离子。

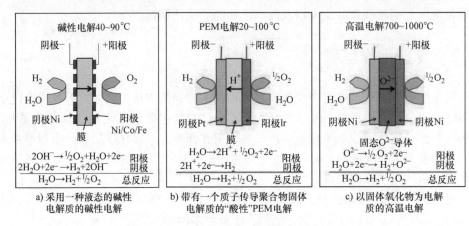

a) 采用一种液态的碱性
电解质的碱性电解

b) 带有一个质子传导聚合物固体
电解质的"酸性"PEM电解

c) 以固体氧化物为电解
质的高温电解

图 11.3　水电解的不同类型的功能原理

目前，在碱性电解和 PEM 电解领域已有商业化产品。碱性电解技术在几十年间以不同设备提供高达约 $750Nm^3/h$ 的制氢能力，而 PEM 电解产品开发已经存在了大约 25 年，但兆瓦级的商用装置的数量在市场上占比更低。目前，工业上仅在有限的程度上追求高温电解。

在碱性电解的情况下，水通常在阴极侧供应，而在 PEM 电解中，通常在阳极侧供应；在高温电解中，所需的水蒸气被输送到阴极。

图 11.4 显示了常压下反应焓 ΔH_R 和自由反应焓 ΔG_R 与温度的相关性。这一相

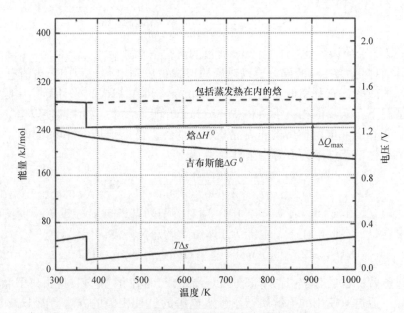

图 11.4　常压下水电解的比能耗与温度的关系

关性表明，对于需要水蒸气在700℃以上的温度下进行分解的电解过程（例如在高温电解中），根据 $\Delta G_R = \Delta H_R - T\Delta S_R$ 的关系，由于反应熵为正，使用的电池电压明显下降，对此，必须将反应熵引起的焓分量 $T\Delta S_R$ 作为过程热送入电解，例如在1000℃的水蒸气电解中，其电能 ΔG_R 仅为 0.91V。

表11.1总结了不同温度下在相应电压 V_{th} 和 V_{rev} 时的 ΔH_R 和 ΔG_R 的相应值。

表11.1　不同温度和常压下电解水的热力学数据

	$\Delta H_R/kJ \cdot mol^{-1}$	V_{th}/V	$\Delta G_R/kJ \cdot mol^{-1}$	V_{rev}/V
298.15K 的液态水	285.9	1.48	237.2	1.23
373.15K 的水蒸气	242.6	1.26	225.1	1.17
1273.15K 的水蒸气	249.4	1.29	177.1	0.92

然而，在实际的水电解槽中实际上可达到的电池电压远高于理论上可逆的电池电压。一方面，这是由于电极上产生所谓的过电压，这是由于电化学反应中抑制电子通过而形成的，因此也称为通过过电压。另一方面，必须克服由电池（电解质、隔膜和电极）的欧姆电阻所引起的电阻极化。因此，在电流密度 i（单位为 A/cm^2）下的实际电池电压 V_{Zelle} 由可逆电池电压 V_{rev}、欧姆电压降 iR 以及阳极 η_{Anode} 和阴极 $\eta_{Kathode}$ 的过电压之和组成：

$$V_{Zelle} = V_{rev} + |\eta_{Anode}| + |\eta_{Kathode}| + iR \tag{11.7}$$

式中，η_{Anode} 是阳极极化（也称为氧过电压），即阳极上省略的电池过电压部分；$\eta_{Kathode}$ 是阴极极化，即阴极的过电压（氢过电压）；R 是电池的单位面积电阻，单位为 Ω/cm^2。图11.5显示了 PEM 电解的典型电压曲线及其在极化曲线上的分布。

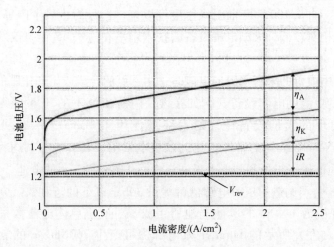

图11.5　PEM 电解电压曲线示意图及运行过程中各种电压损失的分布

电解过程的一个重要的技术评估标准是效率，即技术电解系统的应用与费用的比率。由于目前主要在碱性电解和 PEM 电解领域存在以液态水形式供应的商业产品，因此使用高热值（higher heating value，HHV）以及高热值电压 $U_{HHV} = 1.48V$ 来确定效率是合理的。

因此，使用与氢的高热值（$3.54kW \cdot h/Nm^3$）相关的效率来描述电解槽作为技术设备的运行效率：

$$n_{HHV} = \frac{V_{H_2} \cdot h_{HHV}}{P_{el}}$$ (11.8)

如果电解槽中所产生的氢作为能量在下游中应用，例如通过在燃料电池中将其转化为电能，那么仅采用氢的低热值（lower heating value，LHV）来计算。那么，将电解槽的效率与低热值 $V_{LHV} = 1.23V$ 或氢的热值（$3.00kW \cdot h/Nm^3$）相结合更加合理，从而有一个统一的基础：

$$n_{LHV} = \frac{V_{H_2} \cdot h_{LHV}}{P_{el}}$$ (11.9)

为了避免在 LHV 和 HHV 之间讨论效率计算，对于评估电解槽的技术系统，只应给出产生氢的单位电能消耗（单位为 $kW \cdot h/Nm^3$）。

11.3 碱性电解

与仅应用 25 年左右的 PEM 电解相比，碱性电解以不同的尺寸和结构形式以及最高可达 $750Nm^3/h$ 的供氢量已应用了数十年。碱性电解槽通常使用典型的浓度为 20% ~40% 的 KOH 水溶液，工作温度通常在 80℃ 左右，电流密度在 $0.2 ~ 0.6A/cm^2$ 范围内。然而，自从 100 多年前引入水电解以来，迄今为止只生产了几千台设备。由于其积极性相对较低，大型电解设备的技术水平在过去 45 年中仅发生了微小的变化。

只有在使用廉价的来自水力的电能时，用于氨的合成或生产化肥的氢容量高达 $30000Nm^3/h$ 的更大的电解设备（例如在埃及阿斯旺）才在 20 世纪得以实现。其中，在当时实现的大的设备中，绝大部分使用了 Bamag、Norsk Hydro、BBC/DEMAG 和 DeNora 等公司的常压工作的双极电解槽，其制氢容量约为 $200Nm^3/h$。图 11.6 所示为使用了矩形和圆形电极和活性面积高达约 $3m^2$ 的电池。

只有 Lurgi 公司制造的压力电解槽可提供 30bar 以下的氢和氧。它的电池堆由多达 560 个直径为 1.60m 的单体电池所组成，对应于单体电池数量，最长可达 10m。图 11.7（左）所示的 Lurgi 压力电解槽可产生 $760Nm^3/h$ 的氢，相当于约 3.6MW 的电功率。

20 世纪 80 年代和 90 年代，由于第二次石油危机，出现了旨在通过创新方法提高碱性电解功率密度的大型研究项目。该项目尝试通过更高的电流密度、更低的电池电压和更高的工作温度来实现这一目标，以降低电解设备的投资成本和运营成本。因此，所谓的"高级的碱性水电解"的发展目标是制造新型的、薄的隔膜，以通过改变电池配置，最大限度地减少欧姆电压降；开发新的、廉价的电催化器，通过它可以在增加电流密度的同时降低阳极的和阴极的总过电压；提高过程温度，这同样有助于降低过电压和欧姆电压降。

图 11.6　有 100 个电池和容量约为 330Nm³/h 的常压状态的 Bamag 电解槽

图 11.7　左图为 Lurgi 压力电解槽（760Nm³/h），右图为津巴布韦的一家肥料生产厂，配备 28 个电解槽，总产能为 21000Nm³/h

通过改造电极，即通过应用合适的电催化器来降低析氢和析氧的过电压的可能性，在当时得到了非常深入的研究，并出现了许多成功的方法。然而，阴极和阳极的节约潜力是完全不同的。在工作条件下，析氢过电压可降低 150~200mV，而析氧过电压只能降低 80~100mV。

例如 Lurgi 与 Jülich 研究中心的合作可以显示，使用激活电极和 NiO 作为隔膜，借助于"零间隙"，在恒定电流密度下，单个电压从 1.92V@ 0.2A/cm² 下降到 1.6V，或在两倍电流密度下降到 1.72V@ 0.4A/cm²。借助于这项技术，作为公共资助项目的一部分，他们建造了 32bar 的 1MW 压力电解槽。在其他的国家项目（HySolar、SWB、PHOEBUS）中，也对不同的碱性水电解槽进行了开发、构建和试验。虽然知识产权仍然保留，但从此碱性水电解就没有再产生新的创新方法。根据弗劳恩霍夫（Fraunhofer）太阳能系统研究所（ISE‐Freiburg）的 NOW 项目研究，基于 1.48V 的高热值电压，商业装置电堆的电压效率为 62% ~ 82%，但电流密度的范围仅为 0.2 ~ 0.4A/cm² 兆瓦级碱性电解槽的成本在大约每千瓦装机电功率 1000 €的水平。这些是大气压或 30bar 的压力电解槽。电堆的运行时间设定为长达 90000h，这意味着碱性电解槽通常每 7 ~ 12 年大修一次，包括更换电极和隔膜。

11.4　PEM 电解

带质子传导膜的 PEM 电解（图 11.3b）的产品开发仅存在 25 年，因此在市场上只有少数商业产品，主要用于工业利基应用（例如本地生产用于半导体制造和玻璃行业的高纯度氢）。但由 Hydrogenics 公司和西门子公司推出的 Hylyzer 45 和 SI-LYZER 200 提供了第一批可用的兆瓦级的产品（每个模块 1.5MW 或 1.25MW），这些产品在功率方面还可以进一步扩大。与在大多数电池中直接应用于膜上的碱性水电解电极不同，PEM 电解使用的是铂族金属。

由于在 PEM 电解中使用酸性的、质子传导的离聚物和高的阳极电位，因此必须使用贵金属或其氧化物。对于氧电极而言，高的阳极过电压是 PEM 水电解能量需求的原因之一。因此，确定最佳的析氧催化剂以最大限度地减少能量损失，是很重要的。例如一些研究表明，特别是诸如 RuO_2 和 IrO_2 等氧化物比相应的金属或其他贵金属更适合用作氧电极。其中一些金属氧化物显示出高的活性、足够的长期稳定性和由腐蚀或中毒引起的低的功率损失。原则上，铂也可以用作阳极的催化剂，但主要缺点之一是析氧的活性低，以及较高的过电压会引起腐蚀的增强。因此，尽管 IrO_2 基催化剂相比于 RuO_2（尤其是在低的过电压下）的单位活性较低，但与 RuO_2 或其混合氧化物相比，IrO_2 具有优异的电化学稳定性，因此经常用作 PEM 电解槽的阳极催化剂。

在当前的商业化系统中，在阳极上使用大约 $6mg/cm^2$ 的铱或钌，在阴极上使用大约 $2mg/cm^2$ 的铂。在给定的工作条件下，这些 PEM 电解系统的工作电压约为 2V，电流密度最高约为 $2A/cm^2$，工作压力最高达 30bar。虽然这相当于约 67% ~ 82%（基于 HHV）的相同的电压效率，但与碱性水电解相比，却具有明显更高的电流密度（0.6 ~ 2.0A/cm²）。图 11.8 显示了碱性电解和 PEM 电解的电流 - 电压特性曲线的典型范围的比较。与碱性电解相比，PEM 电解电堆的使用寿命仅设定为长期稳定性 < 20000h。然而，Proton Onsite 已经实现了超过 50000h 的电堆寿命，例如应用于 HOGEN C 系列的 PEM 电解槽中的电堆（图 11.9）。Hydrogenics 公司已开发出单堆功率为 1.5MW 的 PEM 电解槽，并在 2017 年汉诺威工业博览会上展示了一个功率为 3MW 的 PEM 电堆。

与碱性电解相比，PEM 电解可实现更大的部分负载范围，这尤其有利于与可再生能源的耦合。在电池和电堆层面，部分负载可以降低到 0%，但在技术设备中，由于外围组件的自身消耗，功率下限设置为标称功率的约 5%。

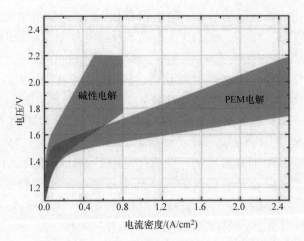

图 11.8 碱性电解和 PEM 电解的电流 – 电压特性曲线的典型范围

图 11.9 针对 30Nm³/h 制氢能力的 HOGEN C 系列 Proton Onsite PEM 电解槽（左）和相关的
电堆（右），单个电极的活性面积为 213cm²

11.5 高温电解

除了快速动力学之外，从热力学的角度来看，高温电解也是有优势的。水蒸气的应用降低了热力学的电池电压，因为在从液态水到水蒸气的转变过程中不必施加汽化焓（图 11.4）。总能量需求 ΔH_R 随着温度的升高而略有增加，但总电力需求 ΔG_R 显著下降，因为可以通过高温热量 ΔQ_{max} 耦合能量需求增加的部分，以减少所需的电能的消耗。

水蒸气的高温电解是在德国由 Lurgi 和 Dornier（HOT ELLY）在 1975—1987 年间开发的。HOT ELLY 使用将钇稳定的氧化锆（YSZ）作为固体氧化物电解槽（solid oxide electrolysis cell，SOEC）电解质的电解质支撑的管状方案。在单体电池的长期研究中，可以实现低于 1.07V 的电压和 $0.3A/cm^2$ 的电流密度。H_2/H_2O 和 CO/CO_2 的可逆运行也首次在一个 10 支管的 SOEC 电堆中得到证明。但 Dornier 的这一开发工作在 1990 年终止了。

通过近年来高温燃料电池/固体氧化物燃料电池（SOFC）领域的发展和重大进步，对高温电解/固体氧化物电解（SOE）的兴趣再次显著增加，因为几乎所有固体氧化物电池（SOC）基本上都是可逆的电池，故可根据运行模式将其用作固体氧化物电解电池（SOEC）或固体氧化物燃料电池（SOFC）。这一趋势在美国以及欧洲和亚洲的各种项目中都有所反映，但其开发总是仍处于基础研究阶段。迄今为止，有关 SOEC 性能的公开数据通常只是从实验室电池和实验室电堆中获得的。图 11.10 展示了不同的运行温度下电解运行和燃料电池运行的典型 $U-i$ 特性曲线。虽然 SOEC 的发展得益于 SOFC 的知识产权，但开发工作仍然是必要的，尤其是在电极材料优化和长期稳定性的改进等方面。然而，除了纯材料研究外，为水蒸发和预热提供加热的工艺技术研究也是绝对必要的。

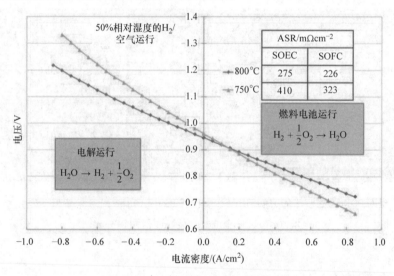

图 11.10　在不同温度下高温电解的电解运行和燃料电池运行的电池电压与电流密度的关系（$U-i$ 特性曲线）

目前 SUNFIRE 正在开发 SOE 系统。其制氢效率为 $40Nm^3/h$，制氢比能耗为 $3.7kW \cdot h/Nm^3$，氢以最大为 10bar 的压力来提供。

除了纯水蒸气电解之外，目前对所谓的水蒸气和 CO_2 共电解的兴趣也有所提高，这是由于以下总反应：

$$\underbrace{H_2O + CO_2 \rightarrow H_2 + CO}_{\text{阴极}} + \underbrace{O_2}_{\text{阳极}} \qquad (11.10)$$

产生了一种有趣的生产合成气的替代方案，根据费 – 托（Fischer – Tropsch）方法以此生产合成燃料。

根据文献 [40]，表 11.2 总结性地比较了此处描述的电解技术的优缺点，从中得出了各自面临的技术挑战。

表 11.2　碱性电解、PEM 电解和高温电解的优缺点

	碱性电解	PEM 电解	高温电解
优点	成熟的技术 无贵金属催化剂 高的长期稳定性 成本相对较低 高达 760Nm^3/h（3.4MW）的模块	高的电流密度 高的电压效率 系统结构简单 良好的部分负载能力 吸收极端过载的能力 （由系统大小确定） 针对电网稳定任务的极快速系统响应 允许紧凑的电堆设计 高压运行	由于热量可以耦合进来，基于热中性电池电压的效率超过 100% 没有贵金属催化剂
缺点	低的电流密度 低的部分负载范围 系统尺寸和复杂性 昂贵的气体纯化 液态电解质的腐蚀	腐蚀性的环境 由于成本密集的组件（催化器/集电器/隔板）而导致高的投资成本	实验室阶段和研究阶段 长期稳定性热管理

11.6　技术现状

11.6.1　碱性电解概貌

表 11.3 列出了碱性电解装置最重要的制造商/开发商的概貌。

表 11.3　碱性电解装置最重要的制造商/开发商概貌

制造商	系列/工作压力	制氢效率/(Nm^3/h)	状态/已售系统数量
Acta（意大利）	EL（15bar） （30bar）	0.1～1.0 0.5～1.0	商用的，准备中 商用的，有碱性膜
ELB 电解技术股份有限公司（德国）	Bamag（常压）	3～330	商用的/ >400
	Lurgi（30bar） NeptunH2（60bar）	120～760	商用的/ >100 计划中
Hydrogenics（比利时）	HySTAT–A（10/25bar）	10～60	商用的/ ~1200
PERIC（中国）	CNDQ（15bar）	5～10	商用的
	ZDQ（15～32bar）	5～300	商用的/ ~≥800
McPhy（法国）	Standard，MP，HP （3/8/18bar）	1～16	所有系列商用的

（续）

制造商	系列/工作压力	制氢效率/（Nm³/h）	状态/已售系统数量
Sagim（法国）	BP－100，BP－MP，MP－8（4/8/10bar）	0.5～10	所有系列商用的/～300
Teledyne Energy Systems（美国）	Titan EL1400（7～10bar） Titan EL1000（7～10bar）	78 56	商用的 商用的
Wasserelektrolyse Hydrotechnik（德国）	Demag（常压）	0.12～250	商用的/＞500
McPhy（法国）	McLyzer（常压）	400	商用的（1200Nm³/h Audi etogas in Werlte）
NEL（挪威）	A－150（常压） A－300（常压） A－485（常压）	50～150 151～300 301～485	商用的 商用的 商用的/＞850
Tianjin Mainland（中国）	FDQ 400（30bar）	2～600	商用的（在 Kokkola 工业园的 9MW 装置，16bar）

11.6.2 PEM 电解概貌

表 11.4 列出了 PEM 电解装置最重要的制造商和开发商的概貌。

表 11.4 PEM 电解装置最重要的制造商/开发商概貌

制造商	系列/工作压力	制氢效率/（Nm³/h）	能量消耗/（kW·h/Nm³）	部分负载范围（%）
Giner Electrochemical Systems（美国）	高压（85bar）	3.7	5.4（系统）	—
	30kW 发电机（25bar）	5.6	5.4（系统）	
Hydrogenics（加拿大/比利时/德国）	HyLYZER（30bar）		4.5（电堆） 5.2（系统）	0～100
	1.5MW	0～290		
	2.5MW	0～450		
Proton OnSite（美国）	HOGEN S/14bar	0.25～1.0	6.7	0～100
	HOGEN H/15～30bar	2～6	6.8～7.3	0～100
	HOGEN C/30bar	10～30	5.8～6.2	0～100
	M Series（15～30bar）	100～400		

（续）

制造商	系列/工作压力	制氢效率/ （Nm^3/h）	能量消耗/ （$kW \cdot h/Nm^3$）	部分负载范围（%）
H – TEC Systems（德国）	ELS30（30bar）	0.3 ~ 4	5.0 ~ 5.5	0 ~ 100
ITM Power（英国）	HGas 60 (20 ~ 80bar)	12	6.0	—
	HGas 180 (20 ~ 80bar)	37	5.1	
	HGas 360 (20 ~ 80bar)	76	4.7	
	HGas 1000 (20 ~ 80bar)	214	4.8	
Siemens（德国）	100kW 样机 (50bar)	~ 20		0 ~ 300
	SILYZER 200 (35bar) Energiepark Mainz 6MW peak	225	~ 5.5	0 ~ 300
ArevaH2Gen（法国）	氢发电机	10 ~ 120	4.4（电堆）	

11.7　当今应用示例

11.7.1　从电力到气体（Power – to – Gas）

图 11.11 显示了在德国从电力到气体（Power – to – Gas）项目的在 2012 年 5 月的状况。

从电力到气体（Power – to – Gas）的价值链不仅仅局限于以储能为目的的氢的生产，相反，电解槽在电网上提供可切换的、可变的负载，其可以在波动的能量供应下运行，从而有助于稳定电网。此外，在供应区域内不同位置的电解槽可以组合成一个集群并集中控制，这提高了它们对调节能源市场的重要性。所生产的氢可用于各种用途。在氢移动性应用兴起的背景下，风能电解氢代表了未来移动性的更清洁的燃料。使用绿色的风能电解氢运行的燃料电池汽车的续驶里程和加注时间与传统燃料相当，且 CO_2 排放量最低。

氢可以与 CO_2 一起转化为合成甲烷。生物质气体装置特别适合作为 CO_2 的来

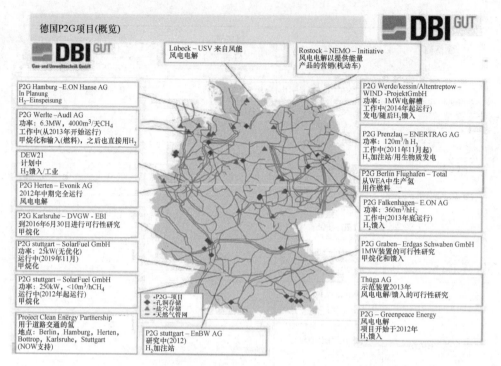

图 11.11　德国的从电力到气体（Power – to – Gas）项目

源。合成甲烷具有与化石甲烷相同的特性，可以不受任何限制地输入到天然气管网中，给出了移动性、工业、贸易和住宅中的所有常见的用途。除了通过替代化石甲烷来减少 CO_2 排放外，甲烷化还通过显着增加 CH_4 产量来优化生物质气体装置。在生物质气体装置中，约 50% CH_4 和 50% CO_2 的常见气体成分通过借助于氢的甲烷化转化为 100% CH_4。除了生物质气体装置更高的 CH_4 产能优势外，这也意味着植物性生物质原料的面积需求减少了 50%。

11.7.2　加注站

氢在当今和未来的电动汽车领域中发挥着重要的作用。为了实现联邦政府长期的气候保护目标，可再生能源生产的氢将作为零排放燃料对此做出重要的贡献。本书的第 4 章提供了对这个主题的更深入的关注，对此可供参考。

11.8　展望

目前，能源技术在世界范围内发生了重大变化。公认的驱动因素是气候变化、能源供应安全性、工业竞争力和当地的排放。通过可再生的能量生产容量的扩大，大量能量的存储出现了新的挑战，这是因为可再生能量的不断扩张，导致电网供电系统中由风能和太阳能产生的波动能量迅速增加。因此，除了电能和热能存储设施外，以所谓的从电力到气体（Power – to – Gas），即通过电解方式（必要时加上甲烷化）获得氢或合成甲烷的形式存在的化学存储也具有重要意义。从图 11.12 可以看出，可能用到氢的市场是交通运输、直接转化为电力、甲烷化和馈入天然气管网或作为工业过程中的原材料使用等。相比于直接馈入天然气管网或先甲烷化后再馈入天然气管网，在交通运输的高效燃料电池驱动系统中使用氢，可最大程度地减少CO_2排放。

然而，为了能够在 2020 年以后，利用再生能量产生的过剩电力，在大规模制氢市场中现实地和可持续地进行水电解，需要进一步研究替代催化剂和膜等材料。除了碱性水电解，PEM 电解还可以满足电解氢日益增长的需求。因为 PEM 电解相较于碱性电解的优势，使其更适用于兆瓦级以上的装置规模，PEM 电解在未来可以发挥更大的作用。

如果实现了这些目标，将可再生能源和水电解制氢的成本范围控制在 2 ~ 4 €/kg 将成为现实。

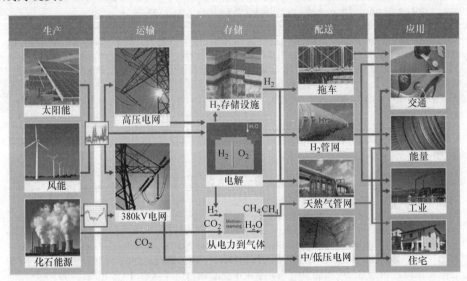

图 11.12　氢作为可再生能源的存储介质

参 考 文 献

1. Bundesministerium für Wirtschaft und Technologie (BMWi), Bundesministerium für Umwelt, Naturschutz und Reaktorsicherheit (BMU): Energiekonzept für eine umweltschonende, zuverlässige und bezahlbare Energieversorgung. BMWi, BMU, Berlin (2010)
2. Gesetz für den Vorrang Erneuerbarer Energien (Erneuerbare-Energien-Gesetz – EEG), Erneuerbare-Energien-Gesetz vom 25. Okt2008 (BGBl I S. 2074), das zuletzt durch Artikel 1 des Gesetzes vom 17. August 2012 (BGBl I S. 1754) geändert worden ist. Zuletzt geändert durch Art. 1 G v. 17.8.2012 I 1754. Mittelbare Änderung durch Art. 5 G v. 17.8. 2012 I 1754 berück-

sichtigt (2012)

3. Bundesregierung D.: Energiewende auf gutem Weg. http://www.bundesregierung.de/Content/ DE/Artikel/2012/10/2012–10–11-eeg-reform.html Zugegriffen: 2012

4. V. DDVdG-uWe. Mit Gas-Innovationen in die Zukunft! Bonn (2010)

5. Wöhrle, D.: Wasserstoff als Energieträger – eine Replik. Nachr. Chem. Tech. Lab. **39**, 1256–1266 (1991)

6. Sandstede, G.: Moderne Elektrolyseverfahren für die Wasserstoff-Technologie. Chem. Ing. Tech. **61**, 349–361 (1989)

7. Smolinka, T., Günther, M., Garche, J.: NOW-Studie: Stand und Entwicklungspotenzial der Wasserelektrolyse zur Herstellung von Wasserstoff aus regenarativen Energien. NOW (2011)

8. Winter, C.J.: Wasserstoff als Energieträger: Technik, Systeme, Wirtschaft, 2. überarbeitete Auflage Springer, Berlin (1989)

9. Streicher, R., Oppermann, M.: Results of an R&D program for an advanced pressure electrolyzer (1989–1994). Fla. Sol. Energy Cent. 641–646 (1994)

10. Hug, W., Divisek, J., Mergel, J., Seeger, W., Steeb, H.: High efficient advanced alkaline water electrolyzer for solar operation. Int. J. Hydrog. Energy **8**, 681–690 (1990)

11. Szyszka, A.: Schritte zu einer (Solar-) Wasserstoff-Energiewirtschaft. 13 erfolgreiche Jahre Solar-Wasserstoff-Demonstrationsprojekt der SWB in Neunburg vorm Wald, Oberpfalz (1999)

12. Barthels, H., Brocke, W.A., Bonhoff, K., Groehn, H.G., Heuts, G., Lennartz, M., et al.: Phoe-bus- jülich: an autonomous energy supply system comprising photovoltaics, electrolytic hydrogen, fuel cell. Int. J. Hydrogen Energy **23**, 295–301 (1998)

13. Jensen, J.O., Bandur, V., Bjerrum, N.J.: Pre-Investigation of water electrolysis, S.196. Technical University of Denmark (2008)

14. Marshall, A., Borresen, B., Hagen, G., Tsypkin, M., Tunold, R.: Preparation and characterisation of nanocrystalline $Ir_xSn_{1-x}O_2$ electrocatalytic powders. Mater. Chem. Phys. **94**, 226–232 (2005)

15. Marshall, A., Tsypkin, M., Borresen, B., Hagen, G., Tunold, R.: Nanocrystalline $Ir_xSn_{1-x}O_2$ electrocatalysts for oxygen evolution in water electrolysis with polymer electrolyte – effect of heat treatment. J. New. Mat. Electr. Sys. **7**, 197–204 (2004)

16. Trasatti, S.: Electrocatalysis in the anodic evolution of oxygen and chlorine. Electrochim. Acta **29**, 1503–1512 (1984)

17. Andolfatto, F., Durand, R., Michas, A., Millet, P., Stevens, P.: Solid polymer electrolyte water electrolysis – electrocatalysis and long-term stability. Int. J. Hydrogen Energy **19**, 421–427 (1994)

18. Millet, P., Andolfatto, F., Durand, R.: Design and performance of a solid polymer electrolyte water electrolyzer. Int. J. Hydrogen Energy **21**, 87–93 (1996)

19. Yamaguchi, M., Okisawa, K., Nakanori, T.: Development of high performance solid polymer electrolyte water electrolyzer in WE-NET. In: Iecec-97 – Proceedings of the thirty-second Intersociety Energy Conversion Engineering Conference, Bd. 1–4, S. 1958–1965 (1997)

20. Ledjeff, K., Mahlendorf, F., Peinecke, V., Heinzel, A.: Development of electrode membrane units for the reversible solid polymer fuel-cell (Rspfc). Electrochim. Acta **40**, 315–319 (1995)

21. Rasten, E., Hagen, G., Tunold, R.: Electrocatalysis in water electrolysis with solid polymer electrolyte. Electrochim. Acta **48**, 3945–3952 (2003)

22. Ma, H.C., Liu, C.P., Liao, J.H., Su, Y., Xue, X.Z., Xing, W.: Study of ruthenium oxide catalyst for electrocatalytic performance in oxygen evolution. J. Mol. Catal. Chem. **247**, 7–13 (2006)

23. Hu, J.M., Zhang, J.Q., Cao, C.N.: Oxygen evolution reaction on IrO_2-based DSA (R) type electrodes: kinetics analysis of Tafel lines and EIS. Int. J. Hydrogen Energy **29**, 791–797 (2004)

24. Song, S.D., Zhang, H.M., Ma, X.P., Shao, Z.G., Baker, R.T., Yi, B.L.: Electrochemical investigation of electrocatalysts for the oxygen evolution reaction in PEM water electrolyzers. Int. J. Hydrogen Energy **33**, 4955–4961 (2008)

25. Nanni, L., Polizzi, S., Benedetti, A., De Battisti, A.: Morphology, microstructure, and electro-catalylic properties of RuO_2-SnO_2 thin films. J. Electrochem. Soc. **146**, 220–225 (1999)

26. de Oliveira-Sousa, A., da Silva, M.A.S., Machado, S.A.S., Avaca, L.A., de Lima-Neto, P.: Influence of the preparation method on the morphological and electrochemical properties of Ti/IrO_2-coated electrodes. Electrochim. Acta **45**, 4467–4473 (2000)

27. Siracusano, S., Baglio, V., Di Blasi, A., Briguglio, N., Stassi, A., Ornelas, R., et al.: Electro-chemical characterization of single cell and short stack PEM electrolyzers based on a nano-sized $IrO_{(2)}$ anode electrocatalyst. Int. J. Hydrogen Energy **35**, 5558–5568 (2010)

28. Ayers, K.E., Anderson, E.B., Capuano, C., Carter, B., Dalton, L., Hanlon, G., et al.: Research advances towards low cost, high efficiency PEM electrolysis. ECS Trans. **33**, 3–15 (2010)

29. Sheridan, E., Thomassen, M., Mokkelbost, T., Lind, A.: The development of a supported Iri-dium catalyst for oxygen evolution in PEM electrolysers. In: 61st Annual meeting of the Inter-national Society of Electrochemistry. International Society of Electrochemistry, Nice (2010)

30. Smolinka, T., Rau, S., Hebling, C.: Polymer Electrolyte Membrane (PEM) Water Electrolysis. Hydrogen and Fuel Cells, S.271-289. Wiley-VCH (2010)

31. Ayers, K.E., Dalton, L.T., Anderson, E.B.: Efficient generation of high energy density fuel from water. ECS Trans. **41**, 27–38 (2012)

32. Hydrogenics: Hydrogenics awarded energy storage system for E.ON in Germany. World's first megawatt PEM electrolyzer for power-to-gas facility, April 8th (2013)

33. Dönitz, W., Erdle, E.: High-temperature electrolysis of water vapor – status of development and perspectives for application. Int. J. Hydrogen Energy **10**, 291–295 (1985)

34. Dönitz, W., Streicher, R.: Hochtemperatur-Elektrolyse von Wasserdampf – Entwicklungsstand einer neuen Technologie zur Wasserstoff-Erzeugung. Chem. Inge. Tech. **52**, 436–438 (1980)

35. Isenberg, A.O.: Energy conversion via solid oxide electrolyte electrochemical cells at high temperatures. Solid State Lonics **3–4**, 431–437 (1981)

36. Dönitz, W., Dietrich, G., Erdle, E., Streicher, R.: Electrochemical high temperature technology for hydrogen production or direct electricity generation. Int. J. Hydrogen Energy **13**, 283–287 (1988)

37. Erdle, E., Dönitz, W., Schamm, R., Koch, A.: Reversibility and polarization behaviour of high temperature solid oxide electrochemical cells. Int. J. Hydrogen Energy **17**, 817–819 (1992)

38. Laguna-Bercero, M.A.: Recent advances in high temperature electrolysis using solid oxide fuel cells: a review. J. Power Sources **203**, 4–16 (2012)

39. Stoots, C.M., O'Brien, J.E., Herring, J.S., Hartvigsen, J.J.: Syngas production via high- tem-perature coelectrolysis of steam and carbon dioxide. J. Fuel Cell Sci. Tech. **6**, 011014 (2009)

40. Carmo, M., Fritz, D.L., Mergel, J., Stolten, D.: A comprehensive review on PEM water elect-rolysis. Int. J. Hydrogen Energy **38**, 4901–4934 (2013)

41. Henel, M.: Power-to-Gas – Eine Technologieübersicht. Freiberger Forschungsforum. Freiberg (2012)

42. Mergel, J., Carmo, M., Fritz, D.L.: Status on technologies for hydrogen production by water electrolysis. In: Stolten, D., Scherer, V. (Hrsg.) Transition to Renewable Energy Systems, S. 425–450. Wiley-VCH, Weinheim (2013)

第 12 章　大型电解系统的发展：需求和方法

12.1　引言

本章将阐述对 10MW 以上的 PEM 电解系统的需求，并与目前市场现有的设备的现状形成对比，同时还展示了在产业升级和工业化的工艺、技术和物流等方面的挑战，以及对必要的服务性方案和安全性方案的考虑。最后，提供了在大型电解系统方面西门子公司的建树，对行动计划、应用和实施的展望，以及美因茨能源园区 6MW 电解系统运行的初步结果和认知。

12.2　为什么需要大型电解系统以及"大型"是什么意思

减少温室气体排放不再只是单纯的、集体的口头承诺，而要体现在硬性的数字指标上。欧盟的目标是，到 2050 年将 CO_2 排放量减少 80%（基于 1990 年的值）。

一个经济体中的所有领域，如交通、工业过程、私营领域以及电力部门等，都需要对此采取相应的措施。在后者中，最大的潜力在于借助所谓的可再生能源（例如水力、风力、太阳能）进行原始发电。尤其在资源日益稀缺的背景下，可持续发电也变得越来越重要。

虽然水力发电通常是连续产生的，但让发电商头疼的主要是风能和太阳能，因为能量受自然波动的影响，所以不能像传统的燃煤或燃气发电厂那样可靠地进行规划。

然而，由于电网中电力的产生和消耗必须始终保持平衡，因此总是重复存在一些时间窗口，在这些时间窗口中，在电网中存在的能量没有作为电力被消耗，或者在电网中已经有太多电力。这主要对德国北部或东部的风力发电厂会产生影响。从联邦电网管理局在其监测报告中公布的数据中可以看出，2014 年风电损失超过 1200GW·h，这一能量可以为大约 30 万户家庭提供一整年的电力。

然而，与此相反，也存在实际耗电高于当前采用可再生能源产电的电量的情况，因为经常提到的"黑暗平静"占了上风。虽然在这种情况下首先可以使用灵活的燃气发电厂和蒸汽发电厂来满足短期的需求高峰，但由于对可再生电力优先管控，会使这些运营商的积极性被大大削减。因为，除了实际投资外，装置的经济运行的一个重要参数始终是装置利用率与运行时间的函数关系。

总的来说，电力行业发生了模式转变，因为到目前为止发电能力一直取决于发电消耗。

另一个最近变得更加普遍的现象是"负电价"。供需机制通过莱比锡的电力交易所（EEX）运作。该机制会提供一个时间段，在该时间段内，消费者可以收到用于支付电力消费的钱，而不必支付电费。这种时间在2011年几乎占了2%，而且有上升的趋势。

前面的考虑表明，可持续的 CO_2 减排不仅包括零 CO_2 以及 CO_2 中性发电，而且还需要一个可再生能源扩张的中期的解决方案；对于不能馈入电网的能量，无论是能够使用还是存储，都要实现发电和耗电之间的平衡。

对于短周期过程来说，它不是少量的能量。

在这种情况下，最近的研究提到，到2040年电力需求高达 $40TW \cdot h$，这些电力必须能够被存储数周至数月。

在此背景下，进行了关于存储解决方案和存储介质的各种各样的深入的讨论。需要评估和比较的属性主要是可存储能量的数量、存储持续时间以及技术的、政策的和本地实施的可能性。

例如，抽水蓄能电站无疑是高效的，但受地理环境限制。此外，还分析了所谓的压缩空气存储设施，当然还有蓄电池解决方案。

最后但并非最不重要的一点是，通过电解将能量通过电化学转化为氢也提上了日程。人们认识到，以氢为介质可以在几个月内几乎没有损失地存储大于 $1TW \cdot h$ 范围的大量能量。

电解原理，即通过电化学分离将水分解为氢和氧，它自19世纪初就已为人所知，这可以追溯到科学家约翰·威廉·里特（Johann Wilhelm Ritter）。

但并非所有电解都是一样的，根据应用领域和运行模式的差异，具有不同特性的不同技术具有各自的优势。

过去，碱性电解槽的应用特点为：主要是在大气压下，在能量供应或水供应没有波动以及也没有自发的生产中断的条件下，通过连续的 PEM 和碱性的功率消耗连续不断地生产一定数量的氢。如今，对电解系统的技术特性的要求正在发生颠覆性的变化。动态运行成为新的需求，而不再追求以最佳的效率运行。风时刮时停，太阳时隐时现，这种事情分分秒秒都在发生。电解必须能够在尽可能短的时间内应对最大的能量梯度变化，并且还必须能够在必要时完全关闭数小时，以应对突发的过载情况。

一方面，电解用于吸收多余的能量或无法整合到电网中的能量，然后借助这些能量产生存储介质氢。另一方面，电解槽的高动态负载也必须能够用于维持电网的稳定，即能够作为可以快速接入/断开的负载来使用。

由于所谓的 PEM 电解的技术特性，其天然地能够满足上述要求（PEM 是聚合物电解质膜或质子交换膜的缩写）。

与碱性系统中的氢氧化钾相比，PEM 电解使用导电的膜（图 12.1），它非常适合于有高功率（例如要求高电流密度）要求的场景。此外，它确保了氧侧与氢侧之间的气密分离，并允许在高达 100bar 或更高的压力下运行。

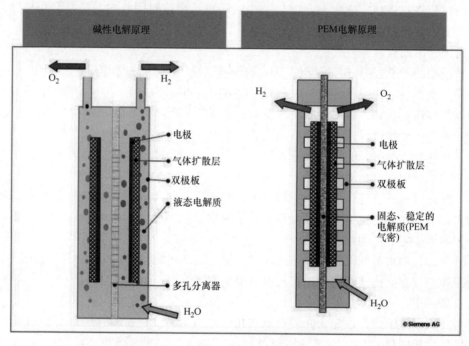

图 12.1　PEM 电解和碱性电解：原理和差异（来源：西门子股份公司）

此外，与在碱性系统中不同，PEM 电解槽不必保持在工作温度，而是可以完全关闭，这消除了停机时的运营成本。PEM 技术也不需要用惰性气体（极惰性气体）吹扫或施加保护电压来防止电极分解。此外，PEM 系统在接入时立即启动，没有预热阶段，因此具有高度动态性。

如果过去的问题是"大或 PEM"，那么未来的需求将是"大和 PEM"。在多年的电解技术和燃料电池技术研究的基础上，西门子公司进一步开发了现有的工业应用的实验室系统。其目标仍然是中长期提供几百兆瓦级别的 PEM 电解系统。

这些大型的电解槽可以将像来自大型海上风电场这样的多余电力转化为氢，并将氢填充到有助于电网平衡的大型缓冲存储设施中。如果需要，可以使用燃气轮机、燃气发动机或固定式燃料电池将氢转换回电能。预计在不久的将来，市场上将出现能够以 100% 的氢作为原料工作的燃气轮机和燃气发动机。

此外，与其他存储介质相比，所获取的氢仍然可以以多种方式应用。当采用可再生能源制氢时，对于各种燃料电池汽车，氢是一种零 CO_2 燃料。

欧洲正在制定引进和推广燃料电池公交车的方案，尤其是用于城市公共交通中，以消除噪声、微尘和其他排放物。例如，燃料电池公交车没有氮氧化物排放，与柴油公交车相比，噪声污染降低高达 60%。

氢也是许多工业过程的重要组成部分。全世界每年消耗的 6000 亿 Nm^3 氢中有很大一部分用于生产化肥，而且这一趋势正在增加，这与世界人口的增长保持一致。而氨（NH_3）为此提供了基本材料，氨也在旨在能够输出可再生能源（例如太阳能）的方案中发挥着作用。目前已用于运输氨的大型油轮就是以此为目的。然而，由于当今仍有大约 95% 的氢是使用含 CO_2 的蒸汽重整过程生产的，因此在这里也可以看到使用大型电解槽和可再生发电的巨大潜力（1t 氢在蒸汽重整过程中会产生超过 5t 的二氧化碳）。

"大"是什么意思？

对于 PEM 电解，同样可以追溯到亚里士多德的认知，即整体大于其组成部分的总和。

更重要的是，在计划升级一项新的、创新的技术时，不必到处尝试进入新的技术或工艺领域，而是可以依靠尽可能多的经验和久经考验的子系统。

具有 100MW 的复杂的、集成的 PEM 电解系统不只是一个大型的电解池（堆）和各种元件的组合。相反，它一方面更多的是结构、材料选择和技术设计的集成，另一方面是电化学的子系统和电子的子系统的相互作用。除此之外，还有大规模生产的知识产权、透明的安全系统以及经验丰富且称职的调试和服务组织的可用性。再加上 20 多年的 PEM 电解研究和开发经验，这些因素构成了西门子公司实践的坚实基础。

在接下来的章节中，将对在大型电解槽开发和制造背景下的一些详细方面进行阐述。

12.3 大型电解系统的开发必须吸收其他领域的哪些经验

西门子开发的 PEM 电解系统已非常成熟，可以实际应用。第一代完全采用集装箱式建造，可达到 0.3MW 的峰值功率。采用 PEM 技术的实验室耐久性试验运行了超过 65000h。除了 50bar 压力型号和可量产的 35bar 压力型号外，还成功进行了 100bar 的试验。事实证明，更高的运行压力实际上对电解过程的功率需求没有影响（图 12.2）。

自 2015 年以来，名为 Silyzer 的下一代 PEM 电解系统已投入使用。对此，西门子的员工还能够追溯到其在电极开发和生产方面 40 年的丰富经验中获得的知识产权。电极是 PEM 电解的核心元件，附着在膜电极组件（Membrane Electrode Assem-

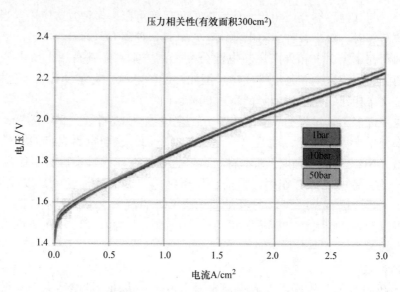

图 12.2　西门子公司 PEM 系统在不同压力水平下的电流－电压曲线（来源：西门子股份公司）

bly，MEA）上，并形成带有每两个双极板（BIP）和气体扩散层（Gas Diffusion Layer，GDL）的一个电解池。以下经验法则适用于开发和生产过程：MEA 负责使用寿命，BIP 分析成本。许多单体电池共同构成了 PEM 系统的核心：电堆（图 12.3）。

图 12.3　具有 250 个单体电池的 1.25MW Silyzer 200 电堆（来源：西门子股份公司）

　　PEM 电解系统的功率是通过每个单体电池的活性面积、单体电池数量以及电流密度（A/cm^2）和电池电压的乘积来计算的。这意味着，对在第一代集装箱式结构的电解系统，标称功率为 25kW，40 个单体电池，每个单体电池活性面积为 300cm^2，电流密度为 1A/cm^2，电压约为 2.09V。

　　如图 12.2 所示，电池的结构具有巨大的潜力，因为新一代 Silyzer 已经实现了在具有更高的电流密度的同时，电压值远低于 2V。这很重要，因为电池电压决定了电池的效率和电解系统制氢的电流密度。相同电流密度下更低的电池电压意味着，在相同的制氢量时有着更低的功耗，这对应于更高的效率。

与功率相关的升级可以通过有效的活性面积、单体电池数量、电流密度的增加和/或电池电压的增加来实现。最终，物理定律的限制发挥了决定性作用。然而，可以肯定的是，制造更大的电池或电池堆，会对制造过程和电池设计产生巨大的影响。小型 MEA 仍然可以在更小的车间中，由专业人员使用传统设备半自动生产。例如，1m² 的膜需要相应的大型生产机器，而这种形式的机器尚不存在。所谓的 BIP 的流场对介质供应和热管理至关重要，但要复杂许多倍，因为 MEA 上供应不足的区域会立即产生"盲点"，进而对效率和耐久性产生持续的负面影响，这就需要具有高效控制技术的最先进的自动化生产线。MEA 生产所需的材料数量庞大，这需要经验丰富的全球联网采购专家和买家。

反过来，这些必须与完善的、符合逻辑的流程相耦合。

MEA 的制造是电解系统建设中知识产权最密集的学科之一。这不仅与材料和原材料的选择有关，还与混合物、应用类型和使用量有关。

除了目前兆瓦级系统的 MEA 生产外，德国的西门子公司已经并行地为下一个电池尺寸建立了 MEA 的生产，这意味着如今已为下一次规模飞跃创造了先决条件。

许多事情随着规模的扩大而变得更易于管理。在工业化升级中，技术复杂性已显得微不足道了。在 PEM 电解中这也只是部分情况。

除了电堆和必要的工艺技术外，气体管理和水管理同样在升级的考量中也起着重要作用。由于水在电解过程中总是会分解，因此需要快速查看耗水量。

电解需要完全软化的水，大约 10L 的去离子水析出 1kg 的氢。当然，在生产这一数量氢的过程中，实际需要大约 15L 淡水。额外的水主要用于水的制备，之后就会导入正常的废水循环。

因此，100kW·h 的能量存储需要大约 3kg 的氢（基于低热值）和消耗大约 40L 的自来水，这与 10L 的取暖油消耗的能量相同（100kW·h）。

将这个结果换算到 100MW 的大型电解槽上，这意味着耗水量约为 25000L/h 或 420L/min。这大致相当于满负荷时两个大型消防水带的水流量。市场上虽然有这种尺寸量级的标准泵，但需要一个去离子罐来对 PEM 电解的动态运行进行缓冲，或用来补偿供水中可能出现的压力波动。

以下面的例子作为说明：使用一个比赛游泳池的水（50m × 25m × 2m），可以为一个 100MW 系统供水近 4 天。相对于每年 8760h 的运转时长，这只比 1% 略高一点。

该示例再次表明，跨行业、跨学科的知识是绝对必要的，因为这其中还必须集成离子交换器、反渗透系统或水的软化装置。

特别是当一个系统由灵敏的、新型的子系统和跨学科的工艺流程组成时，例如大型电解槽的方法技术和优化电解过程，所有其他子系统都必须可靠且相互协调。

电力电子、控制系统和电网连接共同构成电解的电子技术部分。在这里，大型电解槽也在不同的链接中发挥作用。

电网连接不再通过普通的"家用插座"或通过 400V 三相电流进行，而是通过中压或高压进行。

在该领域，西门子完全可以依靠自己的标准组件和系统，他们已经在所有可能的分支和应用中经过了数十年的考验。

除了这些组件外，尤其是在高电压领域，还特别需要具备所要求的能力、经验和培训的专业人员。这些大型电解系统所需的重型整流器（Rectifiers）的建造和设计方面的 50 年经验奠定了其坚实的基础（图 12.4）。大型电解项目的电气化设计方案，目前已经或将可以通过模拟程序，对电网变压器和真实的风力变化等相关内容进行优化。

图 12.4　用于大型电解槽的西门子重型整流器（来源：西门子股份公司）

控制技术对整个电解过程的监测、控制和调节来说是必不可少的，它相当于系统的大脑。控制技术组件包括所有与安全性相关的传感器和执行器，由不间断电源供电。在发生电源故障时，这可确保电解系统有序关闭并连续记录测量值和所发生事件。

与更高级别的控制系统进行的通信必须能够通过各种协议和物理接口才能实现。

远程访问、状态监测和远程诊断等功能已经作为标准的功能在所有使用 Silyzer 系统的现有项目中实现。对于 100MW 及以上的大型电解槽，这些选项无论如何都必须是系统中绝对固有的，因为不仅系统的大小，而且位置条件经常会阻碍快速的现场诊断。

Simatic PCS 7 控制系统（也在西门子电解槽中使用）与"通用远程服务平台"（Common Remote Service Plattform，CRSP）结合使用的全球项目经验显示，其具有最大可能的、经过验证的效率。

控制系统及与其配套的传感器设备，对于所有起决定性作用的系统参数和相关安全性功能的监控和调节而言，是必不可少的。

采集的信号必须进行函数处理，并为了以后按照指定的时间间隔进行分析，要对数据进行存档。与安全性最高度相关的信号，除了通过软件处理之外，还会被集成到一个附加的硬件触发电路中。除此之外，与装置运行相关的参数也可以在操作系统中进行可视化处理。由此产生的数据量会迅速将本地存储介质（甚至在千兆字节范围内）推到其容量限制，将来必须在这里部署特殊的云设计方案。

控制系统还承担电解系统中的各种调节功能，例如各种冷却回路中的温度调节以及在氧回路和氢回路中气体压力的设定值调节。这些只是一些在材料、制造、组件和控制系统领域的挑战。作为大型电解系统整体开发设计的重要组成部分，下面还要讨论与安全性设计方案、批准许可和运营服务相关的问题。

12.4　为大型电解系统设计哪些安全性方案

像 PEM 电解等创新技术的成功以及氢在未来能源格局中的重要性，在很大程度上取决于公众的接受程度。这需要技术开发和评估的透明度、信任，当然还有安全和实际可控的运行，未来没有相应的风险。

因此，最高目标必须是氢的安全生产和进一步应用。

为此，西门子专门为完整的、自控的 PEM 电解系统开发了一套安全性方案，同时考虑了所有相关的指导方针、标准和法规。

电解基本上分为两部分：电化学部分，在其中进行实际电解；电子技术部分，如今已经由经过测试和批准的西门子标准组件所组成。

PEM 系统具有所必需的 CE 认证，从而证明其符合相关法令、指南和标准，例如压力容器 VO 97/23/EC、Atex 94/9/EC、Maschinen VO 2006/42/EC。

完全开放的主要测试机构在早期开发阶段的参与，会影响与安全和可靠相关的技术。对此，明确定义措施，并记录为一级、二级和三级。

一级措施旨在通过自身安全的结构和设计措施，消除危险或防范风险。此类风险包括生成爆炸性气体、超压或过热等。通过这些措施还可持续地减少对预防性维护的要求。

与之相关的，PEM电解系统中使用的所有材料都要如此设计，以至于能够承受预计的热的、化学的和机械的应力。对于关键部件，还要求供应商提供额外的测试证书。所有密封件和管道组件必须满足压力容器VO 97/23/EC的要求。此外，设计合理的、与泄漏检测相匹配的独立通风系统，可确保在不运行状态下都不会出现爆炸性气体混合物。

二级措施用于限制不可避免的危险状况的后果。这主要是采用与温度、气体泄漏和压力波动相关的各种传感器。但乍看上去似乎微不足道的措施，例如将系统接地和安装远程控制系统，也属于这一类。

最后，三级措施用于尽管采取了所有的一级和二级措施仍可能会出现的可快速识别、定位并可以控制其后果的事件。这包括所有类型的火灾或漏水的探测器。用于检测火灾的红外探测器，以及对工艺室和电气室的访问权限的准确定义和标记，有助于确保PEM电解系统对人员和环境的安全。

这种"自持式PEM氢电解系统的安全方案"构成了各代大型电解系统的基础，并在开发和生产过程中不断改进和补充。

12.5 这些大型电解系统的持续运行需要哪些服务

大型电解槽的运营对买方或运营商来说意味着巨大的、长久的投资，他们对此都有很高的期望。除了投资之外，运营成本和维护成本对盈利能力也起着至关重要的作用。在工业化环境中，如果潜在的运营商清楚"投资回报（Return on Investment，ROI）"的时间段（通常应该或必须在3～5年之间），则通常会考虑"总拥有成本（Total Costs of Ownership，TCO）"。这里的决定性因素是图12.5中显示的"整体设备效率（Overall Equipment Effectiveness，OEE）"。它是一个生产系统的可用性、生产能力和质量的乘积。电解过程必须具有最大的可用性和无故障工作能力，同时还要具有经济效率，并提供不含关键性杂质的氢产品。运营商经常尝试仅优化这些性能指标中的一个，从长远来看，这不会为其带来可接受的解决方案。例如，用于营销目的更高的效率通常以牺牲使用寿命和可用性为代价。

优化运营成本、保护投资、确保可用性，这些是服务和支持的主要挑战，尤其是在设备运行之后。首先，这以服务组织的无缝存在为前提，然而，这并不意味着内部开发部门的专家可以在每种情况下诊断和纠正系统故障。随着应用领域数量的增加，当地服务专家必须具备必要的电气和工艺工程的交叉技能。

电解系统的复杂性必须以一种简单的和高效的服务理念来体现。这与标准服务无关，例如电话热线或出现故障时服务技术人员的反应性计划安排。

相反，服务的目标是在整个计划的生命周期内完全避免此类意外停机。

有趣的是，在分析和评估所有组件与整体可用性的相关性时，电堆并是最不重要的。而排在首位的是承受机械应力的"旋转设备"，即泵、风扇，还有特殊的

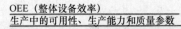

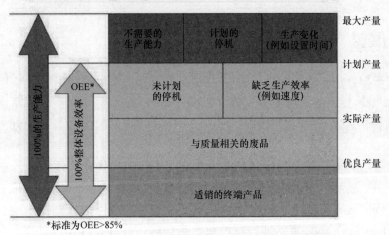

图 12.5 整体设备效率是系统和装置评估的基准（来源：西门子股份公司）

阀门。

预防性维护措施包括建立并执行维护和检查计划、状态监测系统，磨损部件和服务部件的随时可用性，以及在整个预计的使用寿命内确保电解系统的可靠性。

来自不同的维护理念的知识必须纳入到服务策略中。其中，以可靠性为导向的维护是一种确保任何组件在给定的运行条件下满足其预期功能的措施。服务专家们回答一个接一个的问题：一个组件必须完成哪些功能；这个组件如何失效；是什么原因造成的；故障发生时组件实际发生了什么；这些故障的短期和长期后果是什么；有什么预防措施；如果没有预防措施该怎么办。然后，响应方案构成了维护计划、备件方案以及对客户和/或服务技术人员进行必要的特殊培训的基础。系统越大、越复杂，这些方案就越重要。

特别是在大型电解系统中，集成在控制系统中的远程服务方案也起着决定性的作用。

这项工作已起始于因特网安全连接的可用性。

病毒防护可以防止伤害性软件的入侵，但也必须集成更简单的功能，例如诊断工具、所谓的自动工单助手（Ticket – Assistenten）和可靠的软件更新方案，尤其是在未来的大型 PEM 电解系统中。这些必须确保避免未经授权的外部访问或破坏。通过这种方式，控制技术可以通过消除计划外的停机来支持实现最大工作能力的目标。

只有控制技术在整个生命周期内与系统技术的进一步发展保持同步，才能确保投资价值，并向运行商提供其系统的生产能力和效率。

借助于 Simatic PCS7，西门子可以依靠自有的平台，该平台已经在市场上构建了无数次，其中所描述的和必要的远程服务功能和生命周期服务功能，长期以来一直是标准包的一部分。

12.6 展望

西门子与合作伙伴一起，于2015年夏天在德国的美因茨启用了世界上最大的、采用PEM电解技术的从电力到气体（Power – to – Gas）的装置。在那里，3个Silyzer系统提供高达6MW的电解功率。第一个运行结果已经在各种活动和大会上展示。

通过展示其极具动态的运行模式，Silyzer系统能够优化当地电网，并于2016年4月作为二级调节功率的一个部分，成功地用作负载组件。在不同的负载条件下的运行过程中，其生产率和效率大大超出了预期。如果考虑完整的从电力到气体（Power – to – Gas）的装置，即包括电解、水处理、冷却、气体后处理、压缩和存储，考虑到氢的热值（$3.54kW \cdot h/Nm^3$），那么效率会在60% ~ 70%之间。在6MW的满负荷下，每小时可生产超过$1000Nm^3$的氢。自2015年7月展示活动开始以来，公众、行业和政界表现出了巨大兴趣，最终有超过1000名参观者。

由于PEM电解槽能够非常有效地将再生的（剩余的）能量转移到移动性和工业领域的特性，因此它们会在未来占据决定性的关键位置。它们也将有助于在所有经济领域可持续地减少CO_2（图12.6）。项目中使用的PEM单元在技术和性能方面都达到了对它们的期望。

图12.6　美因茨能源园中配备3个Silyzer系统的PEM电解车间（来源：西门子股份公司）

但市场需求将发生颠覆性变化，从 2018 年起必须提供至少 50MW 及以上的大型电解系统。对此，行业标准应该规定，要在保证功率效率的同时，做到成本最优，这将是关于"总拥有成本"（TCO），而不仅仅是功能性。而"绿氢"只有在其生产成本与目前氢的成本相媲美的情况下，才能确立自己的地位，而这也需要重新考虑对 CO_2 证书的评估。

基于在所有必要学科方面的多年经验，从 PEM 技术和电极生产、重型整流器、控制技术、电力电子以及生产过程的构建、行业知识产权和服务能力开始，西门子公司将提升先进的 PEM 电解系统，以满足这些需求。这方面的工作已经完成，要求也已经被明确地定义。

参 考 文 献

1. Europ. Kommission, Fahrplan für den Übergang zu einer wettbewerbsfähigen CO_2-armen Wirtschaft bis 2050, (8. März 2011)
2. https://www.regelleistung.net/ip/action/static/marketinfo
3. Auer, J., Keil, J.: Moderne Stromspeicher, DB Research, S. 1. (31. Januar 2012)
4. Unter dem Begriff „Emergenz" werden in beinahe allen wissenschaftlichen Disziplinen ähnliche Zusammenhänge diskutiert; als Beispiel sei hier angeführt, dass Gase über Eigenschaften wie Temperatur oder Druck verfügen, wohingegen die das Gas bildenden Moleküle diese Eigenschaften nicht haben
5. Zum Vergleich: 600 l/min liefern auch zwei der größtmöglichen Kombinationen aus Feuerwehrschlauch und Mehrzweckstrahlrohr unter Volllast; vgl. DIN EN 15182-3
6. Schwimmbecken für internationale Wettkämpfe: nach Bau- und Ausstattungsanforderungen für wettkampfgerechte Schwimmsportstätten, Deutscher Schwimm-Verband e.V., 1. Aufl. (Mai 2012)
7. Das sind im Einzelnen: Strom, Spannung, Leistung am Gleichrichterausgang; Zellspannung; Zelltemperatur; Fremdgasüberwachung; Füllstand in den Gasabscheidern; Wasserdruck d. Nachfüllleitung; Gasdruck v. Wasserstoff und Sauerstoff; Wasserstoff-Detektoren; Feuer- und Rauchdetektoren; Prozesswerte d. Kühlkreislaufs
8. „Extended primary safety measures (EPSM)", „Extended secondary safety measures (ESSM)" und „Extended tertiary safety measures (ETSM)"
9. Hotellier, G., Becker, I.: Safety concept of a self-sustaining PEM hydrogen electrolyzer system, Siemens AG, Vortrag auf der ICHS International Conference on Hydrogen Safety. Brüssel (September 2013)
10. Moubray, J.: Reliability-centered Maintenance, 2. Aufl., S. 7 ff, ISBN 0-8311-3146-2 (2001)
11. www.siemens.de/industry/lifecycle-services

第 13 章　在基于可再生能源的供应系统中提供氢的成本

13.1　引言

全球能源供应状态、气候变化和当地有效的污染物排放，要求在能源转型方法和道路交通能量载体选择方面做出根本性改变。因此，在为新型汽车动力提供燃料时，必须确保所使用的一次能量载体可以得到长期的、安全的、经济的和环保的供应，并能转化为终端能量载体。

目前，全球范围内正在开发使用动力蓄电池的纯电动汽车（Battery Electric Vehicles，BEV）和燃料电池电动汽车（Fuel Cell Electric Vehicles，FCV/FCEV）的概念车和量产车。它们由于当地的零排放政策（取决于所使用的一次能源类型）和温室气体减排效果，以及与现今的车辆相比显著提高了的驱动效率而表现出众。插电式混合动力汽车（Plug–in Hybrid Electric Vehicles，PHEV）也在本章讨论范围内，如果车上有更大的动力蓄电池，它允许回收制动能量和从电网为动力蓄电池充电，以便为动力总成提供电力。

如果氢是利用可再生电力（REG 电力）生产的，或者可以直接从电网获得可再生电力来供给动力蓄电池充电，则 FCV 和 BEV 会显示出最低的温室气体排放。由于这种电力是断断续续的，并且并不总能在电网中被使用，因此这表明以氢的形式存储是非常有利的。而且根据当前的知识水平，以具有竞争力的成本进行大规模存储也是可能的。但在可预见的未来，直接大规模地存储电能的相应选择并不确定。然而，据推测，未来这两种车辆设计方案将以一种互补的、以电力和氢为基础的供应系统投放到市场。由于 BEV 的动力蓄电池的单位存储容量更低，与具有储氢功能的 FCV 相比，其续驶里程相对更短。在给动力蓄电池充电时，与使用 FCV 时加注氢（这与当今的乘用车情况类似）相比，在所需时间方面存在劣势。而电解槽（能量效率约为 70%）与将 REG 电力直接传输到乘用车的动力蓄电池中相比，将 REG 电能转换为氢（在中央或现场加氢站）会带来更多的损失。

13.2　在互补的供应系统中的电力和氢

在设计新能源供应结构时，考虑到上述规则，未来道路交通的能量载体，尤其是电力和氢，在能源经济中应该具有相当重要的意义，但前提是它们是可长期提供的，并主要使用可再生的一次能量载体（图 13.1）。对此，需要满足以下 5 个先决条件：

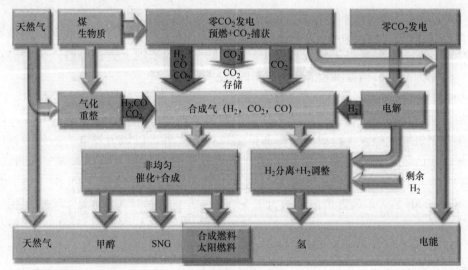

图 13.1　未来能源系统中的氢预燃 + CO_2 捕获：煤气化，随后从合成气中分离 CO_2；SNG：替代天然气；合成燃料/太阳燃料：来自化石的一次能源或生物质的液态燃料，通过重整或气化随后合成的途径

- 具有充足潜力的可再生电力。
- 创建新的基础设施（网络和存储设施）。
- 安装新的能源转换装置（电解槽等）。
- 确保风能和太阳能的波动补偿。
- 开发在车辆上合适的存储设施（动力蓄电池、氢存储设施）。

长期来看，氢和电力，作为互补系统中的供应单元（主要基于零 CO_2 发电）对交通运输有着重要的意义。一方面，电力可以直接馈入电网；另一方面，氢相比于电力，在存储能力上更具优势，因为它提供了有吸引力的解决方案，特别是对于移动式应用和波动的太阳能或风能的传输。氢和电力是可以相互转换的。这两种能量载体都可以在化石能源、非化石能源和长期的可再生能源的基础上生产。当然，它们具有不同的存储特性，并且需要不同的基础设施。

13.3　氢的生产

在交通运输领域，在选择氢生产和氢应用的合适方案时，主要是依据经济性、效率和环境影响等规则，并主要取决于五个参数：一次能源使用、技术应用、生产设备规模，以及氢运输/存储的要求，还有配送站设计。从这些参数可以推导出从一次能源到终端能源的使用过程中，整个供应链的能源消耗、温室气体排放和氢成本。

氢作为一种化工基础产品，目前在世界范围内有96%来自传统的化石能量载体生产，其中主要来自天然气。仅4%的氢是在电网基础上通过电解产生的。对此，未来为能源市场提供氢需要提出新的解决方案。

表13.1概述了制氢的成本。该总结以Trudewind等人在文献［2］中对于"H_2生成方法的比较"进行综合分析的数据为出发点。总体而言，除了仍在开发中的光生物制氢（此处仅进行成本预测和模型计算）之外，以风力发电为基础的碱性高压电解的生产成本最高。大型天然气蒸汽重整装置的制氢成本最高达0.08€/Nm^3，相当于约7.4€/GJ或0.9€/kg。这与由Höhlein等人在文献［3］对于每天制氢100～200t的大型装置所假设的为工业客户支出的4～5€/GJ的天然气费用相对应。相比之下，2016年12月4日天然气的市场价格（www. boerse - online. de）为每100万英热单位（Btu）为3.24€，相当于3.07€/GJ。

表13.1　制氢的成本平衡，参考值以美元（$）为单位，1$≈1€；2019年根据文献［8］的值，2020年根据文献［9］的值；根据文献［10］针对两种不同场景的信息，涉及2030年

工艺/过程	类型	参考值/(€/kg)
天然气重整	集中式	0.7～1.0　根据文献［2］
		1.0　根据文献［4］
		1.5　根据文献［6］
		1.5　根据文献［7］
		1.2　根据文献［9］
		1.6～2.1　根据文献［10］
	分布式	1.9～2.6　根据文献［2］
		4～17　根据文献［6］
		7.2　根据文献［7］
		2.8　根据文献［9］
太阳能天然气重整	集中式（计划）	1.4　根据文献［4］
水电解（风电）	集中式	4.9　根据文献［2］
		6～8　根据文献［4］

（续）

工艺/过程	类型	参考值/(€/kg)
		5.2 根据文献 [7]
		3 根据文献 [8]
		6 根据文献 [9]
	分布式	8~11 根据文献 [4]
		6.6 根据文献 [7]
		12~16 根据文献 [11]，电网耦合
		0.3~4 根据文献 [11]，独立于电网
生物质气化/生物质重整	集中式	1.6~1.9 根据文献 [2]
		3~4 根据文献 [4]
		1.4~1.7 根据文献 [7]
		2.5 根据文献 [8]
		1.2 根据文献 [9]
	分布式	2.5~2.9 根据文献 [7]
光生物的	分布式（计划）	6.0 根据文献 [2]
太阳热化学的循环过程	分布式	8.3 根据文献 [12]

在 2010 年 11 月对燃料电池和氢网络平台 H2NRW 的贡献中，DLR 以及 H2Herten 公司和 HYGEAR 公司提供了关于 Trudewind 和 Wagner 给出参数的补充数据，见表 13.1。在文献 [4] 中，DLR 介绍了"天然气的太阳能重整"的活动，理论上来说，这些活动在 Jülich 的带有定日镜和集中式接收器的太阳能塔上是可能的。成本信息应理解为是大型装置预期成本的规划信息。为了比较，还提到了目前借助于集中式天然气重整制氢的成本，和以风电电解和生物质为基础的制氢成本，当然，并没有进一步对方法进行阐述。

H2Herten 公司解释了在风力发电基础上，通过电解实现分布式的电力供应和氢供应的活动。各种 H2Herten 项目方案导致年产氢 21000kg 的设备规模的生产成本为 8~11€/kg。

荷兰公司 HYGEAR 提到了他们对于每天生产氢 11~550kg 或年产氢约 3200~160000kg 的设备规模的分布式现场天然气重整器的成本计划，假设利用率约为 80% 和天然气成本为 18.5€/GJ。作为对比：一台加氢机每天需要大约 320kg 氢或每年 120t 氢，平均加注频率为每小时 4 辆车，每辆车平均加注氢的量为 5kg，每天开放时长为 16h。在每 100km 消耗 1kg 氢的情况下，上述提到的 120t 的氢的量相当于每年行驶 12000km 的 1000 辆乘用车对氢的需求。

此外，该表还显示了 Tillmetz 和 Bünger 在 WHEC2010 上展示的数据：

- 集中式天然气重整，每天生产氢 216t，天然气成本为 8€/GJ。

- 分布式重整，每天生产氢480kg，天然气成本为11€/GJ。
- 采用集中式电解槽，每天生产氢43t，电费（陆上风电）为0.065€/kW·h。
- 使用分布式电解槽，每天生产氢130kg，电费为0.10€/kW·h。
- 在集中式装置中的生物质气化，每天生产氢183t，生物质成本为60~80€/t（干式）。

Müller – Langer 等人在文献［9］中展示了基于重整和气化制氢方法在经过技术经济比较分析后得到的结果。其使用的原材料是天然气、煤和生物质。对于传统的天然气重整，每天制氢量最高达540t的集中式大型装置的生产成本为10€/GJ或1.2€/kg。对于每天最多可生产43t氢的小型装置，生产成本约为23€/GJ或2.8€/kg。如果在每天最多可生产324t氢的集中式生物质气化装置上制氢，那么生产成本为10€/GJ或1.2€/kg。此时，生物质气化的原材料成本设定为3.80€/GJ，这要低于重整情况下的天然气的6.50€/GJ的成本。因此，尽管生物质气化的装置成本增加，但仍可算出可比较的氢的成本。此处显示的来自文献［9］中的数值适用的时间范围为2020年。每天最多可生产2.2t氢的碱性水电解被视为更进一步的分布式生产技术。如果使用风能（成本不详），则计算出的氢成本为50€/GJ或6€/kg。

Gökçek等人基于装机功率为6kW$_e$的微型风能装置和2kW$_e$的PEM电解系统，给出了离网制氢的成本为12~16$/kg。在使用相同的装置，但电解槽并网运行的情况下，计算出的成本为0.3~4$/kg。这里根据文献［11］列出的值，风力发电机高度为36m，离网运行的年产氢量为104kg。

Liberator等人根据生产率为100t/天的装置规划计算，展示了基于硫酸-碘方法的热化学循环制氢的最新技术。抛物槽收集器和带有集中式接收器的定日镜组合在一起用作热源和电源。通过经济性分析得出氢的成本为8.3€/kg。

最后，表13.1中列出了Lemus等人关于基于风力发电的集中式生物质气化和集中式电解的说明。其中给出的值适用于2019—2020年的时间范围。

13.4 氢的运输和分配

氢的气候友好型能源生产和使用的规划在中长期与其基于可再生能源的生产紧密相连。对此，所需的氢的物流包括了氢供应的所有要素：从氢的产地，经过调节处理（液态、气态）以及存储和运输（气瓶、低温容器、拖车、管网），直到加注到车辆上，加注站的所有流程也都包括在内。

为了在未来使用FCV的道路交通中向加注站提供氢，在2010年WHEC和北莱茵-威斯特法伦州燃料电池和氢管网的工作组提出、讨论和评估了各种解决方案。由此产生的氢的途径将在下文更详细地阐述，其中首要的是，与当前方法相比，在减少道路运输中温室气体排放的各种可能性有关的成本话题。

为欧洲设立的欧盟联盟研究（EU Coalition Study）反映了来自欧洲公司和组织

的工作组的集体观点。根据这项研究，从长远来看，建设氢基础设施的成本相对较低，但在短期（到 2020 年）达到 30 亿€（每年最多售出 100 万辆汽车）的成本却相当惊人。集中式生产的氢首先通过货车运输，将氢配送到压力气体容器中；从 2020 年起，管道输送氢的比例才会显著增加。

在文献［7］和文献［13］中详细列出了氢的配送成本。据此，当液化和压缩成本加上拖车的使用超过 150km 时，总计约为 1€/kg。管道成本更难估计，特别是因为使用现有管道系统（例如在莱茵 – 鲁尔或洛伊纳地区）与建造新供应系统的成本不同。以下为特别不确定的因素：

- 单位管道投资（€/m）。
- 跨区域运输的传输网络和当地分配的配送网络中所需的管道长度。
- 管道网络的利用，特别是在部分重叠时期建立氢车队或基础设施。

Johnson 等人提供了关于传输网络的建议，即不将氢配送到加注站。这样的管道网络是为美国亚利桑那州、科罗拉多州、新墨西哥州和犹他州这四个州设计的，并对其进行经济性评估。对于纯氢运输，确定成本为 0.41 ~ 0.95 \$/kg。对于一个由传输网络、配送网络和大型存储设施组成的整体系统，根据文献［15］中的数据，可以规定为 1.11€/kg。该值适用于到 2050 年可为德国约 3000 万辆汽车供应的总氢量为 293 万 t/年的氢基础设施。

对于所有不同大小的装置规模，在加注站产生的成本，均以 1kg 氢为基础，以 1.2€/kg 进行计算。在这种关系下，放大（Scale – up）系数的影响可能会更大：在 10% 的替换场景中，加压氢加注站约为 0.75€/kg，而液氢加注站仅约为 0.26€/kg。带有现场重整器或现场电解槽的加注站的成本约为 0.8€/kg。在文献［15］中介绍的上述系统中，加注站的成本为 0.90€/kg。

13.5　将氢与可再生能源整合到能源系统中

目前发表的一些研究已经涉及氢作为能源方案整体的组成部分，或将氢作为在具有较高可再生能源装机功率的能源系统中的存储介质，在其中所发挥的作用。本节首先根据诸如于利希研究中心设计的德国能源方案，分析和评估可再生能源制氢的替代用途。以下利用几个例子来呈现当前研究的结果，这些结果是基于不同分析方法得到的关于加强风能扩展中氢的使用潜力的研究。这些涉及德国的相关研究，分别是文献［17］、文献［10］、文献［18］以及文献［19］。文献［20］以欧洲为背景，介绍了"英国国内运输部门为了脱碳的集成的风氢电力网络的优化设计和运行"的研究结果。图 13.3 部分地再现了此处摘录的结果，采用文献中涉及基础设施成本和温室气体排放的附加信息。

来自可再生电力的氢的替代用途

除了上述讨论的采用不同生产技术制氢成本外，下文将更详细地补充介绍可再生能源，尤其是以风力发电为基础的制氢的替代用途。考虑到可再生发电量（REG 电力）的增加以及无法在当今消费情况下使用的部分，越来越多地讨论以下应用的可能性：

- 重新转换电力以补偿波动的 REG 馈电。
- 用作具有高效的燃料电池驱动的车辆（FCV）的燃料。
- 将氢直接馈入现有的天然气管网。
- 甲烷化，用于随后馈入现有的天然气管网。
- 在工业中用作原材料。
- 重新转换以覆盖电网中的剩余负载。

在道路交通中，使用可再生能源生产的氢作为燃料可以带来特殊的优势。用于燃料电池汽车时，一方面可以显著地减少温室气体排放，另一方面可以在运输功率相同的情况下实现运输部门的二次能源需求。通过替代以矿物油为基础的燃料，可以避免其在供应和使用中产生的温室气体排放。燃料电池驱动的更高的使用效率也有助于显著减少对燃料的需求。利用文献［16］中的数据可以假设：FCV 的燃料需求约为以汽油为动力的车辆的一半；并可进一步假设，这一消耗值的比例在未来也会继续存在。

不仅氢再转换成电力，而且直接馈入（直接作为氢或在事先甲烷化后转化为甲烷）都有助于在相同的使用效率下减少温室气体排放，而不会减少终端能源的使用。如果是馈入甲烷，则必须考虑甲烷化过程中的额外损失。

文献［15］中的比较成本估算表明，首先应在运输部门进行使用可再生能源生产氢的经济性评估（图 13.2）。该分析基于德国的能源方案的设计，其中假设陆上风能装置和海上风能装置的装机容量大幅扩张，进而几乎完全将剩余的电力用于为道路交通生产氢。对于基础设施，借助于基于地理信息系统（Geo informations system, GIS）的模型可以算出输送和配送网络中的管道长度。这些和其他必要的基础设施组件，包括基于天然气的用于满足剩余负荷的制氢装置，最终都要经过经济性评估。在文献［15］、文献［16］和文献［21］中有这项工作的假设和方法的记录。

根据文献［15］，替代能量载体的成本是评估的决定性因素。在运输部门，汽油成本定为 70ct/L（不含税），这相当于氢成本的 22€/GJ 或 2.7€/kg。当上述燃料需求比（ICV/FCV）为 2 时，导致燃料使用的比较成本为 44€/GJ 或 5.3€/kg 氢。在假设天然气成本为 11€/GJ 或 4ct/kW·h 的情况下，由天然气生产的氢将导致其供应成本变为 31€/GJ 或 3.7€/kg，这低于其比较成本。由可再生能源生产的氢的成本是在假设电力为 5.9ct/kW·h（49€/G 或 5.8€/kg）的情况下给出的。这些数值比比较成本高出 10%，并且已经包含了建造和必要的转换、运输和配送设施的运营等所有成本。关于氢或甲烷的馈入，同样在假设电能成本为 5.9ct/kW·h 的情况下，可计算出氢的成本为 30€/GJ 或 3.6€/kg 以及甲烷的成本为 44€/GJ。这些数值大约是比较成本（这里的比较成本为 6.9€/G 或 2.5ct/kW·h 天然气）的 4~6 倍。这些数字表明，在运输部门，在风力发电的基础上使用氢更为有利，因为在这种情况下，比较成本更高。

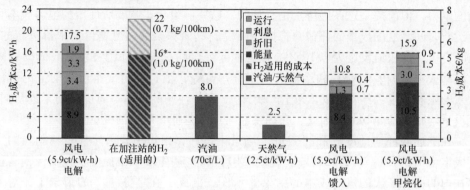

图 13.2　根据文献 [15] 得到的氢使用方案的成本比较（所有数据不含税）

来自可再生能源的氢的供给研究

除了上面讨论的文献数据外，2010 年由 Ludwig - Bölkow - Systemtechnik GmbH（LBST）完成的"在自由和汉萨同盟城市汉堡以及施勒苏益格 - 荷尔斯泰的风氢技术潜力"研究，在假设陆上/海上风力发电作为集中式电解槽的一次能量载体的前提下，并基于汉堡和施勒苏益格 - 荷尔斯泰的氢的供应成本，对如下内容进行了阐述：在 2020 年当地可能会出现大约 1~4TW·h 的过剩电力，如果不采取适当的措施，就无法被应用。这一过剩的电量相当于风力发电量的 5%~20%。使用这种多余电力制氢是一种有利的且常见的选择。这些措施包括：

- 在电解装置中制氢。
- 将氢存储在盐穴中。
- 通过管道、船舶和货车配送氢。
- 将氢重新转化以及用于工业和交通运输。

根据 LBST 研究，生产、存储和配送所需的投资约为 6 亿€，由此产生的在加注站供给的用风能生产的氢的单位成本（不包括 1~2€/kg 的加注站成本）按照负载和位置将在 0.54~0.75€/Nm³ 之间，相当于 50~69€/GJ 或 6~8€/kg。这比在没有风力发电的情况下提供的氢所支付的费用高出约 3~4€/kg。该研究详细讨论了由距离和数量决定的最便宜的运输方式，解释了分布式制氢和存储方式之间的相互影响、工业应用的氢的成本以及成本驱动型的能源和投资成本的影响。

该研究的信息可以概括如下：在早期进行电解制氢的情况下，由于化石能源价格的预期上涨和电解槽成本的降低，风能制氢可能会在 2020 年后具有竞争力。

在文献 [10] 和文献 [18] 进行的"风氢系统在能源系统中的集成"研究中，量化了未来可能的过剩电量，并研究了氢在其存储中的作用。该研究涉及内容一直延续到 2030 年，该分析基于两种场景，其中包括更多（"激进"）或更少

（"适度"）的可再生能源的扩张，以及对化石一次能量载体成本的不同假设。此外，以海上风力发电为出发点，区分了东北（NE）区和西北（NW）区。对于电解槽的运行模式，假设一是"价格控制"，假设二是"盈余控制"。后者也使用多余的电力，但前提是这在经济上是有利的。这些假设会影响要所使用的电力成本和年运营时间。氢的成本的评估是根据要征税的汽油和柴油的燃料价格平价进行的。在研究中，比较值设定为以10€/kg作为在泵站的价格。扣除销售税（1.60€/kg）、加注站成本（0.97€/kg）和运输成本（1.74€/kg）后，支付成本所需的氢的销售收入的限制确定为约6€/kg（无生产装置）。到加注站的运输是通过商用车进行的，假设平均距离为300km。因此，在提供氢时不考虑征收矿物油税。

在上述两种"适度"和"激进"场景中，计算出集中式天然气重整制氢的生产成本为1.59€/kg和2.13€/kg。文献［10］和文献［18］中提供了包括像销售税等在内的由此产生的氢的成本的结果的示例。据此，在"激进"的情景下，对于电解槽的运行模式，在"价格控制"和"盈余控制"下可实现分别为59100t/年和32000t/年的产氢量。用于支付成本所需的收入（带生产装置）为2.06€/kg和2.92€/kg。第二个值适用于电解的电力成本被视为0€/MW·h时的过剩电力的临界情况。如果将这些成本设置为80€/MW·h时，在"盈余控制"运行模式下，氢的成本将增加到7.08€/kg。除其他事项外，从这项工作中得出以下关于氢的成本的结论：

- 与基于集中式天然气重整的制氢相比，仅基于过剩电力的供氢由于电解利用率较低，不具有优势。

- 如果使用10€/kg作为在泵站的价格，相当于6€/kg（无生产装置）的收益，作为比较值，可以预计基于过剩电力的氢供应系统的长期盈利运行是可能的。

- 如果电力在研究中的假设条件下是可用的，则基于"价格控制"的运行模式的电解槽的运行速度可以明显加快，与基于天然气的制氢的经济性运行相比也是如此。

在敏感性分析中，将电力成本、系统组件的单位投资和电解槽的满负荷运行时长确定为供氢系统经济运行的重要标准。研究中做出的许多其他假设适用于此处引用的值，这些假设仅部分公开，只能以非常简要的形式在这里呈现。

在文献［19］中，研究了在不同的应用领域，与碱性和PEM电解槽能源经济相关的装置规模方面的技术经济的发展路径。这些路径与部分在不同的时间范围内使用氢有关：①在燃料电池汽车中的应用（"移动性2025"和"移动性2050"）；②在工业中的应用（"工业2050"）；③用于天然气管网馈入（"天然气管网2050"）；④用于再转换（"电力2050"）。

特定市场的和时间相关的假设适用于比较价格水平，比较价格水平用作经济性评估的衡量标准。例如，基于在交通运输中假定燃料价格上涨，假设氢的参考价格水平在2025—2050年期间从5.38€/kg上升到6.37€/kg。在技术方面，除其他外，假设电解设备的单位投资随着效率的提高而减少。对于碱性电解，到2025年以及 2050 年，分别适用于在 58% 效率下 1360€/kW 和在 61% 效率下 610€/kW。
PEM 电解所假设的成本水平显著降低，在 58% 效率下为 930€/kW，在 70% 效率下
为 330€/kW（2050 年）。其中考虑到了制氢所需的所有装置，甚至一直考虑到了拖
车填充以及馈入天然气管网或电网。为了使所有应用的结果具有更好的可比性，需
求量统一设为 24000t/年。研究得出的结果是，在"移动性 2050""工业 2050"和
"天然气管网 2050"场景中，碱性电解制氢成本均在 4€/kg 左右，由于那里的参考
价格水平更高，因此只有"移动性"具有经济前景。在"移动性 2025"和"电力
2050"场景中，约 6€/kg 的氢成本仅略高于 5.38€/kg 的交通运输的参考价格，但
远高于 3.69€/kg 的电力再转换参考价格。应该指出的是，在"移动性"方面没有
考虑氢运输和配送以及加注的成本。在 PEM 电解的情况下，成本通常像在碱性电
解的计算中一样基本上是相互关联的，但由于对 PEM 电解槽的单位投资和效率有
更有利的假设，因此氢的成本水平会更低。

在文献 [20] 中，借助于一个技术上详细的模型进行了系统设计，以供应由
风能产生的氢。其输入参数是空间上分布的氢需求和风能供应的时间序列，风力涡
轮机、电解槽、燃料电池、管道、压缩机、用于回收压力能的涡轮机、加注站、压
力容器和储氢的盐穴以及电力线和电缆都被视为系统组件。借助于基于 GIS 的模
型，首先确定风能装置的合适位置。然后，考虑到氢的需求，进一步确定所需要的
系统组件的数量、尺寸和位置，从而创建成本最低的供应系统。其中氢的需求是基
于英国的燃料消耗量。除了仅使用新建风力涡轮机的"基本案例"外，还分析了
其他四个案例，包括：①现有风力涡轮机也被接管；②洞穴存储设施；③传输管
道；④输电管道和电力线被排除在外。在使用现有的和符合需求的、需要建设的风
力涡轮机的情况下，计算出的最低年成本为 44 亿£（英镑）。假设汇率为 1.25€/£，
这个值相当于 55 亿€。除此之外，还有用于配送网络的 171 亿£（214 亿€），这部分
成本在所有情况下都将保持不变。每年总成本为 215 亿£（269 亿€），配送的氢的量
为 158 万 t，平均氢的成本可以表示为 13.8£/kg（17.25€/kg）。因此，与上述其他
研究中给出的数据相比，本研究中确定的数值明显要高得多。成本高的主要原因之
一可以在自身的成本计算中找到。在文献 [20] 中同时假设每年与资本相关的成
本占总投资的三分之一。假设投资参数同在文献 [15]、文献 [16] 中所使用的一
样，比较计算得出氢的供应成本为 4.90£/kg（6.12€/kg），其中补贴率为统一的
8%，电解槽的折旧年限为 10 年，加注站和配送管道的折旧年限为 20 年，输送管
道的折旧年限为 40 年。通过标准化经济性参数，可以从这些计算中获得更好的结
果一致性。

13.6　总结

在图 13.3 中，氢供应成本是根据表格中先前编制的数据显示为不含税的，并

与加注站当前含税（"毛"）和不含税（"净"）的优质汽油成本进行比较。除非在研究本身中说明，否则使用根据文献［7］的管道运输的平均氢运输成本和根据文献［10］的加注站成本，将氢生产成本转换为氢供应成本。这意味着管道运输氢适用于所有提到的集中式生产的路线。该描述扩充了来自文献［7］、文献［22］和其他相关研究中的氢供应成本。同样，来自欧盟联盟研究的值也适用于其中给出的年份和场景。如果无法获得有关这些排放的信息，则在 OPTIRESOURCE 的基础上对相应路径的温室气体水平进行数据整理。

氢和燃料电池技术国家组织（NOW）以由清洁能源伙伴关系（Clean Energy Partnership，CEP）设定的 9.50€/kg 的价格量化了少数几个以前存在的加注站的氢的当前成本水平。此外，GermanHy 研究（基于 2020 年 6€/kg 的氢成本）给出了不同路径和边界条件的估计值，包括基于 2020—2050 年期间的一次能源成本和基础设施成本。

先前引用的、目前可用的关于基于可再生能源发电，尤其是风力发电的氢的供应为主题的研究表明，在确定氢的供应成本时必须遵守大量标准。特别是，关于可用于电解的电力成本的评估问题，重要的影响参数有：

- REG 发电的扩展阶段。
- 网络的传输容量。
- 依赖于时间的 REG 电力生产和来自终端消费者和工业的电力需求。
- 经济性研究的边界条件。

可以得出结论：根据所研究的场景和选定的边界条件，在假设燃料电池汽车（FCV）与内燃机汽车相比具有明显的消费优势的情况下，氢的成本是可能会具有竞争力的。实现这一目标的先决条件包括低的电力成本、实现电解槽的成本目标以及能够实现较高的年运行时间的运行模式。

包括来自文献［16］、文献［17］和文献［10］、文献［15］、文献［19］的研究数据以及来自文献［20］涉及的与经济性参数相匹配的结果，图 13.3 显示了在交通运输方面提供氢的可能性，正如目前正在相关文献中讨论的那样。应该批判性地指出，并非所有文献资料都对替代场景、一次能源和具有规模经济的装置成本、运输路线和加注站成本提供更详细的定义。尽管如此，该描述为读者提供了一个方向，即氢的成本如何随着不同的温室气体水平和尚不清楚的财政要求而发展（与汽油成本相关，汽油成本目前和将来都会发生巨大变化，尤其是在未来）就单位温室气体排放和车辆储罐中每 GJ 或 kg 氢的成本而言，今天和未来基于天然气的建议的解决方案高于不含税的汽油水平。然而，从燃料电池汽车更高的效率来看，与使用汽油和柴油相比，在使用天然气生产氢的情况下，在平衡温室气体方面更有优势。

目前尚不清楚，现场发电装置将在多大程度上作为短期战略进入市场。从长远来看，只有风力发电或生物质能生产的氢才能显著减少温室气体排放，而成本水平仍然很高。

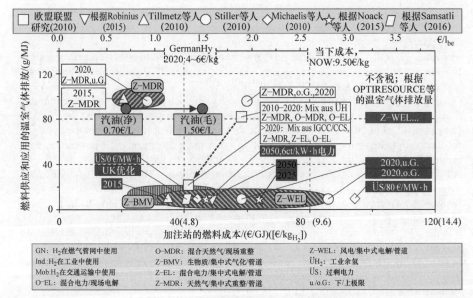

图 13.3 根据文献［25］扩充的、在加注站的氢的成本，天然气重整、风电电解和生物质气化是根据表 13.1 中的信息加上根据基础设施成本（阴影区域）得出的值；根据其他相关文献得到的附加信息（图中的符号）；更多解释见正文

注：由于燃料电池汽车具有更好的燃料使用率（MJ/100km），比内燃机汽车高约 2 倍，此处考虑的 FCV 路径可以推导出具有竞争力的每千米的成本。

参 考 文 献

1. Grube, T., et al.: Methanol als Energieträger. In: proceedings Netzwerk Kraftwerkstechnik der EnergieAgentur. NRW, Workshop der AG 3, Gelsenkirchen, 17.3.2011 (2011)

2. Trudewind, C., Wagner, H.-J.: Vergleich von H2-Erzeugungsverfahren. In: Proceedings 5. Internationalen Energiewirtschaftstagung IEWT, TU Wien, 14.–16.2.2007 (2007)

3. Höhlein, B., et al.: Hydrogen logistics – production, conditioning, distribution, storage and refueling. In: Proceedings 2nd European Hydrogen Energy Conference, Zaragossa, 22.–25.11.2007 (2007)

4. Sattler, C.: Wasserstoff-Produktionskosten via Solarer Reformierung von Erdgas. In: Proceedings Netzwerk Brennstoffzelle und Wasserstoff, Sitzung des Arbeitskreises H2NRW, Recklinghausen, 28.10.2010 (2010)

5. Kwapis, D.; Klug, K.H.: Wasserstoffbasiertes Energiekomplementärsystem für die regenerative Vollversorgung eines H2-Technologiezentrums. In: Proceedings Netzwerk Brennstoffzelle und Wasserstoff, Sitzung des Arbeitskreises H2NRW, Recklinghausen, 28.10.2010 (2010)

6. Smolenaars, J.: Wasserstoff-Produktionskosten via Onsite-Steam-Reformer an der Tankstelle. In: Proceedings Netzwerk Brennstoffzelle und Wasserstoff, Sitzung des Arbeitskreises H2NRW, Recklinghausen, 28.10.2010 (2010)

7. Tillmetz W., Bünger U.: Development Status of Hydrogen and Fuel Cells – Europe. In Proceedings: 18th World Hydrogen Conference: Essen, 2010. Forschungszentrum Jülich GmbH, Schriften des Forschungszentrums Jülich, Reihe Energy and Environment (2010). ISBN 978-3-89336-655-2

8. Lemus, R.G., Martínez Duart, J.M.: Updated hydrogen production costs and parities for conventional and renewable technologies. Int. J. Hydrogen Energy **35**, 3929–3936 (2010)

9. Müller-Langer, F., et al.: Techno-economic assessment of hydrogen production processes for the hydrogen economy for the short and medium term. Int. J. Hydrogen Energy **32**, 3797–3810 (2007)

10. Michaelis, J., et al.: Systemanalyse zur Verwendung von Überschussstrom. In: Proceedings Ergebnisvorstellung der Studie "Integration von Windwasserstoff-Systemen in das Energiesystem", Berlin, 28.01.2013, NOW GmbH (2013)

11. Gökçek, M.: Hydrogen generation from small-scale wind-powered electrolysis system in different power matching modes. Int. J. Hydrogen Energy **35**, 10050–10059 (2010)

12. Liberatore, R., et al.: Energy and economic assessment of an industrial plant for the hydrogen production by water-splitting through the sulfur-iodine thermochemical cycle powered by concentrated solar energy. Int. J. Hydrogen Energy **37**, 9550–9565 (2012)

13. A Portfolio of Powertrains for Europe: A Fact Based Analysis – The Role of Battery Electric Vehicles, Plug-in-Hybrids and Fuel Cell Electric Vehicles. McKinsey, (2010)

14. Johnson, N., Ogden, J.: A spatially-explicit optimization model for long-term hydrogen pipeline planning. Int. J. Hydrogen Energy **37**, 5421–5433 (2012)

15. Robinius, M.: Strom- und Gasmarktdesign zur Versorgung des deutschen Straßenverkehrs mit Wasserstoff, VI, 255 pp. RWTH Aachen University: Jülich, 2015. ISBN 978-3-95806-110-1

16. Stolten, D., et al.: Beitrag elektrochemischer Energietechnik zur Energiewende. In: Proceedings: VDI-Tagung Innovative Fahrzeugantriebe, Dresden, 6.–7.11. 2012, VDI-Verlag GmbH, VDI-Berichte 2183, ISBN 978-3-18-092183-9, (2012)

17. Stiller, C., et al.: Potenziale der Wind-Wasserstoff-Technologie in der Freien und Hansestadt Hamburg und in Schleswig Holstein. Ludwig-Bölkow-Systemtechnik GmbH, Eine Untersuchung im Auftrag der Wasserstoffgesellschaft Hamburg e. V., der Freien und Hansestadt Hamburg, vertreten durch die Behörde für Stadtentwicklung und Umwelt, sowie des Landes Schleswig-Holstein, vertreten durch das Ministerium für Wissenschaft, Wirtschaft und Verkehr, (2010)

18. Stolzenburg, K.: Integration von Wind-Wasserstoff-Systemen in das Energiesystem: Zusammenfassung & Schlussfolgerungen. In: Proceedings: Ergebnisvorstellung der Studie "Integration von Windwasserstoff-Systemen in das Energiesystem", Berlin, 28.01.2013, NOW GmbH (2013)

19. Noack, C., et al.: Studie über die Planung einer Demonstrationsanlage zur Wasserstoff-Kraftstoffgewinnung durch Elektrolyse mit Zwischenspeicherung in Salzkavernen unter Druck. Deutsches Zentrum für Luft- und Raumfahrt e. V, Stuttgart (2015)

20. Samsatli, S., et al.: Optimal design and operation of integrated wind-hydrogen-electricity networks for decarbonising the domestic transport sector in Great Britain. Int. J. Hydrogen Energy **41**, 447–475 (2016)

21. Baufumé, S., et al.: GIS-based scenario calculations for a nationwide German hydrogen pipeline infrastructure. Int. J. Hydrogen Energy **38**, 3813–3829 (2013)

22. Deutsche Energie-Agentur GmbH: Studie zur Frage "Woher kommt der Wasserstoff in Deutschland 2050?". Deutsche Energie-Agentur GmbH (dena), Berlin, (2010)

23. Optiresource – Software zur Ermittlung einer Bewertung von Pkw-Antrieben einschließlich Kraftstoffbereitstellung (Quelle bis Rad). Daimler AG. http://www2.daimler.com/sustainability/optiresource/index.html. Zugegriffen: 14. Mai 2013.

24. Wind, J., et al.: WTW analyses and mobility scenarios with OPTIRESOURCE. In: Proceedings 18th World Hydrogen Conference 2010, Essen, 18.05.2010 (2010)

25. Höhlein, B.; Grube, T.: Kosten einer potentiellen Wasserstoffnutzung für E-Mobilität mit Brennstoffzellenantrieben. In: et – Energiewirtschaftliche Tagesfragen 61 (2011)

第 14 章　聚合物电解质膜燃料电池（PEFC）的现状和观点

14.1　摘要

聚合物电解质膜燃料电池（PEFC）是多功能的、可应用的发电装置，例如用于乘用车和公共汽车等车辆、工业货车、离网的和不间断电源供应以及热电联产。本章将简要介绍 PEFC 的基本工作原理及其使用的材料和组件。

从用于所谓的膜电极组件（MEA）的材料（例如聚合物电解质膜、催化剂和气体扩散介质）的特性出发，对其他的、建造燃料电池堆所需的组件（例如双极板和密封方案）的要求进行阐述。

此外，根据使用美国能源部的数据建立的非常简单的成本模型，对铂负载对电堆成本的影响进行讨论。

最后，给出了与其他燃料电池技术的简要比较。

14.2　引言

燃料电池是通过空间分离的电化学反应，即一种燃料在阳极氧化（如氢）和一种氧化剂在阴极还原（例如空气中的氧）来产生电力的电源。在这些过程中转移的电子和离子被引导到不同的路径上。当使用聚合物电解质膜燃料电池（PEFC）时，离子，通常是质子（氢离子），在通常由离子交换聚合物或浸渍有离子导电的、高沸点液体的基质聚合物组成的膜中传输。这些膜主要由以下聚合物种类所制成：

- 聚合物、全氟磺酸（PFSA）以及全氟酰亚胺磺酸（PFIA）
- 磺化聚芳基化合物
- 掺杂磷酸的聚苯并咪唑

所有这些材料都是酸性质子导体。

直到最近，研究人员才开发出用于燃料电池的阴离子导电膜，并对其进行了相应的研究。然而，到目前为止它还没有被广泛使用。造成这种情况的主要原因是其在高于 60℃ 的工作温度下的不稳定性，并且与大气中的 CO_2 接触时电导率下降，从而导致输出功率断崖式下降。然而，有迹象表明，使用某些阴离子交换剂，可以在工作期间通过使用合适的电流特性曲线，再次从膜中去除 CO_2，否则，要在电池前端通过合适的过滤器捕获 CO_2。因为更高的 pH 值可以使不含贵金属的催化剂能够应用在该领域中，所以阴离子交换膜在未来的发展中会备受关注。

通常 PEFC 的工作温度约为 80℃。新开发的膜的目标是达到 120℃ 的工作温度。使用掺杂磷酸的聚苯并咪唑膜可以实现高达 180℃ 的工作温度。然而，由于磷酸吸附在催化剂表面上而使得功率密度降低，使得这种膜的优点（例如可降低对燃料和空气中杂质的敏感性）也被抵消了，这也限制了其在减少贵金属使用方面的潜力。在高温下，使用重整氢时可以省去一些系统辅助单元，如气体加湿器和气体净化单元。这一优势在一定程度上弥补了在一些有体积限制的应用方面的功率劣势。

由于质子导体的酸性反应环境，由此导致缓慢的氧还原的反应动力学，且工作温度相对较低，因此要求具有磺酸膜的 PEFC 使用含贵金属的催化剂，且应首选铂基金属。由于磺酸具有吸附在催化活性铂表面上的倾向比较弱，这使得用于车辆动力的燃料电池中的铂需求量约为 0.3g/kW（2016 年数据）。这一数值可能会进一步减小，但其对使用寿命和燃料氢和空气的纯度要求的影响在很大程度上仍然未知。

就工艺技术而言，燃料电池可视为电化学流动反应器，由于反应物由外部供应和反应产物排放到环境中，因此，可以将燃料电池描述为其容量仅受反应物存量限制的主要元件。为此，在燃料电池内需要有用于反应物和反应产物管理的结构。图 14.1 展示了燃料电池的一系列功能层。

这一系列功能层包括：

- 用于分隔反应空间和反应物的质子传导聚合物电解质膜。
- 阳极和阴极侧的催化剂层，在其上发生各自的电化学反应。
- 气体扩散层，可确保将反应物均匀地传输至催化剂层、水管理以及电接触和热接触。
- 气体分布区（流场），可实现反应物和产物水通过流动而输送。
- 气体分离层，防止反应物越过冷却层或其他反应物的分布层。
- 用于去除多余的反应热和损失热的冷却层。

这里展示的功能层通常是电池组件或部件的一部分。两层气体分布层、气体分离层和冷却层构成了所谓的双极板。电解质膜与阳极和阴极侧催化剂层构成了一个催化剂涂层膜（Catalyst Coated Membrane，CCM）。CCM 和气体扩散层（GDL）结合组成一个膜电极组件（MEA）。气体扩散层又由疏水化的石墨纸、石墨毡或石墨织物制成的纤维基材和在与催化剂层的界面处由疏水化的炭黑制成的微孔层所组成。

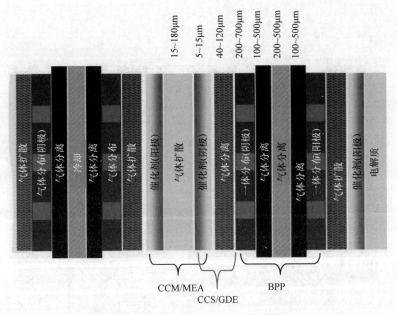

图 14.1 燃料电池中的一系列功能层

在热力学上，氢与氧在室温和室压下反应生成水的理论电池电压应为 1.23V。在空载运行中实际观察到的 PEFC 端电压，即所谓的开路电压，仅为约 1V，这是由于氧电极铂催化剂上起负作用的表面过程和由于通过电解质膜扩散的痕量氢而导致氧电极上产生混合电势。在实际的电流中，平均单个电池电压通常在 600 ~ 750mV 之间。为了达到电子技术上易于处理的电压，需要将几个单体电池进行串联，这通常发生在所谓的双极互连电池堆中。

电池连接器，也称为双极板，作为集成组件需完成以下任务：电池的相互连接、极板表面上的气体分布、相邻电池之间的气体分离、对外部密封和冷却。

构建电堆所需的另一个集成的组件是膜电极组件（MEA），它由电解质膜、阳极和阴极侧催化剂层以及气体扩散层所组成。为了保护电解质膜免受外部污染，并保护通常耐酸性较差的密封板和双极板，MEA 的外边缘通常由惰性塑料膜来构成。这种机械上更稳定的保护膜也有利于 MEA 的工作，并防止电解质膜在密封力的作用下蠕动。边缘保护物应完全包围电解质膜，以防止杂质，尤其是阳性杂质渗透到膜中。

当 PEFC 运行时，会发生许多电化学反应和传输过程，如图 14.2 所示。

1）将调节到确定的露点温度的氢作为燃料供给到电池中，氢相对于氧具有确定的过量的化学当量，并在气流的引导下穿过分布区到达气体扩散层，即与电极的界面。

2）从那里，氢和水分通过多孔电极结构扩散传输到催化剂表面，这实际上是电化学活性界面，一个分子氢在此处被氧化，释放出两个质子和两个电子。

$$2H_2 \rightleftharpoons 4H + 4e^-$$

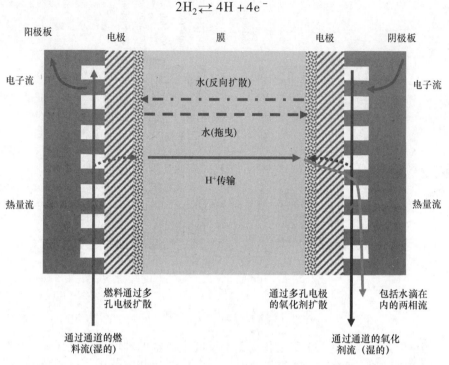

图 14.2　在一个具有酸性质子交换剂的聚合物电解质膜燃料电池中的主要传输过程

3）在这个过程中释放的电子通过多孔的、导电的电极结构到达双极板的阳极侧，并继续传递。

4）在阳极侧释放的质子进入酸性聚合物电解质，在那里它们与配位水结合，并继续传递。

5）加湿的空气作为氧源，沿着双极板的阴极侧分布区表面以确定的过量的化学当量流到电极界面。

6）空气中的氧（和氮）通过阴极侧的气体扩散层扩散到具有电化学活性的催化剂表面，此时，在表面上，氧在通常分为多级反应的过程中获得四个电子，并借助于来自电解质的质子而形成水。

$$O_2 + 4e^- + 4H^+ \rightleftharpoons 2H_2O$$

7）通过在阴极的高的水活性为水 – 反向扩散到阳极提供了驱动力。

8）多余的水以气相和液相的形式，通过气体扩散层输送到双极板阴极侧的分布区。

9）在此处，蒸汽态的和液态的反应水通过气流从电池中排出。

10）反应热和损失热通过电极的多孔气体扩散层，流到双极板的阴极侧气体分布结构，再到冷却区，在那里从电堆中排出。

11）燃料和氧化剂的过量的流动，在为此提供的介质分布区域上离开电池。通常通过阴极气流去除产物水，然而，薄膜以及阳极侧和阴极侧的压力和流动特性会导致大量的水通过阳极侧排出。

如果同时查看所有过程，就会清楚地看到，稳定的燃料电池运行需要在燃料、氧化剂、热量流和水流之间保持精确的平衡。

制造燃料电池的材料必须同时满足以下各种要求：

● 聚合物电解质膜需要高的质子导电性，同时有效地阻挡带电体。它必须保持氢和空气（氧）彼此很好地隔离，而离聚物材料必须同时保持氢和氧在一定程度上向电化学活性催化剂表面扩散传输，以确保即使在高的电流强度下，也能向催化剂提供足够的相应反应物。

● 电解质膜必须对氢和氧以及作为反应产物的水具有化学耐性。由于在 PEFC 运行期间，不能排除过氧化物的形成，因此必须稳定电解质膜，以防止自由基的攻击。

● 多孔电极必须支持反应物通过多孔结构扩散到催化剂 – 电解质界面，同时允许足够大的电流和热量传导。电极必须有很好的疏水性，以确保即使在冷凝条件下也有足够的孔隙开度来用于气态反应物的扩散，同时为液相中的水的冷凝和水的传输提供空间。

● 电极必须在其与电解质膜的界面处包含有催化活性材料，以确保氢的电化学氧化或氧的电化学还原顺利进行。在燃料电池所有稳态和瞬态工作条件下的反应过程中，对可能出现的电位、水分和 pH 值变化，催化剂及其载体物质必须保持稳定。

● 电极的结构材料必须同时对与其接触的反应物和水具有化学耐性。

● 气体分布板/双极板一方面必须紧贴反应物，同时具有良好的导电性和导热性。它们的润湿性必须允许通过反应物流动快速去除液态产物水。其材料必须在燃料电池的各种稳态和瞬态工作条件下都是耐腐蚀的。此外，双极板在工作和储存期间不应形成任何电绝缘表面层。

上述提到的某些要求是自相矛盾的。例如，对膜的离聚物材料有效阻止氢和氧的扩散的要求与催化剂层中使用相同离聚物材料以改善三相边界的形成的要求，即确保反应物以足够的量扩散到催化剂表面，是相互矛盾的。因此，在设计组件时，在不考虑对其他参数的影响的情况下，最大化单个属性是不合适的。在同时进行多参数优化的背景下，合理的燃料电池设计和构造始终需要针对特定应用进行折中。

14.3　聚合物电解质膜燃料电池的总体设计

以下部分将描述 PEFC 的主要组件和制造组件的材料。本节讨论仅限于最常用的组件和材料。

14.3.1 膜电极组件（MEA）

膜电极组件（MEA）是 PEFC 的核心件。其中，电流是通过燃料（主要是氢）的阳极氧化和氧化剂（通常是空气中的氧）的阴极还原来产生的。MEA 包含阳极和阴极上的电化学活性界面。MEA 的中心部分由电解质膜形成，电解质膜通常由 $10 \sim 20 \mu m$ 厚的、强酸性阳离子交换聚合物膜所组成。膜内的 pH 值约为 -1。磺酸基团（$R - SO_2OH$）通常固化在膜中。主链通常由长链的、全氟化的聚合物构成，其他的可能性是由稳定的、芳族聚合物（聚亚芳基）构成。膜厚在 $10 \sim 50 \mu m$ 之间。非常薄的膜主要用于高性能应用，例如乘用车的动力系统。在其他对性能要求较低的应用中，使用更厚、更易于制造的膜。用于薄膜的那些离聚物材料在机械强度、耐化学性和氢氧渗透性方面有特殊要求。另一方面，薄的离聚物层使水管理更容易。

首先，为使薄膜有足够的机械稳定性，并同时防止其吸水膨胀，通常会为膜提供惰性支撑结构，例如可由多孔聚合物膜或纤维框架制成。

电解质膜与一层通常附着在炭黑上的含铂催化剂接触。层厚在 $5 \sim 20 \mu m$ 之间。催化剂层与厚度在 $100 \sim 250 \mu m$ 范围内的气体扩散层（Gas Diffusion Layer，GDL）电接触。电解质膜的功能层、阳极和阴极侧催化剂层以及气体扩散层一起构成了 MEA 的活性部分。催化剂和催化剂层在文献［10］中有详细的讨论。

为了能够以介质密封的方式将 MEA 集成到燃料电池堆中，活性区域必须通过在压缩下稳定的、非导电边缘来包裹，该边缘同时也可以是密封件设计方案的一部分。

术语 MEA 并不明确，可通过图 14.3 所示构成形式进行区分。

a) 催化剂涂层膜（CCM，三层MEA）　　b) 带处理边缘的CCM（五层MEA）　　c) 带有气体扩散层的五层MEA（七层MEA）

图 14.3　MEA 配置

- 催化剂涂层膜（Catalyst Coated Membrane，CCM）由电解质膜和阳极和阴极两侧的各催化剂层所组成。该结构设计形式有时被称为三层 MEA。
- 由 CCM 组成的五层 MEA，每侧均贴有惰性边缘膜。
- 在七层 MEA 中，五层 MEA 通过在两侧各添加气体扩散层来实现。

14.3.2　聚合物电解质膜

聚合物电解质膜的主要功能是进行阳极侧和阴极侧气体空间的分离和离子物质（质子）的传输。

最常用的聚合物电解质膜是全氟磺酸（perfluorinated Sulfonic Acids，PFSA）型质子传导聚合物，其中最著名的是杜邦公司的 Nafion。Mauritz 和 Moore 的一篇论文反映了当前关于 PFSA 的知识状态。

图 14.4 显示了 Nafion 化学式的片段。离子导电聚合物根据其当量重量（Equivalent Weight，EW）进行分类，该当量重量对应于每摩尔质子的聚合物干重。在 Nafion 中，最常见的当量重量为 1100g/mol，其中磺化侧链被大约 7 个 $-(CF_2-CF_2)-$ 基团彼此隔开。由于测定聚合物分子量的常用方法无法应用于这种材料，故 Nafion 的总链长尚不清楚。

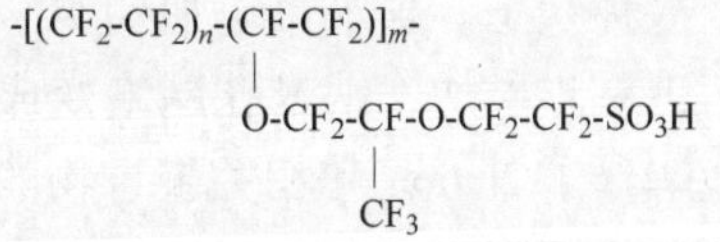

$$-[(CF_2\text{-}CF_2)_n\text{-}(CF\text{-}CF_2)]_m-$$
$$|$$
$$O\text{-}CF_2\text{-}CF\text{-}O\text{-}CF_2\text{-}CF_2\text{-}SO_3H$$
$$|$$
$$CF_3$$

图 14.4　Nafion 的结构模式，n 的典型值约为 7，而 m 的范围为 $100 < m < 1000$

其他公司也开发了 PFSA 型的类似材料。其中主要包括：Asahi Chemical Company（商品名为 Aciplex）、Asahi Glass Company（商品名为 Flemion）、Solvay（商品名为 Hyfon 或 Aquivion）、Fumatech（商品名为 Fumion）以及 3M 公司、Gore 公司和 Dow 公司以及一些总部设在中国的公司。这些材料在当量重量以及侧链的结构和长度方面部分有差异。

通常，PFSA 由一条长链的、全氟化的主链所组成，全氟化的、磺化的侧链通过醚键连接到该主链上，因此聚合物链具有亲水的侧链和疏水的主链。通过亲水部分聚合形成离子传导区。通过疏水性聚合物部分的聚集来保证聚合物的结构稳定性。亲水性的和疏水性的聚合物部分的微相分离产生相互连接的、亲水性的、含水的纳米孔网络。纳米孔网络的孔径和结构取决于侧链的数量和化学结构以及水的含量。Nafion 的第一个结构模型是由 Hsu 和 Gierke 根据小角度和广角 X 射线散射数据推导出来的（图 14.5）。

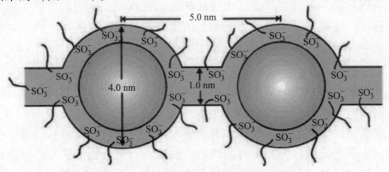

图 14.5　水合的 Nafion 的聚集网络模型

侧链的长度和化学性质决定了离聚物的溶胀特性和机械特性。

Nafion 和其他全氟化的聚合物已经进行了大量的结构和形态的研究。这些研究很难相互比较，尤其是在溶胀特性方面。

Gebel 模拟了 PFSA 的溶胀和溶解过程（图 14.6）。在这个模型中，干性膜由直径约 1.5nm 的孤立的离子簇所组成，相互之间的距离约 2.7nm。一旦水开始充满纳米孔网络，它就会聚集在由磺酸基团聚集形成的纳米孔中，随着含水量的增加，逐渐形成一个由圆柱孔连接而成的渗流网络。工作中的燃料电池 PFSA 膜就处于这种状态。含水量增加到 50% 以上会导致纳米孔网络的结构反转，随着含水量的进一步增加，纳米孔网络变成网状，最终变成棒状聚合物的分散体。该模型定性地解释了 Nafion 和相关聚合物的特性。然而，它不能直接从能量考虑中推导出来，也不能解释高水合度下结构反转过程中的散射数据。

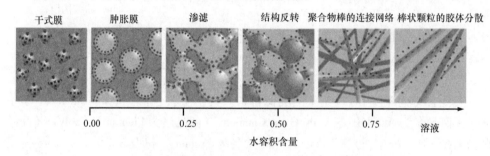

图 14.6　在从干燥状态到完全分散状态的转变过程中，在保留
Nafion 中的离子域的同时进行形态重组的方案

为了实现较高的质子电导率，亲水性纳米孔网络必须充满水。对此，水合度越高，质子传导率越高。然而，机械特性随着吸水率的增加而变差。

在干燥状态下，PFSA 膜具有非常强的吸湿性，这意味着它们会从环境中吸收水分。在高水合度的情况下，例如通过在大约 80℃ 的水中回火，即使气体环境具有 100% 的相对湿度，溶胀膜也会将水分流失到环境中。这种特性可以归因于一种称为 "施罗德悖论" 的现象。"施罗德悖论" 于 1903 年首次以明胶为例被提及，它描述了某些确定的聚合物从液相吸收比从气相吸收更多溶剂的特性。但它也可以通过由于膜生产或膜调节而形成不同类型的聚合物的形态来解释。所以，在相同的样品制备和调节条件下，在 Nafion 115 中发现液相和气相的吸水能力没有显著的差异。

为了确保聚合物膜中的最佳含水量，应该对燃料电池运行的条件进行选择，使得在电解质膜附近始终存在少量的液态水。

尽管全氟化的磺酸膜通常在化学上非常稳定，但它对在阳极和阴极的电化学过程中以微量形式形成的自由基物种的攻击很敏感。对聚合物链的攻击可能源于闭合全氟化的主链的羧基，其也可以通过分离磺酸基团或磺化的侧链来实现。通过对聚合物进行后氟化，可以将主链中存在的羧基数量减至最少。自由基清除剂可以最大限度地减少自由基物种通过侧链的攻击。这些可以是无机的或有机的起源（图 14.7）。

14.3.3　催化剂

电极处的电化学反应导致电荷穿过电子传导相（电极）和离子传导相（电解质）的相界。

在 PEFC 中发生的两种电化学反应，即阳极氢氧化和阴极氧还原，都需要催化活化，以便在与应用相关的电压下达到所需的电流密度。

由于 PEFC 的强酸性环境，需要极耐腐蚀的催化剂，这实际上对贵金属及其合金的选择受到了限制。

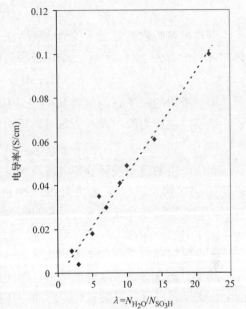

图 14.7　Nafion 膜电导率与膜含水量的函数关系

最初，铂黑被用作催化剂。然而，这导致了与商业用途不兼容的贵金属用量。同时，通过以下创新改进，显著降低了所需的铂用量：

- 在高表面碳载体上纳米级铂颗粒的稳定性。
- 通过将聚合物电解质浸渍到整个催化剂层中来改善电极–电解质界面。
- 从含有添加剂的聚合物电解质溶液中的由催化剂分散体中产生催化剂层。
- 在厚度和成分方面优化催化剂层。
- 引入合金催化剂。
- 引入所谓的核壳催化剂。
- 铂沉积在自组装的纳米纤维薄膜上，将铂催化剂集中在一个非常薄的层中，厚度约为 300nm，靠近电解质膜界面。

这里罗列的清单绝不是完整的，仍需要对其进行进一步的创新改造，以在提高功率密度的同时，减少贵金属用量并提高稳健性。

氢的氧化

在酸性电解质中的氢的氧化通常在含铂催化剂上非常快速地进行。在多级反应过程中，分子氢首先被吸附在铂表面上。

$$H_2 \rightleftharpoons H_{2,ad}$$

吸附的分子氢在一个两级反应中被氧化，在第一步中解离并变成两个可被吸附的氢原子。该反应也称为塔菲尔（Tafel）反应：

$$H_{2,ad} \rightleftarrows 2H_{ad}$$

获得可被吸附的氢原子的另一种方法是所谓的海洛夫斯基（Heyrovsky）反应，在此过程中，分子氢会产生一个可被吸附的质子以及一个质子和一个电子：

$$H_2 \rightleftarrows H_{ad} + H^+ + e^-$$

可被吸附的原子态的氢将其电子转移到金属中，并在催化剂表面释放一个质子。该反应也称为沃尔默（Volmer）反应：

$$H_{ad} \rightleftarrows e^- + H^+$$

然后产生的质子被释放到电解质中。在含水酸性电解质中，氢的氧化的动力学速度如此之快，以至于无法对按顺序进行的 Tafel - Volmer 反应或 Heyrovsky - Volmer 反应中速率决定的部分反应进行物理上有意义的测定。密度泛函计算表明，在平衡张力附近存在 Tafel - Volmer 机理。对单晶电极的试验研究显示，取决于各自晶体表面的动力学存在显著的差异。

基于上述发现，可以得出结论：即使是铂用量非常低的电极也能够产生相当大的电流密度，以进行氢的氧化。然而，在实际的燃料电池工作中，还必须考虑含铂催化剂对 CO、H_2S、NH_3、SO_2 等极性物质的中毒敏感性。这就要求要使用一定的过量催化剂。

图 14.8 显示了 CO 中毒对 PEFC 的电流 - 电压曲线的影响。很明显，即使是很小的 CO 浓度也会对功率特性产生明显的影响。

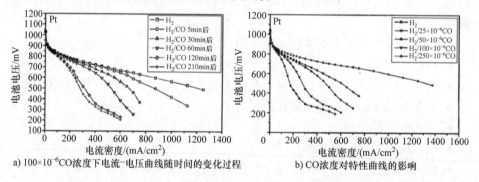

a) $100×10^{-6}$CO浓度下电流-电压曲线随时间的变化过程　　b) CO浓度对特性曲线的影响

图 14.8　CO 中毒对一种含铂阳极催化剂的 PEFC 的功率特性的影响

CO 通过吸附阻止催化剂表面的电化学活性位点，最终没有留下用于氢氧化的自由吸附位点。在 80℃ 左右的典型的 PEFC 工作温度下，当氢中的 CO 浓度低于 $10×10^{-6}$ 时，活性催化剂表面已经完全堵塞。CO 中毒的优势是很容易地逆转。通过向燃料中添加少量氧来提高温度或对其氧化去除，或通过脉冲形式的电流加载实现阳极电位的增加来制约 CO 的影响。

铂合金催化剂，尤其是铂 - 钌合金，也可以提高 PEFC 对 CO 中毒的耐性。然而，它们的有效性仅限于非常低的 CO 浓度。此外，电池的长期工作性能会受到钌的溶解及其在阴极上沉积的影响。CO 中毒的影响也可以利用纯氢的长期工作来逆转。

还应注意的是，在氢环境中不能将 CO_2 视为完全惰性，由于铂可以催化逆向置换反应，通过这种方式，催化剂表面的 CO_2 可以在氢存在的情况下还原为 CO。

燃料中 H_2S 或痕量 NH_3 引起的阳极中毒比 CO 中毒则更难逆转。H_2S 引起的催化剂的失活，可以通过阳极氧化，随后放入高温和高气体湿度下工作，来部分逆转。

痕量 NH_3 会对催化剂产生相对复杂的影响，但其机理尚未完全了解清楚。尽管在加入氨后立即出现中毒性影响作用，但通过循环伏安法没有检测到催化剂表面上有任何吸附物。

然而，对旋转环盘电极的模型研究表明，在高电位下会发生氨的吸附和氧化还原反应。另一方面，如果 PEFC 与 NH_3 接触运行的时间更长，则可以观察到内阻缓慢增加。这种影响本身并不能完全解释所观察到的功率损失。部分解释可能是，当膜中的质子与更大的 NH_4^+ 阳离子交换时，膜中的水含量发生了变化。

氧的还原

氧的还原属于研究最多的电化学反应。宏观上，在酸性电解质中氧还原基本上有两种途径。其中之一是以水为反应产物的所谓四电子途径：

$$O_2 + 4e^- + 4H^+ \rightleftharpoons 2H_2O$$

第二个反应途径以过氧化氢作为反应产物，只需要交换两个电子：

$$O_2 + 2e^- + 2H^+ \rightleftharpoons H_2O_2$$

在"双电子还原"过程中产生的过氧化物，可以被释放或在随后的双电子步骤中进一步还原为水：

$$H_2O_2 + 2e^- + 2H^+ \rightleftharpoons 2H_2O$$

图 14.9 所示的反应途径展示了氧的还原最重要的部分反应。金属催化剂上最可能的反应过程是一系列双电子步骤，首先导致吸附过氧化物，然后通过进一步的双电子反应步骤形成水。在该反应序列中，从催化剂表面融化的痕量过氧化物有助于引发电解质膜的自由基降解。

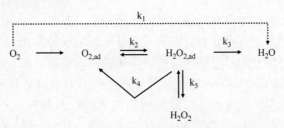

图 14.9 金属催化剂上氧还原的可能反应途径

在酸性电解质中，由于在不同的晶体表面上吸附了诸如硫酸（H_2SO_4）或磷酸（H_3PO_4）等阴离子，使得过氧化物形成的概率和氧还原动力学明显的不同。在含有非吸附性的阴离子，诸如高氯酸（$HClO_4$）或全氟性的磺酸等电解质中，这些差异要小得多。存在于电解质、催化剂或催化剂载体中的其他痕量的吸附离子，例如铜或氯化物，也会导致催化活性的显著降低和过氧化物形成概率的变化。阴极上的其他杂质，例如氨，也会对过氧化物的形成和反应速率产生相当大的影响。

在催化剂纳米颗粒中，不同晶体表面彼此的比例取决于粒径，这为在具有吸附阴离子的电解质中观察到的粒径效应提供了可能的解释。由于全氟化的磺酸是电解质，在铂表面上没有吸附离子，因此在 PEFC 中粒径效应并不明显。

最近在一些论文中对 PEFC 中的氧还原反应进行了广泛的讨论。铂的表面化学性质，尤其是金属表面被相比于同一电解质中氢电极的电位高出 750mV 的含氧物质覆盖，这导致难以用统一的方式描述氧还原动力学。人们根据电位观察到了不同的动力学参数。

试验发现，使用铂合金催化剂可以改善高电位下的氧还原动力学，这可以通过表面上 Pt 原子间距的减小以及通过电子效应来解释。含有非贵金属（如钴、铁、镍或铬）的铂合金在与酸性电解质长期接触时会致使形成富铂的表面层，这同样会增加催化剂的活性。还提出了使用合金或载体元素来改善氧还原动力学的氧化还原介体机理。

在长期的研究中发现，铂和铂合金催化剂的性能越来越趋同。除了组成之外，催化剂或催化剂载体的热处理也对催化剂的活性和稳定性有着显著的影响作用。

无铂催化剂，如钴或铁的热解含氮复合物和其他含氮碳材料，也已在氧还原反应方面进行了研究。它们的活性和稳定性目前仍大大落后于铂基系统，因此，到目前为止尚未发现值得注意的用途。

14.3.4　催化剂层

只能在这种铂颗粒上发生电化学反应，在铂颗粒上，催化剂、离子导电相和电子导电相可以同时与反应物接触。图 14.10 以示意图的形式展示了 MEA 和相关的催化剂层的结构。

电子通过催化剂载体传导到催化剂纳米颗粒中，而质子则通过固体电解质相传输到催化剂表面。因此，有必要将电解质相延伸到电极的深处，并尽量减少不与电解质相接触或不与涂有太厚电解质层的贵金属颗粒的数量。由于在固态全氟化的磺酸电解质中反应物的溶解性和流动性，它们只能通过覆盖在催化剂表面的聚合物电解质的薄层扩散。现代成像方法可以证明铂纳米颗粒被薄的（约 7nm）离聚物层部分覆盖，这种特性可以通过各种制备技术来实现。其中主要包括：在气体扩散电极中浸渍离聚物溶液、通过由催化剂粉末组成的悬浮液的涂覆制备薄的催化剂层、离聚物溶液和其他添加剂涂覆到电解质箔或涂覆到惰性载体箔上，然后转移到电解

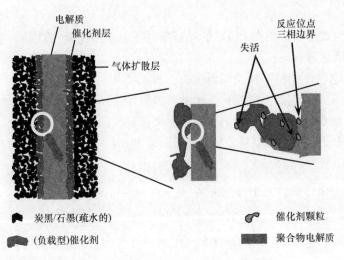

图 14.10　膜电极组件（MEA）的示意图

质箔上来制备薄的催化剂层。这些工艺方法不仅用于实验室，也用在工业 MEA 生产中。

催化剂层还必须包含开孔，以使反应物能均匀地传输到反应位点。为此，可以使用一方面能够形成开放的（如有必要，可以是疏水性的）以进行气体传输的孔的添加剂，或者也可以使用抑制自由基对离聚物相的攻击的添加剂。离聚物和添加剂的稳定性，以及通过电催化过程防止添加剂不合适的相互作用，对于电极层的使用寿命和性能是非常重要的。因此，催化剂、添加剂和离聚物相的比例需要仔细优化，并且这在很大程度上取决于催化剂层中铂的总量和粒径，以及催化剂载体的类型和与铂用量的比例。

根据在电极中流动的电流密度可以看出电极中可供使用的催化剂量存在局部相当不均匀的应用。虽然催化剂层中的离子的电阻在低的电流密度下可以忽略不计，并且所有催化剂颗粒无论其位置如何都有助于发电，但在高的电流密度下，反应区集中在与电解质膜的界面上，因此导致了只能次优地利用在电极其余部分中可用的铂。电极性能的改进可以通过改善微观结构和通过电极中铂的浓度的分级和孔隙率来实现。3M 公司建议通过镀铂的纳米纤维来提高在电解质界面附近的铂用量的浓度。沉积在纳米纤维上约 300nm 范围内的铂催化剂在电解质界面处的积累，导致非常特殊的运行特性。由此，一方面可以在相对较高的温度和较低的气体湿度下达到高的功率密度；另一方面，在低温下，薄的催化剂层往往会大量地溢出。可以在文献［63］中找到此类 MEA 的特殊功能的总结。通过应用额外的、常规的催化剂层，可以改善低温和溢流特性。

电极的退化

有两种过程主导着由负载型催化剂构成的催化剂层的退化：铂的溶解和碳载体

209

的腐蚀。

即使作为贵金属，铂在 PEFC 的运行条件下也不是完全惰性的。主要有三个过程导致电极活性的损失：

- 在高电位下铂的溶解及其再沉积（奥斯特瓦尔德熟化）。
- 由于在载体表面上的迁移，铂纳米颗粒发生团聚。
- 由于碳载体的腐蚀，铂纳米颗粒失去接触或团聚。

铂溶解的反应路径可以从普贝（Pourbaix）图中导出，描述如下：

- $Pt \rightleftarrows Pt^{2+} + 2e^-$ $E_0 = 1.19 + 0.029 \cdot \log \cdot [Pt^{2+}]$

- $Pt + H_2O \rightleftarrows PtO + 2H^+ + 2e^-$ $E_0 = 0.98 - 0.59 \cdot pH$

- $PtO + 2H^+ \rightleftarrows Pt^{2+} + H_2O$ $\log [Pt^{2+}] = -7.06 - 2 \cdot pH$

铂溶解的速度随着电位的增加和 pH 值的降低以及温度的升高而增加。PEFC 电极在高电位下的延长的停留时间和电极在高电位下的频繁循环，这会极大促进铂溶解。

溶解的铂可以以离子的形式穿透电解质膜并转移到阳极。一旦电解液中的 Pt 离子到达更低电位的区域，金属铂就会沉积，从而在膜内形成带状沉积物，也可能被溶解在电解质中的氢直接还原。

- $Pt^{2+} + H_2 \rightleftarrows Pt + 2H^+$

由于铂溶解，靠近电解质的阴极区域（在高的电流负载的情况下，占发电量的比例最大）会变得越来越贫化（图 14.11）。

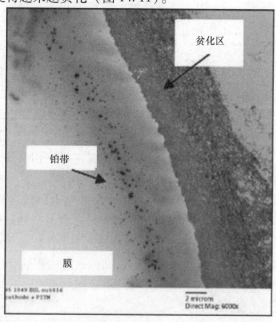

图 14.11　退化的催化剂涂层膜（CCM）的横截面

与无负载的铂催化剂相比，炭黑负载的铂催化剂的引入是功率密度大幅增加的主要原因。炭黑载体的孔隙系统可以产生较小的铂纳米颗粒，并保持其稳定，从而导致单位铂表面积的增加。

由于其惰性，即使在酸性电解质中，碳通常也具有耐化学性和耐电化学性。然而，在氧电极上占主导地位的高电位下，阴极中使用的炭黑可能会通过以下反应受到氧化的侵蚀：

- $2H_2O \rightleftarrows O_2 + 4H^+ + 4e^-$ （水电解）
- $C + O_2 \rightarrow CO_2$ （通过分子氧氧化碳）
- $C + 2H_2O \rightarrow CO_2 + 4H^+ + 4e^-$ （通过水氧化碳）

碳载体的损失导致具有催化的、活性的铂纳米颗粒与电子的传导路径分离，进而导致电化学活性表面的损失。

一旦空气 - 氢边界层穿过阳极，那么在启动和停止过程中，阴极上会优先出现高的阳极电位。此时，电流在氢 - 空气边界前端位置处会局部强制以相反方向流动（反向电流效应）如图 14.12 所示。

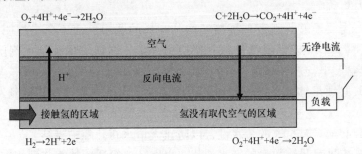

图 14.12　PEFC 在通过氢 - 空气边界前端的示意图，其中展示了最重要的电化学反应

通常，燃料电池在关闭时会用空气冲洗，以快速冷却并去除液态水。在电池启动时，阳极室和阴极室都含有空气。启动时引入阳极室的氢通常与催化剂和电解质相互作用形成质子和电子，质子迁移到另一侧并与那里的空气中的氧在吸收电子的情况下反应形成水。

然而，由于在 PEFC 启动时通常还没有电流立即通过外部电路，因此在阳极产生的部分电子可以在电极平面中可以从已经充满氢的区域流入仍然充满空气的区域，并在那里与在同一平面上存在的氧通过消耗质子反应并形成水。现在，在电解质的另一侧强制进行阳极的过程，该过程提供所需的质子并能够通过膜来提供。同时产生的电子可以在平面中通过还原氧而消耗掉。如果在空气侧使用碳载体催化剂，最明显的阳极的过程是碳与水的腐蚀反应，若该反应频繁重复进行，则会损坏碳载体。氧化稳定的载体，例如石墨化的炭黑或装载在染料纳米纤维上的催化剂，对氧化的载体破坏过程不敏感（图 14.12）。

除此之外，也可能会有其他反应过程发生，比如过氧化物诱导的膜的退化。

14.3.5　气体扩散层（GDL）

气体扩散层（GDL）附着在催化的活性层与双极板的气体分布场（流场）之间。GDL实现了多种功能：

- 电解质膜和随后的催化剂层的机械支撑。
- 在气体分布场的隔片下方通过提供开放的气体扩散路径，确保向催化剂层均匀地供应反应物。
- 保证产品水的去除。
- 在催化剂层与双极板之间实现尽可能均匀的电流传输。
- 从催化剂层到双极板的热传递。

GDL要满足的大量功能使其成为一个要求非常高的极其复杂的组件。具体要求如下：

- GDL需要高比例的大的开孔，以确保气体进出催化剂层不受阻碍。气体传输必须既可以通过GDL也可以在GDL的平面上进行，以便能够在气体分配场的隔片下方供应反应物。
- GDL需要足够的刚度来桥接气体分配场的通道，而不会出现明显的下沉。当然，GDL应具有足够的灵活性以补偿机械公差，并能够保证催化剂层与双极板之间的热接触和电接触。
- GDL必须足够薄，以便即使在压缩条件下也不妨碍气体扩散到发电所需的催化剂层。
- GDL必须具有足够的疏水性，以防止大量水在孔隙中凝结。
- GDL应具有足够数量的亲水的孔，以保持电解质膜始终与液相中的水接触。
- GDL应通过催化剂层一侧的微孔层封闭，以形成光滑和均匀的接触表面和从微孔催化剂层到GDL的大孔结构的连续过渡并构建双极板的通道结构，从而使电流和热量从催化剂层容易传递到双极板。

现今的GDL是由具有高导电性和高导热性的碳纤维基材（羊毛、纸或织物）制成的，上面覆盖着所谓的微孔层。为了改善刚度，将合成树脂添加到纤维基材中，然后在高温过程中进行碳化。为了确保用于气体传输的开放孔隙系统并避免液态水在孔隙系统中积聚，纤维基材和微孔层都制成疏水性的。这通常是通过用PTFE乳液浸渍纤维基材和通过采用PTFE作为微孔层的黏合剂来完成的。

在燃料电池工作时，由于电化学反应，在阴极侧形成水。这些水的一部分通过电解质膜扩散回到阳极，其余的必须通过GDL去除。同预想的一样，水会在GDL的孔隙结构中部分冷凝，特别是在气体分布场的隔片下方，可以通过蒸发或通过在液相中的传输将水从这里去除。使用中子和同步辐射成像方法（射线照相和断层扫描）可以很好地观察液态水的形成以及它是如何通过GDL和PEFC通道系统被去除的。

图 14.13a 显示了通过同步辐射照相记录的在气体扩散层中水分布的图像。人们可以区分三个基本上不同的区域。在区域 1 中，可以清楚地看到在气体分布通道中液滴的形成。图 14.13b（蓝色轨迹，上方）显示了区域 1 中总的水量随时间的变化过程，并展示了水滴周期性出现的规律。该曲线与图 14.13b 中以红色绘制的曲线（红色轨迹，下方）密切相关，该曲线异步振荡并反映了区域 2 中的水量。区域 2 中充满水的孔隙突然排入区域 1 中形成的液滴，当它们达到一定尺寸时会被流动的气体带走。

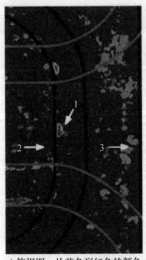

a) 俯视图，从蓝色到红色的颜色
渐变代表不同数量的液态水

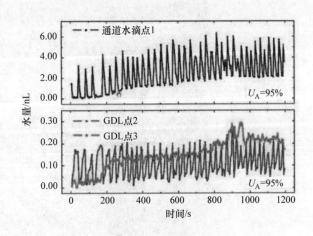

b) 区域1(蓝色)、2(红色)和3(绿色)的综合强度

图 14.13   GDL 内部不同区域积水的同步辐射摄影（见彩插）

位于隔片下方的区域 3 不断吸收水分，并随着时间的推移被水灌满。图 14.13b 中以绿色显示的轨迹描述了这一过程。当累积强度达到饱和极限时，就将该区域的水通过蒸发不断地去除。

图 14.14 显示了使用同步加速器射线摄影记录的一个穿过 MEA 的横截面。这种直观的认识对于水聚集位置的定位和 GDL 孔隙系统部分被水灌满的解释是非常有帮助的。

图 14.15 显示了使用同步辐射记录的断层图，它提供了对以 $160mA/cm^2$ 电流密度运行的 PEFC 内部水分布的认识。水滴的形成、它们在阳极侧和阴极侧的气体分

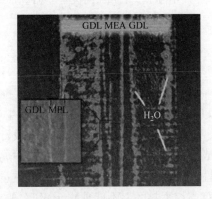

图 14.14   MEA 横截面的同步辐射摄影，水含以色彩刻度从蓝色到红色逐步增加（见彩插）

配通道中的分布和积聚清晰可见。

通过高分辨率同步辐射摄影可以显示，液态水通过气体扩散层的传输始于微孔层中的裂缝。同步加速器研究和分段电池测量的组合可以表明，燃料电池的水管理会受到 GDL 的机械的和激光穿孔的影响。

新的高分辨率成像方法提供了对 PEFC 的运行特性、水的生成和输运过程直接的认识。它们允许设计优化、对运行特性的优化以及建立和验证 PEFC 中的水的生成、输运和分配的数值模型。

图 14.15 从带同步辐射的断层图获得的在 $160mA/cm^2$ 下运行的 PEFC 的三维描述，左边是阳极侧，右边是阴极侧，可以清楚地看到气体分配通道中水滴的形成和积聚

14.4 双极板

尽管各种研究一致认为：在大批量生产中，MEA，尤其是贵金属含量，对 PEFC 成本的影响最大。但在小批量生产中，双极板同样也对总成本有相当大的贡献，这种情况必须通过合适的结构设计、材料选择和制造技术来加以计算。其技术挑战主要包括：在酸性水环境中的耐腐蚀性、板平面中和穿过板平面的导电性和导热性、小的接触电阻、气密性、低重量、可延展性等。双极板的设计，特别是气体分布场和密封区，不能独立于 MEA 要求和燃料电池系统的边界条件来考虑。

大多数 PEFC 按照过滤器压制方式制造成双极互连电堆。当然也有其他的形式，例如以单极方式连接的电堆。管状的结构或平面互连在研究和开发之外，尚未得到广泛使用。

14.4.1 双极板的功能和特性

双极板将每个电池的反应物分配、电力收集和热管理的功能结合在一起。基于这个原因，双极板包含燃料（氢或甲醇）、氧化剂（空气或氧）和冷却剂等的分布区（流场）。分配区的结构必须能够保证反应物和冷却剂在整个活性表面上的均匀分布，并保证能去除产物水。

文献［6］中描述了关于介质分配区（流场）的大量不同的变体。它们包括从小块或柱子的分布到多排平行管道，再到复杂的蜿蜒通道和条形结构。分布区中的介质传输通常是以流动的方式进行，而反应物借助于扩散通过 GDL 传输到催化层。

双极板是 PEFC 水管理的一个组成部分。为了保持最佳的反应物供应和产物去除，通道中的流速必须足够高，以便在整个运行区域内能携带水滴以将水排出。如果水滴残留在分布区中，就会形成稀释区，这不仅会对 PEFC 的性能，而且也对 PEFC 的使用寿命产生负面影响。

不仅反应物的分布，而且从 PEFC 中去除水，都以最佳方式在所谓的"交叉流场"中实现。在这些情况下，气流通过流场隔片上的 GDL 的大孔隙强制排出。然而，这必须以入口和出口之间的高压降为代价，由于系统技术的原因，这通常并不可取。

气体分布区（流场）的设计以及反应物和介质流的相对方向（例如并流、逆流或交叉流），对 PEFC 的性能和使用寿命具有决定性的影响作用。这涉及导电性和导热性、气密性、重量和厚度等方面，对双极板的物理和化学特性有非常高的要求。而且，还需要集成密封的功能。此外，双极板必须在 PEFC 的使用条件下耐腐蚀，并能承受在 60~90℃ 范围内的工作温度以及有时低于冰点的储存温度之间的频繁温度变化。

最初，双极板是由高密度石墨制成的。尽管这些板具有高的耐腐蚀性和良好的导电性和导热性，但它们非常脆，必须用合成树脂浸渍以密封残留的孔隙。如今，除了特殊的实验室电池外，不再使用纯石墨。在实际应用中出现了两条发展路线，它们在基础材料的选择上存在本质的差异：由石墨或带有塑料的碳复合材料制成的双极板；金属双极板。

双极板的制造对平整度和平面平行度的机械公差有严格要求，因为即使多电池的电堆中只有很小的系统误差，也会导致与所需几何形状很大的偏差。此外，良好的机械公差值有助于应对密封、电气的和热的接触以及流经 PEFC 电堆的介质流的均匀分布所带来的挑战。

石墨或碳复合双极板

石墨或碳复合双极板在正常 PEFC 运行条件下是耐腐蚀的。此外，在去除通常在生产过程中出现的板表面上的富含聚合物的层后，即使经过长时间的运行，也不会再出现由于腐蚀效应而产生的导电性差的表面层。然而，必须考虑到，碳或石墨的稳定性只是在正常 PEFC 运行条件下的惯性（反应迟滞）的结果。从纯热力学的角度来看，碳可以被氧或水氧化，这也可以在高温或高电位的影响下观察得到。因此，石墨在长期应力作用下会慢慢从面板表面消失。同样，必须考虑用于双极板生产的材料的纯度，因为即使微量的阳离子杂质也可能转移到电解质膜中，在那里它们会一方面降低质子传导性，另一方面，在阳离子具有多种可能的氧化态的情况下，可以催化聚合物膜的自由基降解。

一般来说，所用的合成石墨纯度高，但价格昂贵。另外，天然石墨具有适中的成本和高的导电性，但这是以材料中更高比例的阳离子为代价的。高导电炭相对便宜，但导电性和导热能力更低。

为了满足高的导电性和高的导热性的要求，复合材料必须由大量（70%～80%）的石墨或碳所组成。相应的，应该减少黏合剂的比例。

已经研究了大量用于复合双极板生产的黏合剂系统。其中包括典型的热塑性塑料（例如聚丙烯、PVDF、PPS 或液晶）和热固性塑料（例如环氧化物、乙烯基酯、酚醛树脂等）。此外，浸渍有合成树脂的由膨胀石墨制成的薄片，甚至是碳-碳复合材料（碳纤维和石墨粉嵌入热解生成的碳基体中）也用于制造双极板。在复合双极板中用作黏合剂的聚合物，必须与填料的热的、物理的和化学的特性相兼容，并且在所需的工作温度和储存温度下，能够对湿度和 PEFC 的工作材料具有抵抗性。此外，它们不得干扰 MEA 中的电催化过程，例如通过去除挥发性化合物或从复合材料释放的离子是可能的。

已经研究了大量用于复合双极板生产的制造方法，其中热压和注射成型是最广泛使用的方法。另外，通过对薄片状石墨制成的薄膜进行压花，然后在真空中浸渍合成树脂，通过造纸技术、通过注浆浇铸或通过压花挤出热塑性复合薄膜来生产石墨基双极板。

碳-碳复合材料在生产后仍有开放的孔隙，使用前必须进行气密密封。这可以通过气相的高温渗透过程来实现。

成型的过程时间和质量是影响复合双极板成本的关键因素。对此，使用热活性的热固性黏合剂系统制造的复合双极板非常有优势，因为与具有热塑性黏合剂系统的板相比，它们可以在更短的时间内从模具中取出，从而节省了制造时间。

无论选择何种制造过程，在石墨-塑料复合双极板成型过程中，在板表面都会形成一层薄的聚合物表层，使用前必须将其去除。

对于石墨复合双极板，在具有低的重量、薄的板厚或薄的壁厚以及高的导热性和导电性的同时满足气密性要求是一项重大挑战。对欧洲石墨复合双极板制造商的一项非代表性调查表明，为确保低的气体传输，应首选聚合物含量较高的和最小壁厚 0.4mm 的双极板。另一方面，日本制造商 Nisshinbo 提出的使最小壁厚减少到 0.14mm 的方案，也似乎很有希望实现。

目前，石墨复合双极板已成功地用于各种 PEFC 应用，包括机动车辆的驱动。

在结构方面，复合材料在介质分布区的设计方面具有很大的灵活性，包括完全可以相互独立地设计反应物和冷却剂的分布区。

然而，材料和制造成本以及剩余壁厚的最低要求仍然是大批量生产石墨复合双极板的需要面对的挑战。

金属双极板

除贵金属外，一般的金属材料在含水酸性 PEFC 工作条件下在热力学上是不稳定的，并且会趋向于产生不同程度的腐蚀。尽管如此，大量的金属材料，如不锈钢、铝、铝合金、铜、镍、镍合金、钛合金，甚至诸如钽、铪、铌和锆等高度耐腐蚀的材料，都对其在 PEFC 使用中的耐腐蚀性能进行了研究。

虽然碳基材料的腐蚀会导致挥发性腐蚀产物的产生，如 CO_2，但金属在水性环境中腐蚀（例如在酸性环境中的镍），要么溶解，会形成多孔氧化层（例如氧化条件下的铁），要么形成不溶性的致密氧化层（例如铬或钛）。金属腐蚀的精确的机理取决于电位、离子含量、湿度特性和环境的 pH 值。氯离子在腐蚀过程中起到特殊的加速作用。金属溶解会形成可移动的阳离子，这些阳离子可能会进入电解质膜。在电解质膜中，它们会降低质子传导性并引起电解质膜降解，尤其是在多价的、氧化还原活性阳离子的情况下。致密的不溶层的形成虽然保护了金属，但通常也会导致接触电阻的增加。

金属材料的一个特殊优点是在即使非常薄的层厚的情况下，它们也具有本身固有的气密性。目前，已经用不锈钢（例如 1.4404 或 SS 316L）生产出板材厚度低至 $75\mu m$ 的双极板，这意味着尽管不锈钢的密度更高（约 $8g/cm^3$），但由于可获得的最小层厚，仍可能比用石墨（密度约 $2.25g/cm^3$）制造的双极板更轻。

不锈钢是用于制造双极板的最佳的研究材料之一。虽然未经处理的不锈钢，例如 1.4404 型或 SS 316L，原则上都可用于生产 PEFC 用的双极板，但在大多数情况下要使用涂层材料，它主要用于尽可能减小接触电阻并抑制腐蚀趋势。除此之外，可用少量的金通过电镀或真空工艺作为涂层。此外，还使用通过 CVD 或 PVD 施加的金属碳化物或类金刚石碳层以及金属氮化物涂层。金属表面或与聚合物结合的碳或石墨的涂层的直接硝化也在研究中有了许多相应的成果。

如果遵循给定的工作条件，不锈钢通常来说非常耐腐蚀。然而，少量的氯化物就可以引发显著的腐蚀效应。这些氯化物可能在工作时，作为气溶胶通过空气进入其中。因此，必须要求使氯离子远离电池。同时，这也防止它们与含铂催化剂的交互作用。

金属双极板的成型过程主要包括深拉、液压成型、压花、蚀刻等。为了满足使用不锈钢时的重量要求，必须用厚度在 $75\sim150\mu m$ 之间的非常薄的金属板制造双极板。连续模具冷成型和液压成型是最好的制造方法。可达到的成型速度以及成型精度对于方法的选择具有决定性的意义。其目标是具有小的边缘半径、陡峭的侧角和平坦的通道底部以及腹板表面。分布区结构的引入会导致严重的板材变形。分配区结构和工具的精细设计以及工艺参数的选择是生产高质量双极板的基本要求。

由深拉金属板制造的双极板会限制对介质分布区（流场）的结构设计，这使得阳极、阴极和冷却液分布区（流场）不能相互独立地选择。为了避免活性表面上反应物以及冷却介质的侧流或不均匀分布，需要仔细设计双极板。

为了生产具有阳极、阴极和冷却液分布区（流场）的双极板，需要生产至少两个必须以高精度彼此紧密连接的半壳。焊接和激光焊接是连接半壳的既定方法。胶合技术也已被成功地应用于此。使用脉冲固态激光器进行激光焊接是这里最常用的工艺，因为通过短的高功率激光脉冲可以最大限度地减少环境中的热量分布以及连接过程中产生的热负荷。除了通过连续焊缝对外边缘和供气通道进行连续密封之外，还在活性表面上使用点焊或线焊来最小化电阻并提高板的机械稳定性。

在欧洲的 DECODE 研究项目中，研究人员对带有金属和石墨复合双极板的 PEFC 电堆的性能和降解特性进行了仔细研究。

作为 DECODE 项目的一个部分，所使用的双极板如图 14.16 所示。活性面积为 $100cm^2$。板由 12 个平行通道交叉组成，每个通道的长度为 290mm。这些板由 DANA 集团旗下的 Reinz Dichtungs GmbH 制造，并集成在 5 个单体电池组成的电堆中。在项目的实施过程中，共有 20 个电堆在 $600mA/cm^2$ 的电流密度下连续运行超过 1000h，随后对其腐蚀效应和双极板上接触电阻的变化进行了研究。

a) 无涂层的金属双极板　　　　b) 镀金的金属双极板　　　　c) 研磨的石墨复合双极板
　　(0.1mm SS 316L)　　　　　(0.1mm SS 316L 上的200nm Au)

图 14.16　在欧洲联合项目 DECODE 中研究的具有相同的气体分布区（流场）的双极板的选择
（来源：Reinz Dichtungs GmbH，Neu – Ulm，DANA 集团）

图 14.17 显示了无涂层和镀金金属以及石墨复合双极板的双极板电阻的发展变化。对于镀金的双极板，几乎看不到任何差异；石墨复合双极板的电阻略有增加。

无涂层不锈钢双极板的总电阻明显更高，但在运行期间显示出不同的变化过程。值得注意的是，由 SS 316L 制成的双极板的电阻在 1000h 试验过程中降低，而由 SS904L 制成的双极板在运行 1000h 后显示出接触电阻增加。这种结果可以通过氧化铬表面层的变化来解释（图 14.17）。

作为 DECODE 项目的一个部分，最令人惊讶的发现也许是通过化学分析，发现在金属双极板和石墨复合双极板电池的电解质膜中含有相当数量的阳离子杂质。由此，不仅出现了不锈钢的成分（Fe、Cr、Ni），还出现了诸如自来水中常见的离子（Ca、Mg、Cu、Zn）。对膜的阳离子含量的空间分辨分析表明，这些离子会在冷却液的入口和出口附近积聚。根据这些分析结果可以得出结论：阳离子通过电解质膜与在介质供应通道区域中的冷却液直接接触而渗透到膜中。避免电解质膜与冷却液直接接触，会使阳离子杂质渗透到膜中的数量显著减少，并减少性能的退化。

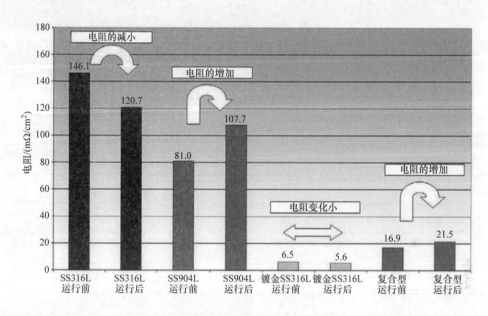

图 14.17　在 $600mA/cm^2$ 的电流密度下连续运行超过 1000h 后双极板电阻的发展变化

（来源：Reinz Dichtungs GmbH, Neu – Ulm, DANA 集团）

此外，通过流动分析可以确定产物水冷凝和积聚的首选区域。通过更干燥的工作条件的改变，会进一步减少性能的退化。

使用铝作为金属双极板的基材需要采用不同的方法。铝的优点是与石墨相当的低密度（约 $2.7g/cm^3$），且具有高的导电性。然而，铝在 PEFC 的含水的酸性工作条件下会受到侵蚀，因此，需要无孔的、耐腐蚀的涂层。这种涂层已经研发出来，但相对比较昂贵。

14.4.2　金属双极板与石墨复合双极板的比较

近年来，金属双极板和石墨复合双极板的研发取得了明显的进展。但目前尚没有一个明确的方案。对于在重量和体积方面受到严格限制的应用，金属双极板具有一定的优势。在大规模生产的成本方面，例如在汽车中应用时，也建议使用金属材料。

另一方面，实现高的电流密度所需的精细的通道结构很难压印成薄的金属片。表 14.1 列出了与文献 [70] 中介绍的类似的定性比较。

表 14.1 金属双极板与石墨复合双极板的定性比较

材料	石墨	复合材料	金属
耐腐蚀性	+ +	+	0 +（带涂层）
导电性	+	0	+
强度	−	0	+ +
灵活性	−	+	+ +
导热性	+ +	0	+
延展性	−	+	+ +
透气性			+ +
密度	+		
成本		+	
大批量生产		+	+ +

从 DECODE 项目的结果可以得出结论：通过适当设计 MEA 边缘区和避免气体分布区中的溢流区，可以有效地抑制来自不锈钢的阳离子腐蚀产物在电解质膜中的积累。避免电解质膜与冷却液接触和冷凝水的积聚尤为重要。此外，避免诸如氯化物等促进腐蚀的污染物与金属双极板接触也很重要。

金属双极板具有足够的耐腐蚀性，可满足车辆驱动系统所需的大约 5500h 的运行时间的要求，而石墨复合材料在使用寿命为 40000h 及以上的固定式应用中更具优势。

14.5 密封件

密封件是燃料电池堆的一个重要的结构部件，但通常很少受到关注。根据电堆结构，每个单体电池需要两个甚至三个密封件。一个独立的、有缺陷的密封件可导致整个电堆无法使用，从中可以明显看出密封件的重要性。因此，相应地对密封件设计、密封件材料和密封件工艺过程必须提出非常高的要求。然而，密封件不得过度使用而让电堆成本倍增。密封件必须同时满足以下功能：

- 防止氢、冷却液和氧化剂相互泄漏和渗出到环境中。
- 补偿电堆组件的制造公差。
- 填补密封部件表面的粗糙度。

因此，密封件的设计方案和材料必须满足以下要求：

- 能够长期耐受 PEFC（氢、空气、水、冷却液添加剂）的化学环境。
- 小的密封件尺寸，以使活性表面最大化。
- 对密封件下的聚合物材料施加尽可能小的力，以防止它们在力的作用下流动。
- 尽量减小独立的、不受 GDL 支持的膜部件的比例。
- 在预期的工作和储存时间内保证密封件材料的物理的和化学的特性（例如，汽车应用条件下为 5500h，固定式应用条件下为 40000h，两种应用的预计使用寿命均超过 10 年）。

密封件设计方案和随后的密封件的制作都必须能够实现部件的简单处理，以确保燃料电池堆的结构可靠，并同时适合于大批量生产。密封件功能原则上可以集成在双极板、GDL 或 MEA 中。

各种解决方法已经在相关文献中有所介绍。其中主要包括双极板或 MEA 上的 O 形圈、平面密封件、黏合剂密封件、注塑或丝网印刷弹性体密封件，以及特殊的密封件框架或集成到金属双极板的珠状密封件。

弹性体通常是密封件设计方案的一部分，对此，通常使用 EPDM 材料、氟化的材料，在某些情况下，还使用有机硅。

图 14.18 显示了不同的密封件设计方案的一种选择。如果在密封区中，双极板材料（图 14.18a）或弹性体（图 14.18b）与强酸性电解质膜直接接触，这些材料就必须具有极强的耐腐蚀性，以避免膜污染或密封件失效。因此，电解质膜通常由层压在表面上的、惰性的聚合物膜来保护（图 14.18c 和图 14.18d）。借助于注射成型将弹性体框架应用于 MEA 边缘（图 14.18e），弹性体渗透到 GDL 中（图 14.18f）。此设计方案也可用于 PEFC 电堆的完整灌封。图 14.18g 显示了 MEA 与双极板之间的粘合连接。最后，图 14.18h 显示了涂有一层薄薄的弹性体并压印成金属双极板的密封珠的原理。这个设计方案可以最大限度地减少通常非常昂贵的弹性体的使用。

根据文献［79］介绍，EPDM 材料显示出令人满意的运行特性，而有机硅在 PEFC 工作条件下往往会降解。

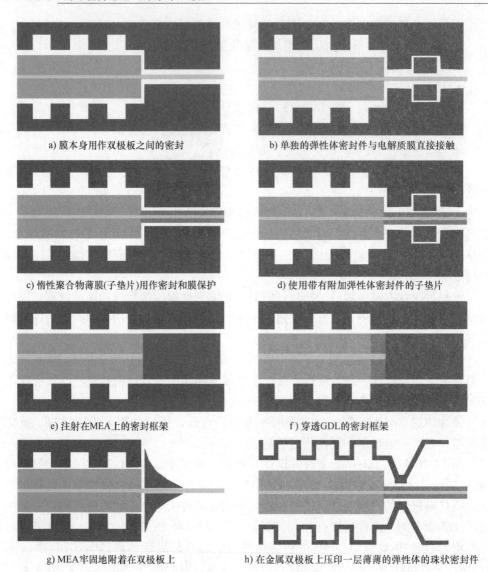

a) 膜本身用作双极板之间的密封

b) 单独的弹性体密封件与电解质膜直接接触

c) 惰性聚合物薄膜(子垫片)用作密封和膜保护

d) 使用带有附加弹性体密封件的子垫片

e) 注射在MEA上的密封框架

f) 穿透GDL的密封框架

g) MEA牢固地附着在双极板上

h) 在金属双极板上压印一层薄薄的弹性体的珠状密封件

图 14.18　不同密封技术的选择

14.6　电堆集成

PEFC 电堆的结构设计在很大程度上取决于所需的功率密度和预期的应用领域。应用所需的电压和电流决定了电池的数量和电堆的活性面积。由集成体积得出的空间限制、重量要求和运行条件会影响电堆的压力水平和要达到的流动特性。

燃料电池堆将大量的单体电池串联起来，而通常采用并联形式向电池供应燃料、反应空气和冷却液。串联电连接迫使相同的电流流过每一个单体电池，这反过

来使得每个单体电池对氢和氧的需求也相同。对此所需的基本的设计考虑在文献
[6] 中进行了总结。

对具有高功率要求的应用，最常用的结构设计原理是采用双极互连的电堆结构
方式，这样一来，可最大限度地减少内部电阻损失。为此所需的组件如下：

- 重复单元
  - 膜电极组件（MEA）
  - 双极板
- 端电池，也可以包含加热元件
- 集电器
- 支撑单元
- 端板
- 壳体，包括电源接口、介质连接和传感器连接

此外，可将加湿功能集成到燃料电池堆中。

燃料电池堆作为电化学流动反应器来工作，它消耗氢和大气中的氧，同时产生
电、热和水。在 PEFC 电堆的设计中必须考虑以下关键的几个方面：

- 电堆内部良好的电接触
  - 在表面上接触力的均匀分布
  - 热膨胀容限
- 良好的散热
  - 确保电堆内部温度分布均匀
  - 确保通过电池的温度梯度受控
- 均匀的反应物分布
  - 电堆中的单体电池
  - 通过整个电池表面
  - 扩散路径不会堵塞，例如由于过度的 GDL 压缩
- 反应物和冷却液无泄漏
  - 向外
  - 内部
- 通过选择高导电性材料减少内阻损失和避免界面电阻
- 耐受性
  - 抵抗压力变化
  - 在处理和运行期间抵抗外力，包括振动和冲击载荷
  - 抵抗氢、（空气）氧、超纯水、冷却剂等介质

均匀的反应物分布在很大程度上取决于：沿电堆的供应通道的设计、单体电池
的流入区的设计和通过单体电池活性表面的气体分布区（流场）的设计。沿着电
堆长度方向和单体电池面积上的不均匀的流动分布会因稀释区而导致单体电池性能

不均衡，进而加速单体电池老化。为确保反应物的均匀供应，沿单体电池供应通道的压降与单体电池的压降相比应约为 1：10。

与 GDL 相结合的气体分布区（流场）的结构设计必须确保在所有单体电池表面上反应物的均匀供应。同时，必须有效地防止沿 GDL 外边缘的二次流动和在气体分布区（流场）腹板中的过度溢出。

反应物的配送不得因在气体分布流道中的冷凝或 GDL 溢流而受到阻碍。分布区（流场）壁和 GDL 壁的形状和润湿性对可能发生的积水和通道堵塞具有决定性的影响作用，因此必须进行相应的协调。

通道尺寸和横截面会影响气体分布区（流场）中的压力损失。实验室电池中常用的通道尺寸和腹板尺寸的深度和宽度约为 1mm。在空间受限的高功率应用中，例如车辆动力系统所需的应用中，0.3mm 的通道深度也很常见，这就会导致流动特性差异性很大。

除了通道深度之外，通道宽度和腹板宽度的比例以及与 GDL 厚度相关的腹板宽度在向催化剂层供应反应物方面也起着决定性的作用。与使用基于石墨纸的刚性的 GDL 类型相比，使用廉价的、薄的、相对柔软的、制造成卷状的 GDL 则需要流场隔板的更紧密的机械支撑。此外，隔板与 GDL 的整个接触面对于最小化电池内部接触电阻和最大化热传递至关重要。其中必须考虑弯曲半径和起模角度的影响。

从热管理的角度来看，PEFC 电堆可以看作"产生电力和热量的热交换器"。其热量可以通过多种方式和方法从电堆中去除。

- 采用在阳极侧和阴极侧之间空间内流动的液态或气态冷却介质。
- 采用阴极空气流。
- 从双极板边缘散热。
- 通过液态水（雾）蒸发来冷却，液态水通过一个或两个反应物流引入到电池中。

液体冷却通常用于高功率应用场合，例如车辆动力所需的应用。在功率密度要求较低的应用中，例如不间断电源，出于简化系统原因，通常采用反应空气流来直接冷却。

活性表面上均匀的电堆施压对电堆功率密度有显著的影响作用。电堆的结构设计必须确保电堆在整个使用寿命期间，在所有的工作条件下，在活性表面和密封线上保持足够的张紧力。张紧力通常通过张紧螺栓或张紧带施加。弹簧或液压垫确保在温度变化时压力均匀分布。

端板的弯曲会导致电堆发生不均匀的施压。它们必须具有适当的刚度，或者在张紧之前进行相应的预成型，以补偿在张紧之后的变形。尽管使用液压垫可以更容易地保持均匀的接触压力，但通常会使系统成本更高。

14.7　对电堆成本的考虑

美国能源部根据对相关行业的调查，在报告中定期地对可能的 PEFC 电堆和系统成本进行分析。

2010 年的分析表明，每年 500000 件的电堆产量的单位成本为 25.3$/kW，而 PEFC 系统的制造成本为 51.31$/kW。预计未来成本将进一步降低 20% 以上。在这项研究中，做了铂用量减少和铂价相对较低的相对乐观的假设。在 2014 年的研究中，基于功率密度的降低，对铂含量会进一步降低的假设进行了更新。基于这个原因，2014 年单位电堆成本重新上涨到 27.05$/kW，系统成本为 54.83$/kW。研究的总体结果如图 14.19 和表 14.2 所示。研究表明，铂在电堆成本中的比例从年产 1000 件时的 5.3% 增加到年产 500000 件时的 50.5%。2015 年的更新数据显示其单位成本为 25.64 €/kW，这是由于使用 Pt–Ni 合金以及对膜成本和双极板成本进行改进而进一步节省了铂用量（功率几乎保持不变）。

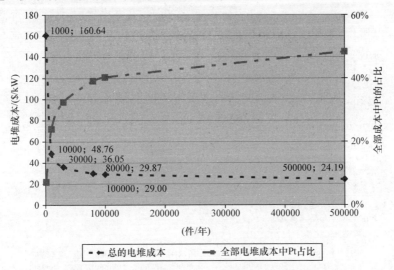

图 14.19　根据美国能源部（DoE）2013 年研究显示的汽车电堆成本的变化，该图还显示了电堆成本中的铂的份额

表 14.2　根据美国能源部（DoE）2013 年的研究，用于汽车动力的 80kW$_{net}$（89.44kW$_{gross}$）PEFC 电堆的成本分析

生产量/（件/年）	1000	10000	30000	80000	100000	500000
双极板/$	2195	615	549	522	520	517
MEA/$	11459	3534	2496	1993	1928	1523
其他电堆部件/$	460	119	91	75	73	62
组装和试验/$	252	90	87	80	74	61

（续）

生产量/（件/年）	1000	10000	30000	80000	100000	500000
电堆总成本/ \$	14366	4358	3223	2670	2595	2163
单位成本/（\$/kW$_{gross}$）	160.64	48.76	36.05	29.87	29.00	24.19
铂成本占比（%）	7.3	24.0	32.5	39.2	40.3	48.4
单位面积成本/（\$/m^2）	1056	281	193	151	145	111

在欧洲研究项目 Auto – Stack 中，在对欧洲零部件供应行业调查的基础上对电堆生产成本进行了估算。最初与美国的分析相比较，电堆生产成本平均高出两倍（图 14.20）。在 AutoStack – CORE 项目中，基于具体的电堆设计进行了更精确的成本分析。对此，在铂用量为 0.35mg/cm^2，年产量为 30000 件时，电堆单位成本为 36.81€/kW。在此次分析中确定的单位成本与美国能源部 2013 年公布的数值大致相符。该项研究结果表明，从长远来看，迫切需要减少铂用量。而在市场化的早期阶段，可靠性和稳健性可以优先于降低铂量（图 14.21）。

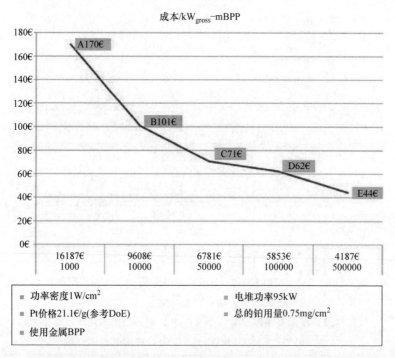

图 14.20 基于欧洲零部件供应行业的元件成本数据，对用于车辆动力的 PEFC 电堆成本的估算

在提到的成本研究中没有考虑市场导入之初的前期投入成本。这导致成本大幅降低，直到年产 30000 件，之后的成本递减曲线趋于平缓。

目前，小批量的实际制造成本明显要高得多。

如果仔细观察成本情况，很明显，实现与活性面积相关的高功率密度对电堆的

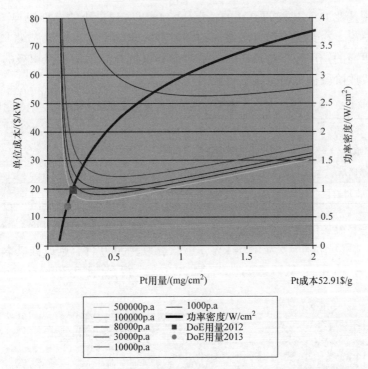

图 14.21　使用 2013 年 DoE 成本研究的数据，电堆单位成本与铂用量的关系

单位成本有很大的影响作用。使用相对简单的成本模型可对此进行解释。假设电堆结构一致，这个简化模型将总成本分为：由使用贵金属引起的部分和主要包括电堆壳体、双极板、膜和 GDL 以及催化剂和 MEA 的生产等在内的其余部分。为简单起见，这些成本与给定功率下电堆的活性面积有关。

在 2013 年 DoE 的研究中，假定铂用量为 0.153mg/cm² 和标称功率密度为 692mW/cm² 的情况下，电堆净功率为 80kW（89.44kW 毛功率）。在之前的研究中，假设铂用量为 0.196mg/cm²，功率密度为 984mW/cm²。如果假设功率密度与铂用量之间存在对数关系，则可以通过调整参数获得相应的经验值来建立一个方程式，用该方程式可以计算每千瓦所需的铂的用量和作为铂用量与活性面积的函数关系。使用表 14.2 中列出的 2013 年 DoE 研究的值和由此推导出的无铂电堆的单位面积成本以及假定的铂金属成本，因此可以计算电堆单位成本与铂用量的函数关系。图 14.21 显示了各种假设的年生产量的结果。

可以看到固定的最低成本的发展，随着年产量的增加，从每年 1000 件时的 52.62\$/kW 转变到每年 500000 件时的 15.86\$/kW。令人惊讶的是，在铂用量明显高于 2012 年和 2013 年 DoE 研究中假设的情况下，预计最低成本明显要低一些。表 14.3 列出了各自的最低成本和相关的铂需求。

这里提出的大大简化的成本模型自然包含着相当大的不确定性，但仍可以表明，在铂用量比 DoE 建议的更高的情况下，可以实现最小的电堆成本。从表 14.3 中也可以得出，在铂需求量略微增加的同时最大化功率密度的优先级。更有甚者，可以预期更高的铂用量将对预期的使用寿命和抵抗介质污染有着积极的影响作用，这在市场投放阶段被证明是特别有利的。

表 14.3 基于 2013 年 DoE 研究数据的电堆单位成本最小值和相关的铂用量

年产量/个	1000	10000	30000	80000	100000	500000
最低成本/（$/kW）	52.62	24.38	20.24	18.04	17.72	15.86
对应的贵金属用量/（mg/cm²）	1.10	0.54	0.46	0.40	0.44	0.36
为此所需的 Pt 总量/（g/kW）	0.2062	0.2220	0.2139	0.2428	0.2428	0.3592

一旦建立燃料电池汽车的大众市场，由于短缺或其他的市场机制，预计铂的价格会上涨。假设铂的价格为 100$/kW，年产量为 500000 件，则最低成本为 25.25$/kW，而其中铂用量从 0.39mg/cm²（20 $/g）转移到 0.30mg/cm²（100 $/g）（图 14.22）。

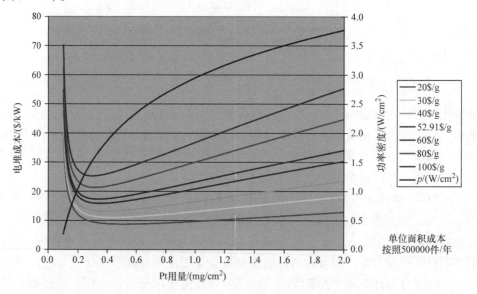

图 14.22 假设每年的产量为 500000 件，电堆单位成本与铂金属价格的关系

14.8 与其他燃料电池技术的区别

PEFC 系统被认为具有广泛的应用范围，包括：

- 以低功率水平为远程传感器站供电
- 离网发电和不间断发电
- 工业叉车的动力

- 游船的动力
- 货车和公共汽车的车载发电装置
- 乘用车、货车和公共汽车的驱动系统
- 航空应急发电
- 潜艇动力
- 高达兆瓦级的固定式发电

虽然 PEFC 的燃料供应最好用纯氢来实现，将碳氢化合物的产物气或醇重整的产物气在进行适当的纯化后也可以使用，但不可避免会存在 CO、CO_2 和其他微量杂质，这会影响功率密度。

PEFC 对燃料气体和反应空气中的微量杂质的固有敏感性会导致对燃料质量的标准相对苛刻。在直接使用重整产品的情况下，需要对产物气使用昂贵的纯化方法。

在接下来的章节中，将介绍其他燃料电池技术的特性以供比较。

14.8.1　碱性燃料电池（AFC）

碱性燃料电池（AFC）通常使用氢氧化钾（KOH）水溶液作为电解质。文献[92] 介绍了 AFC 与 PEFC 特性的比较。AFC 技术在阿波罗（Apollo）飞船和航天飞机中成功应用。由于其更高的 pH 值，可以选择更广泛和更便宜的催化剂材料，甚至可以使用不含贵金属的催化剂。

虽然在碱性电解液中的氧还原动力学反应速度比酸性电解液更快，但其氢氧化动力学相对更慢。总体而言，AFC 系统可以以 60% 左右的高效率运行。

虽然在阿波罗任务期间，AFC 的工作温度高达 206℃，但 AFC 和 PEFC 的工作温度通常非常接近。

AFC 既可以使用液态电解液回路，也可以使用基质电解质来运行。在带有液态电解质回路的电池中，可以用其进行简单散热。AFC 可实现的功率密度通常低于 PEFC。因此，AFC 系统的结构体积和重量都高于 PEFC 系统。其结果是，可通过使用更便宜的材料而获得的成本优势得到部分补偿。

AFC 需要纯氢才能运行。直接使用含 CO_2 的重整气会由于形成碳酸盐而导致电解质电导率显著降低，从而明显地增加内阻。碳化也可能是导致 AFC 中空气电极损坏的机制。然而，在电解液流动的系统中，这可以通过适当频繁地更换电解液以及过滤空气中的 CO_2 来解决。

与使用酸性电解质的 PEFC 相比，AFC 中的产物水在阳极侧形成。电解液中冷凝的产物水必须通过蒸发从液相中除去。

总之，AFC 只能在有限数量的固定式应用中得到很好地使用，在这些应用中氢可用作燃料，例如用作应急电源系统或用作工业热电联产系统。目前，AFC 技术仅由全球少数几个工作组在做进一步的研发。

14.8.2 磷酸燃料电池（PAFC）和高温聚合物电解质膜燃料电池（PEFC）

磷酸燃料电池（PAFC）在 160～200℃ 的工作温度范围内运行。电解质，即浓磷酸，被吸收在微孔陶瓷基体中。在高的工作温度下，PAFC 可以容忍大量的燃料污染物，例如化石燃料加工中产生的高达 1% 的 CO 和 20×10^{-6} 的 H_2S 污染物。由于这种对污染物的不敏感性，PAFC 系统常使用重整的碳氢化合物（通常是天然气）工作，只有少数例外。

自 20 世纪 60 年代中期以来，PAFC 技术一直在发展，在 70 年代和 80 年代，在提高功率和减少催化剂需求方面取得了相当大的进步。当时所达到的阳极上 $0.25 mg/cm^2$ 和阴极上 $0.5 mg/cm^2$ 的贵金属用量仍然能达到当今的最好技术水平。磷酸在铂表面的强吸附主要会影响氧还原的动力学。因此，PAFC 运行的功率密度比 PEFC 要低得多。PAFC 系统的电效率约为 40%。在使用过程热时，整体效率可达 90%。

兆瓦级功率的系统已经实现。拥有 11MW 的最大发电厂位于东京。UTC - Power 以产品名称"Pure - cell 400"制造和销售最广泛使用的电功率为 400kW 的 PAFC 系统。UTC - Power 于 2013 年初由 Clear - Edge 管理，随后由 Dosan Power 接管。全球已安装了 300 多个这样的燃料电池系统。总运行时间超过 940 万 h，其中寿命最长的系统的运行时间长达 65000h。PAFC 技术可以说是比较可靠和成熟的。但是由于功率密度适中，产量比较小，成本还是比较高的。

磷酸也被用作所谓的高温 PEFC 中的电解质。在这种情况下，磷酸被引入由聚苯并咪唑制成的聚合物基质中，并通过离子相互作用来固化，从而同时最小化阴离子迁移。虽然 PAFC 的液态电解质管理需要仔细调节阳极与阴极之间的压差，但高温 PEFC 更能耐受压差。由于种种原因，高温 PEFC 成为 PAFC 的很有吸引力的替代品。

磷酸不仅在 PAFC 中，而且在高温 PEFC 中都没有牢固结合。此外，磷酸在工作温度下的蒸气压是有限的。因此，在运行过程中会发生因蒸发而造成的磷酸损失。此外，磷酸可以在冷启动期间通过冷凝水洗掉。除了催化剂的腐蚀之外，磷酸的存量对使用寿命也起决定性的作用。

总结：PAFC 和高温 PEFC 对固定式应用、车载电源和备用电源等很有吸引力，尤其是当这些应用不能使用纯氢工作时。由磷酸吸附到催化剂表面引起的功率密度降低的局限性表明，PAFC 和高温 PEFC 通常不用于道路车辆的动力总成。

14.8.3 熔融碳酸盐燃料电池（MCFC）

熔融碳酸盐燃料电池（MCFC）在大约 650℃ 的温度下运行。它们使用熔融的硼酸锂和碳酸钾的混合物作为电解质，将其吸收在微孔基质中。在基本条件和高的工作温度下，可以在镍催化的电极上发生氧还原和氢氧化。高的过程温度允许甲烷在电池内发生重整。重整反应的热量需求可有助于 MCFC 的冷却方案设计。为避免炭黑形成，必须通过所谓的预重整器在电池前端去除更高的碳氢化合物并将其转化为甲烷。此外，重整过程中产生的 CO 也可以被阳极氧化，但反应速率要低得多。

内部重整将 MCFC 系统的电效率提高到约 50%。通过高的工作温度，可以从 MCFC 中提取额外的高温热，如果使用得当，可以进一步提高系统的整体效率。

在阴极由 CO_2 通过还原空气中的氧形成的碳酸根离子 CO_3^{2-} 来确保电解质中电荷的传输。为此，必须始终将 CO_2 添加到阴极气体中。这通常是通过将在燃烧器中燃烧后的阳极废气混合到阴极空气中来实现。CO_2 管理的要求提高了 MCFC 的系统复杂性。

MCFC 系统是为功率需求在兆瓦级的固定式应用而开发的。已在各种示范项目中展示了 MCFC 技术的应用。MCFC 电极只能在相对较低的电流密度下工作。因此，必须使用大的活性面积的电池，这需要大量昂贵的电极材料和结构材料。

由于燃料、工作温度和功率数据不同，PEFC 和 MCFC 并不存在直接竞争。

14.8.4　氧化物陶瓷燃料电池（SOFC）

氧化物陶瓷燃料电池在 700℃ 以上的温度下工作，并使用由可传导氧离子的陶瓷制成的电解质。近年来，通过使用非常薄的、承载在电极基板上的电解质以及优化具有专用微孔反应区和粗孔传输区的电极微观结构，在功率密度方面取得了显著的进步。

不仅低功率的装载能量供给系统，而且高功率电力供给系统，例如数据中心的供电，都进行了测试。通过高的过程温度，重整的甲烷（主要来自于天然气和矿井气、垃圾填埋气等）可以作为燃料送入电池。与 MCFC 一样，内部重整可确保将高温废热转化为额外的燃料能量。然而，由于强烈的吸热重整反应，组件受到很大的压力，因此需要仔细设计电池和电堆以减弱活性组件的热载荷。

SOFC 系统可以实现高的电效率。据报道，由 Solid Power 开发的住宅能量供应系统实现了 60% 的电效率。具有更高功率的系统，例如 Bloom Energy 用于为数据中心供电的系统，其发电效率约为 50%。

用于电信设施的小型 SOFC 备用电源也在应用中进行了示范。尽管为基于乘用车（可使用汽油/柴油驱动的乘用车）车载电源供电的 SOFC 的开发付出了巨大努力，但尚未开发出可投放到市场的产品。所出现的热循环是一个主要问题。

SOFC 和 PEFC 在微型热电联产应用和便携式、离网电源供应方面相互竞争。如果使用碳氢化合物或醇类作为燃料，SOFC 具有明显的优势。PEFC 在更快的启动时间、频繁的启动–停止循环（且停机时间较长）的应用中具有优势。

参 考 文 献

1. Merle, G., Wessling, M., Nijmeijer, K.: J. Memb. Sci. 377, 1–35 (2011)
2. Couture, G., Alaaeddine, A., Boschet, F., Ameduri, B.: Prog. Polym. Sci. 36, 1521–1557 (2011)
3. Merlo, L., Ghielmi, A., Arcella, V.: In: Garche, J. (Hrsg.) Encyclopedia of Electrochemical Power Sources. vol. 2, S. 680-699, (2014). revised 2014 doi: 10.1016/B978-044452745-5.00930-8

4. A.B. Bocarsly, E.V. Niangar: In: Garche, J. (Hrsg.), Encyclopedia of Electrochemical Power Sources. vol. 2, S. 724–733 (2009), revised 2013 doi: 10.1016/B978-044452745-5.00232-X

5. Yandrasits, M., Hamrock. S.: Polymer Science: A comprehensive review, vol. 10. (2012). doi: 10.1016/B978-0-444-53349-4.00283-1 601-619

6. Heinzel, A., Bandlamudi, G., Lehnert, W.: Reference Module in Chemistry, Molecular Science and Chemical Engineering. (2014). http://dx.doi.org/10.1016/B978-409547-2.11192-8, Zugegriffen Dez. 2014

7. Barbir, F.: PEM Fuel Cells, Theory and Practice, 2. Aufl. Elsevier Academic Press, Burlington MA (2013)

8. Alberti, G.: In: Garche, J. (Hrsg.) Encyclopedia of Electrochemical Power Sources. vol 2, S. 650–666. Elsevier (2009)

9. Sanchez, J.-Y., Iojoiu, C., Alloin, F., Guindet, J., Leprêtre, J.-C.: In: Garche, J. (Hrsg.), Encyclopedia of Electrochemical Power Sources. vol. 2, S. 700–715. (2009). revised 2014 doi: 10.1016/B978-044452745-5.00887-X

10. Zhang, J.: PEM Fuel Cells, Theory and Practice. Springer, London (2008)

11. Mauritz, K.A., Moore, R.B.: Chem. Rev. 104, 4535–4585 (2004)

12. Hsu, W.Y., Gierke, T.D.: Perfluorinated ionomer membranes, Chap.13 In: Eisenberg, A., Yeager, H.L. (Hrsg.) ACS Symposium Series No. 180. American Chemical Society, Washington DC (1982)

13. Hsu, W.Y., Gierke, T.D.: J. Membr. Sci. 13, 307 (1983)

14. Kreuer, K.D.: Chem. Mater. 26, 361–380 (2014)

15. Gebel, G.: Polymer 41, 5829 (2000)

16. Zawodzinski, T.A., Deroin, C., Radzinski, S., Sherman, R.J., Smith, V.T., Springer, T.E., Gottesfeld, S.: J. Electrochem. Soc. 140, 1041–1047 (1993)

17. Bass, M., Freger, V.: Polymer 49, 497–506 (2008)

18. Vallieres, C., Winkelmass, D., Roizard, D., Favre, E., Scharfer, P., Kind, M.: J. Membr. Sci. 278, 357–364 (2006)

19. Jeck, S., Scharfer, P., Kind, M.: J. Memb. Sci. 373, 74–79 (2011)

20. LaConti, A.B., Hamdan, M., McDonal, R.C.: In: Vielstich, W., Lamm, A., Gasteiger, H. (Hrsg.), Handbook of Fuel Cells: Fundamentals, Technology And Applications. vol. 3. Wiley, New York (2003)

21. Liu, H., Gasteiger, H.A., LaConti, A.B., Zhang, J.: ECS Transactions 1, 283–293 (2006)

22. Cipolini, N.E.: ECS Trans. 11, 1071–1082 (2007)

23. Prabhakaran_V, Arges, C.G., Ramani, V.: PNAS 109, 1029–1034 (2012)

24. D'Urso, C., Oldani, C., Baglio, V., Merlo, L., Aricò, A.S.: J. Power Sources 272, 753–758 (2014)

25. Zhu, Y., Pei, S., Tang, J., Li, H., Wang, L., Yuan, W.Z., Zhang, Y.: J. Membr. Sci. 432, 66–72 (2013)

26. Gottesfeld, S.: In: Koper, M.T.M. (Hrsg.), Fuel Cell Catalysis, a Surface Science Approach. S. 1–30. Wiley, Hoboken (2009)

27. Petrow, H.G., Allen, R.J.: U.S. Patent No. 4 044 193 (1977)

28. Raistrick, I.: Diaphragms. Separators Ion Exch. Membr. 86, 172–178 (1986)

29. Wilson, M.S., Gottesfeld, S.: J. Electrochem. Soc. 139, L28–L30 (1992)

30. Springer, T.E., Wilson, M.S., Gottesfeld, S.: J. Electrochem. Soc. 140, 3513–3526 (1993)

31. Mukerjee, S., Srinivasan, S.: J. Electroanal. Chem. 357, 201–224 (1993)

32. Mukerjee, S., Srinivasan, S., Soriaga, M.P., McBreen, J.: J. Electrochem. Soc 142, 1409–1422 (1995)

33. Zhang, J., Mo, Y., Vukmirovic, M.B., Klie, R., Sasaki, K., Adzic, R.R.: J. Phys. Chem B 108, 10955–10964 (2004)

34. Stahl, J.B., Debe, M.K., Coleman, P.L.: J. Vac. Sci. Techno. A 14, 1761–1765 (1996)
35. Sheng, W., Gasteiger, H.A., Shao-Horn, Y.: J. Electrochem. Soc. 157, B1529–B1536 (2010)
36. Nørskov, J.K., Bligaard, T., Logadottir, A., Kitchin, J.R., Chen, J.G., Pandelov, S., Stimming, U.: J. Electrochem. Soc. 152, J23 (2005)
37. Markovic, N.M., Ross Jr P.: In: Wiekowski, A. (Hrsg.), Interfacial Electrochemistry: Theory, Experiment and Applications. S. 821–842. Marcel Dekker, New York (1999)
38. Kongkanand, A., Mathias, M.F.: J. Phys. Chem. Lett. 7, 1127–1137 (2016)
39. Borup, R., et al.: Chem Rev. 107, 3904–3951 (2007)
40. Yang, D., Ma, J., Quiao, J.: In: Li, H., Knights, S., Shi, Z., van Zee, J.W., Zhang, J. (Hrsg.), Proton Exchange Membrane Fuel Cells, Contamination and Mitigation Strategies. S. 115–150. CRC Press, Boca Raton (2010)
41. Oetjen, H.F., Schmidt, V.M., Stimming, U., Trily, F.: J. Electrochem. Soc. 143, 3838–3842 (1996)
42. Yang, C., Costamagna, P., Srinivasan, S.: J. Power Sources 103, 1–9 (2001)
43. Gottesfeld, S., Pafford, J.: J. Electrochem. Soc. 135, 2651–2652 (1988)
44. Carette, L.P.L., Friedrich, K.A., Huber, M., Stimming, U.: Phys. Chem. Chem Phys. 3, 320–324 (2001)
45. Ralph, T.R., Hogarth, M.P.: Platin. Met. Rev. 46, 117–135 (2002)
46. Cheng, X., Shi, Z., Glass, N., Zhang, L., Zhang, J., Song, D., Liu, Z.-S., Wang, H., Shen, J.: J. Power Sources 165, 739–756 (2007)
47. Imamura, D., Hashimasa, Y.: ECS Trans. 11, 853–862 (2007)
48. Soto, H.J., Lee, W.K., van Zee, J.W., Murthy, M.: Electrochem. Solid-State Lett. 6, A133–A135 (2003)
49. Halseid, R., Heinen, M., Jusys, Z., Behm, R.J.: J. Power Sources 176, 435–443 (2008)
50. Halseid, R.: J. Electrochem. Soc. 151, A381–A388 (2004)
51. Markovic, N.M., Schmid, T.J., Stamenkovic, V., Ross, P.N.: Fuel Cells 1, 105–116 (2001)
52. Yuan, X.Z., Li, H., Yu, Y., Jiang, M., Quian, W., Zhang, S., Wang, H., Wessel, S., Cheng, T.T.H.: Int. J. Hydrogen Energy 37, 12464–12473 (2012)
53. Xu, Y., Shao, M., Mavriakakis, M., Adzic, R.R.: In: Koper, M.T.M. (Hrsg.) Fuel Cell Catalysis, a Surface Science Approach., S. 271–315. Wiley, Hoboken (2009)
54. Bezerra, C.W.B., et al.: J. Power Sources 173, 891–908 (2007)
55. Atanasoski, R., Dodelet, J.P.: In: Garche, J. (Hrsg.) Encyclopedia of Electrochemical Power Sources. S. 639–649. Elsevier (2009)
56. Serov, A., Tylus, U., Artyushkova, K., Mukerjee, S., Atanassov, P.: Applied Catalysis B 150–151, 179–186 (2014)
57. Shen, P.K.: In: Zhang, J. (Hrsg.), PEM Fuel Cell Electrocatalysts and Catalyst layers, Fundamentals and Applications. S. 355–380. Springer, London (2008)
58. Loez-Haro, M., Guétaz, L., Printemps, T., Morin, A., Escribano, S., Jouneau, P.-H., Bayle-Guillemaud, P., Chandezon, F., Gebel, G.: Nature Communications (2014). doi:10.1038/ncomms6229
59. Morawietz, T., Handl, M., Simolka, M., Friedrich, K.A., Hiesgen, R.: ECS Transactions 68, 3–12 (2015)
60. Holdcroft, S.: Chem. Mater. 26, 381–393 (2014)
61. Eikerling, M.H., Malek, K., Wang, Q.: In: Zhang J. (Hrsg.), PEM Fuel Cell Electrocatalysts and Catalyst Layers, Fundamentals and Applications. S. 381–446. Springer, London (2008)
62. Wagner, F.T., Lakshmanan, B., Mathias, M.F.: J. Phys. Chem. Lett. 1, 2204–2219 (2010)
63. Debe, J.: Electrochem. Soc. 160, F522–F534 (2013)
64. Kongskanand, A., Owejean, J.E., Moose, S., Dioguardi, M., Biradar, M., Makkaria, R.: J. Electrochem. Soc. 159, F676–F682 (2012)

65. Kundu, S., Cimenti, M., Lee, S., Bessarabov, D.: Membrane Technology 10, 7–10 (2009)
66. Reiser, C.A., Bregoli, L., Patterson, T.W., Yi, J.S., Yang, J.D., perry, M.L., Jarvi, T.D.: Electrochem. Solid State Lett. 8, A273–A276 (2005)
67. Gu, W., Carter, R.N., Yu, P.T., Gasteiger, H.A.: ECS Trans. 11, 963–973 (2005)
68. Klages, M., Enz, S., Markötter, H., Manke, I., Scholta, J.: J. Power Sources 239, 596–603 (2013)
69. Manke, I., Hartnig, C., Grünerbel, M., lehnert, W., kardjilov, K., Haibel, A., Hilger, A., Banhart, J., Riesemeier, H.: Appl. Phys. Lett. 90, 174105-174105-3 (2007)
70. Hartnig, C., Manke, I., Kuhn, R., Kardjilov, N., Banhart, J., Lehnert, W.: Appl. Phys. Lett. 92, 134106-1–134106-3 (2008)
71. Markötter, H., Haussmann, J., Alink, R., Tötzke, C., Arlt, T., Klages, M., Riesemeier, H., Gerteisen, D., Banhart, J., Manke, I.: Electrochemistry Communications 34, 22–24 (2013)
72. Alink, R., Haussmann, J., Markötter, H., Schwager, M., Manke, I., Gerteisen, D.: J. Power Sources **233**, 358–368 (2013)
73. Krüger, Ph, Markötter, H., Haussmann, J., Klages, M., Arlt, T., Banhart, J., Hartnig, C., Manke, I., Scholta, J.: J. Power Sources 196, 5250–5255 (2011)
74. James, B.D., Huya-Kouadio, J.M., Houchins, C.: Mass Production Cost Estimation of Direct H$_2$ PEM Fuel Cell Systems for Transportation Applications, 2015 Update, Startegic Analysis Inc. (2015)
75. Bloomfield, D., Bloomfield, V.: In: White, R.E., Vayenas, C.G. (Hrsg.), Modern Aspects of Electrochemistry.vol. 40, S. 1–33. Springer, London (2007)
76. Cheng, T.: In: Wilkinson, D.P., Zhang, J., Hui, R., Fergus, J., Li, X. (Hrsg.), Proton Exchange Membrane Fuel Cells: Materials Properties and Performances. S. 305–342. CRC Press, Boca Raton (2010)
77. Kumar, A., Reddy, R.G.: Fundamentals of Advanced Materials and Energy Conversion Proceedings. In: Chandra, D., Bautista, R.G. (Hrsg.), S. 41–53. TMS, Seattle WA (2002)
78. Yuan, X.Z., Wang, J., Zhang, J.J.: Journal of New Materials for Electrochemical Systems 8, 257–267 (2005)
79. Karimi, S., Fraser, N., Roberts, B., Foulkes, F.R.: Advances in Materials Science and Engineering (2012). doi:10.1155/2012/828070
80. http://www.decode-project.eu. Zugegriffen Mai 2013
81. Mawdsley, J.R., Carter, J.D., Wang, X., Niyogi, S., Fan, C.Q., Koc, R., Osterhout, G.: J. Power Sources 231, 106–112 (2013)
82. Frisch, L.: Sealing Technology 93, 7–9 (2001)
83. Ye, D.H., Zhan, Z.G.: J. Power Sources 231, 285–292 (2013)
84. St-Pierre, J.: In: Garche, J. (Hrsg.), Encyclopedia of Electrochemical Power Sources. S. 879–889. Elsevier (2009)
85. Tan, J., Chao, Y.J., Wang, H., Gong, J.: J.W. vanZee. Polym. Degrad. Stab. 94, 2072–2078 (2009)
86. Tan, J., Chao, Y.J., Li, X., van Zee, J.W.: J. Power Sources 172, 782–789 (2007)
87. Schulze, M., Knöri, T., Schneider, A., Gülzow, E.: J. Power Sources 127, 222–229 (2004)
88. Wu, J., Yuan, X.Z., Martin, J.J., Wang, H., Zhang, J., Shen, J., Wu, S., Merida, W.: J. Power Sources 184, 104–119 (2008)
89. http://www.hydrogen.energy.gov/pdfs/review10/fc018_james_2010_o_web.pd. Letzter Zugegriffen: Dez. 2016
90. James, B.D., Moton, J.M., Colella, W.G.: Mass Production Cost Estimation of Direct H$_2$ PEM Fuel Cell Systems for Transportation Applications 2013 Update, http://energy.gov/sites/prod/files/2014/11/f19/fcto_sa_2013_pemfc_transportation_cost_analysis.pdf. Letzter Zugegriffen: Dez. 2016

91. http://autostack.zsw-bw.de. Letzter Zugegriffen: Dez. 2016
92. Kordesch, K., Cifrain, M.: In: Vielstich, W.,Lam, A., Gasteiger, H.A. (Hrsg.), Handbook of Fuel Cells, Fundamentals, Tchnology and Applications. S. 789–793. Wiley, Chichester (2003)
93. www.gencellenergy.com. Letzter Zugegriffen: Dez. 2016
94. http://project-power-up.eu/ Letzter Zugegriffen: Dez. 2016
95. http://www.bluegen.de/de/produkte/bluegen/was-ist-bluegen/. Letzter Zugegriffen: Dez. 2016
96. http://www.bloomenergy.com/fuel-cell/energy-server/. Letzter Zugegriffen: Dez. 2016

第 15 章 盐穴储氢

15.1 引言

氢是一种介质，由于它具有只利用电流就可以从水中产生的特性，而一再引起能源行业的兴趣。除了用于产生、运输和应用的单元之外，氢产业链上的一个重要组成部分就是存储设施。而根据其用途的不同，对其性能提出了不同的要求。盐穴存储设施是在巨大的地下盐矿床中人工创造的空腔，它是一种同时具有高进料和高出料能力的可储存大量氢的方案。这些存储设施适用于存储无水介质，目前最常见的存储介质是液态的和气态的碳氢化合物。用于储氢的洞穴也已经存在。建造洞穴存储设施的单位成本比较低，使用寿命长达 30 年以上，其空间要求也不高。

储盐洞穴是通过将水受控地注入盐岩（盐水）来建造的。根据存储要求以及地质的和技术的边界条件，它的典型的几何体积可以高达 $1000000m^3$，其高度能达到 $300 \sim 500m$，直径可以达到 $50 \sim 100m$，再加上部分可以达到 200bar 以上的高的工作压力，因此可以存储非常大的体积和质量。它们可用作几小时、几周或几个月的存储设施，并可用于储藏库存、季节性波动补偿和可能发生危机时的战略储备，也可用作交易存储设施。

数十年来，洞穴存储设施一直是能源系统的重要支柱。在以可再生能源为基础的未来能源系统中，地下盐穴作为大型储氢设施，可以为维持供应安全和在过渡时期为能源成功转型做出决定性的贡献。

15.2 盐穴储能的历史

几十年以来，气态的和液态的碳氢化合物一直存储在世界各地的地质结构下面。一类是在天然的孔隙储层中，例如枯竭的碳氢化合物矿床和含水层，另一类是在人工创造的盐穴中。图 15.1 给出了地下各种存储选择的概览。

20 世纪 40 年代初，加拿大首次使用人工创造的盐穴来储存气体和液体。在 20

世纪50年代早期，美国和英国相继出现了用于储存气态的和液态的碳氢化合物的盐穴。英国在70年代、美国在80年代也都开始在洞穴中储氢。这些氢洞穴今天仍在石化工业中使用。表15.1显示了现有氢洞穴的概览。

图15.1 地质上的地下能量储存的选择

表15.1 储氢洞穴概览

	英国	美国		
	Teesside	Clemens Dome	Moss Bluff	Spindletop
运营商	Sabic Petrochemicals	ConocoPhillips	Praxair	Air Liquide
洞穴数	3	1	1	1
开始运行时间	20世纪70年代	1986	2007	在建
几何体积	$3 \times 70000 m^3$	$580000 m^3$	$566000 m^3$	$580000 m^3$
压力范围	大约50bar（常数）	$70 \sim 135 bar$	$77 \sim 134 bar$	$70 \sim 135 bar$

在德国，地下盐穴中的化石能量载体储存已经使用了50多年，并且不断适应当前的最先进的技术水平。1962年，在德国施勒苏益格－荷尔斯泰因州的海德开始建造第一个盐穴"Heide 101"。在今天，这个盐穴仍用于存储丁烷。作为联邦政府1965年实施的"石油产品最低库存量法"的一个部分，1971年开始建造33个储油洞穴。与此同时，在基尔建成首个用于储存气态碳氢化合物的洞穴"K101"。除了主要成分甲烷、氮和一氧化碳外，"城市燃气"中的氢含量超过50%。随着位

于下萨克森州的亨托夫的世界上第一座压缩空气储存发电厂的建成，从 1978 年起，盐穴也开始用于存储空气。

德国目前有 350 多个洞穴在运营，其中约 70% 用于储存天然气，30% 用于储存原油、矿物油产品和液化气。目前，德国储存的天然气中有 143 亿 Nm³，即约有 58% 储存在盐穴中。纯氢洞穴迄今为止尚未在德国投入使用。但在这方面，各种关于建立示范洞穴的研究工作正在进行，以满足德国适用的安全要求。

15.3 盐穴储氢技术

盐穴中的氢的存储与天然气存储几乎没有什么不同，并且盐穴中的天然气存储在德国也已经运行了几十年。盐矿勘探结束后，将洞穴钻孔下沉，安装多根可伸缩的钢管并用水泥固定，以便与周围岩石形成气密连接。然后安装更多的管道，以便能够并行地注入淡水，并同时去除饱和的含盐水（卤水）。通过盐在水中的溶解过程会产生一个空洞，空洞的发展主要是通过空洞测量和存储盐水的分析来控制的。在完成被称为"盐水工艺"的开发步骤之后，将进行安装"完井"，完井用于检查存储设施运行的安全性。根据存储介质和计划的存储设施的运行的不同，完井由不同的组件所组成。通过用存储介质将盐水处理后仍残留在溶洞内的盐水排出后，首次填满溶洞，并可以进行存储作业。建设成本在很大程度上取决于所选择的位置和洞穴区域的开发状况。其指导值如图 15.2 所示。这些成本不包括用于存储设施运行的地上的装置和用于发电、应用和运输的其他单元。根据储氢发电厂的规模，氢洞穴在总成本中的比例较低，有时甚至低于 10%。

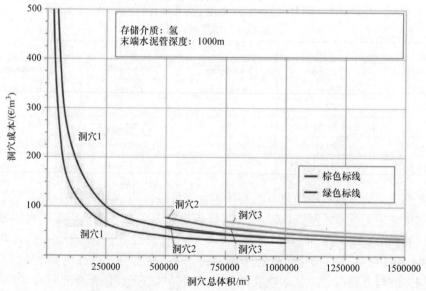

图 15.2 建造氢洞穴的示例成本

对于天然气和氢的存储，主要是利用气体的可压缩性，如像在美国的氢洞穴中那样。并且气体要储存在处于最小和最大压力之间的洞穴中。处在这些压力之间的气体之后会形成可用的工作气体。保留在洞穴中的、以维持在整个运行期间确保稳定性所需的最低压力的气体，被称为缓冲气体。其中，存储设施压力取决于洞穴的深度，最小压力平均为每100m深度6bar，最大压力为每100m深度18bar。

盐水循环为在扁平盐层中储氢提供了一种可能性。这种方案用于英国的氢洞穴中。对此，通过注入盐水将氢存储到洞穴中。这可以实现几乎恒定的压力，且不需要缓冲气体，但需要建造一个地上的循环盐水盆。

美国和英国的实践经验已经表明，在盐穴中安全且长期储存氢（超过40年）是可能的。然而，现存的氢洞穴的完井审查标准与德国要求的安全标准有所偏差。在德国，要获得氢洞穴的批准，还需要额外的安全性元件，如地下安全阀、附加的巡视管道和封隔器元件等。由于氢特有的性质，如高的活性和高的挥发性等，这就要求对用于天然气储存的经过验证的材料进行调整。盐穴存储设施的地上和地下的部件，如管道、配件、水泥等，都必须检查是否需要进行调整。

一般来说，由于盐的特殊物理性质，盐穴具有高度的稳定性，并且不会渗透气体和液态碳氢化合物。除此之外，盐层会形成厚达100m的储存墙。尽管如此，对于德国盐矿床，还必须明确确认盐对氢的不渗透性。

15.4 氢洞穴在能源转型实施中的作用

在以前的能源系统中，化石能量载体发电是以当前的能源需求为导向的。通过将传统能量载体石油、天然气和煤炭在转化为电能之前储存起来，这种需求导向的生产成为可能或得到支持。如果来自太阳能和风能的可再生能源占比很高，则不可能在馈入电网之前将这些能量载体储存起来，这就导致电网中存储需求的转变，而这些能量载体的波动特性也增强了对存储设施的需求。

抽水蓄能电站就显示了这种在电网中的存储设施。目前德国在运行的所有用于电能储存的抽水蓄能电站的总存储容量约为0.04TW·h，这相当于几乎60min的整个电网的负载。相比之下，目前天然气的储存容量约为245TW·h，约占年需求的20%。由此可以得出结论，如果要达到类似的数量级，则在电网中非常需要额外的存储设施。由于可再生能源的波动特性，很难确定未来所需的存储需求的确切数量，因为有多种选项可用于平衡能量的生产和需求，它们的发展状况会对其产生直接影响：

- 增加风能和太阳能系统的装机容量。
- 扩展电网中存储装置的容量和功率。
- 维持化石能源的备用发电厂的可用性。
- 电网扩展。

从这种复杂的关系来看，它不仅具有经济维度，还具有政治维度（正如关于巴伐利亚电网线路建设的讨论所表明的那样），并且与德国希望在能源转型的当下和未来将承担多少供应安全从而满足未来的存储需求的问题紧密相关。因此，对可再生能量载体的未来存储需求的预测波动很大。一般而言，未来的存储需求是可以估计的，该需求会在一位到两位数的 TW·h 范围内。此外，这种未来需要的存储容量只与输送电网的安全性有关。而迄今为止存在的贸易或战略储备等方面因素尚未考虑在内。

大型储氢设施特别适合长期存储（图 15.3），这是由于它们具有较高的体积能量密度和相对较低的存储效率（图 15.4）。存储设施本身的效率（没有电解损失、利用损失或运输损失）是非常高的，达到 97%。

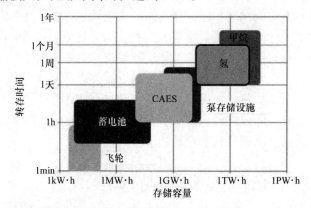

图 15.3 根据功率需求的容量和持续时间，在不同电网规模上使用的各种存储技术

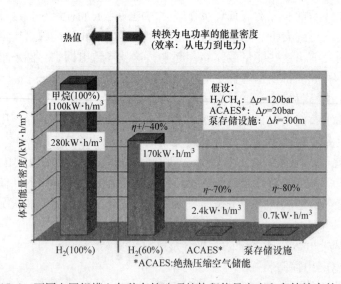

图 15.4 不同电网规模上各种存储选项的体积能量密度和存储效率的比较

如果对不同的电网规模的存储容量和电功率有很高的需求，洞穴存储设施是首选，因为体积大，它们可以借助于不同的能量载体，储存和供应大量的能量。在从传统能源到可再生能源的过渡时期，用于氢、生物质气、合成甲烷或天然气混合产品的洞穴储存设施以及这些介质的比例越来越高，这有助于减少能源生产中的 CO_2 排放。

在主要基于可再生能源的能源供应的情况下，用于氢、生物质气或合成甲烷的洞穴存储设施作为从电力到电力的存储，可以显著提高电力供应的安全性，并在部门耦合的框架内将电力、移动性和热能相互连接起来。与再转化为电力相比，在移动性部门采用由可再生能源生产的氢或作为化学工业原材料的氢具有更高的能量效率，而且目前应用也更经济。本书第 2 章中详细描述了氢在电力系统中大规模储能时的作用。

15.5 德国盐穴中氢的存储潜力

盐以沉积岩的形式存在于世界各地。由于它是通过富盐的海洋干涸而形成的，因此盐矿是受地域限制的，目前盐的厚度变化很大，在几米到几千米。足够厚的盐层是洞穴建设的必要前提，因此，这决定了盐穴存储设施建设的潜力。德国是欧洲盛产盐的国家之一，因此洞穴存储可以在能源转型的实施中发挥重要作用。特别是在德国北部，盐穴中的能量载体具有很高的地质上和基础设施上的存储潜力。对于这种潜力在多大程度上是足够的，已经并将会在各种研究中进行检验。

作为"盐穴中在压力下的通过带中间存储的电解制氢燃料的示范装置的规划研究"项目的一个部分，对在德国选定的、现有的洞穴存储设施的氢的存储潜力进行了粗略的评估。据此，通过转换，位于北莱茵 – 威斯特法伦州的赞顿和埃佩的氢存储量大约为 7.2TW·h，位于德国北部的杰姆古姆、克鲁姆霍恩、努特穆尔、埃策尔、亨托夫、不来梅 – 莱苏姆、哈尔塞费尔德的氢存储量为 13.8TW·h，在萨克森州的比特费尔德 – 勒纳工业区和贝恩堡、施塔斯富尔特和巴特劳赫施塔特的氢存储量达到 5.4TW·h。

在由 BMWi 资助的联合项目"信息系统盐结构：用于可再生能源存储的盐穴建设的规划基础、选择标准和潜力评估（InSpEE）"中，对新建洞穴潜力的调查成为其中的重点。其项目合作伙伴首先设计了评估德国北部盆地盐层储存潜力的基础，并在此基础上对可存储能源，特别是可以以氢形式存在的能源，进行了潜力评估。InSpEE 项目的结果显示：在单层情况下，高达 1600TW·h（存储的工作气体的热值）表明了储氢的巨大潜力，其中仅在下萨克森州和不来梅州就有 700TW·h。

但是在德国其他地区也可以建造洞穴。目前，后续项目 InSpEE – DS 正在确定整个德国洞穴存储设施的新建潜力，该项目将持续到 2019 年。

15.6 展望

尽管在美国和英国的化学工业中，盐穴储氢已经运行了几十年，但作为将可再生能源整合到能源系统的一部分，仍然没有将氢作为能量载体进行存储的盐穴。这一方面是由于与天然气和石油等传统的存储介质相比，每千瓦时能量载体的成本更高；另一方面是因为在德国是否需要进行安全运行调整的问题仍有待研究，最重要的是，经济方面具有延迟效应。

为了维持能源供应的高度安全性，正如我们在德国所习惯的那样，具有高输入和输出能力的大容量储能设施，例如带洞穴存储设施的氢装置，是实施能源转型的一个重要因素。由于根据具体的位置，一个存储设施的建设可能需要 10 年或更长时间，在需要建立经济方面的框架条件之前需要有相应的准备时间。

凭借有利的地质条件和基础设施条件，与其他欧洲国家相比，德国在盐穴中储氢方面的潜力很大。在欧洲能源网络中，德国可以在未来作为储能服务提供商发挥重要作用，从而也为欧洲成功实现能源转型做出贡献。

参 考 文 献

1. ©KBB Underground Technologies GmbH

2. Thomas, R.L., Gehle, R.M.: A brief history of salt cavern use, Proceedings of the 8th World Salt Symposium, Den Haag, Bd. 1, S. 207–214. (2000)

3. Tatchell, J.: Hydrogen in the chemical industry, AIM Congress "Hydrogen and its prospects". Liege **15–18**.11. 1976 (1976)

4. Leigthy, W.: Running the world on renewables. Hydrogen transmission pipelines with firming geologic storage, SMRI Spring Conference, Basel, Schweiz, 29.04–01.05. (2007)

5. Hydrogen Power Storage & Solutions East Germany: Inventurliste der relevanten Forschungs- und Demo-Projekte im Rahmen der Roadmap-Erstellung. (2014)

6. Parker, G.: Hydrogen cavern operation, International Pipeline Conference 2006, Calgary, Alberta (2006)

7. Kühne, G.: Untergrund-Flüssiggasspeicher in Salzlagerstätten. Erdöl u. Kohle, Erdgas, Petrochemie **18**, 169–173 (1965)

8. Kuehne, G.: German refinery develops successful underground butane storage facility. World Petroleum. S. 42–47 (1965)

9. Rüddiger, G.: Eigenschaften und Eignung des Rotliegend-Haselgebirges zur Anlage unterirdischer Speicherkavernen und deren volumetrische Vermessung. Erdöl Kohle Erdgas Petrochemie **18**, 6–10 (1965)

10. Landesamt für Bergbau, Energie und Geologie: Erdöl und Erdgas in der Bundesrepublik Deutschland 2015. Landesamt für Bergbau, Energie und Geologie, Hannover (2016)

11. IVG Caverns GmbH: 40 Jahre Kavernenbau in Etzel. IVG Caverns GmbH, Friedeburg (2011)

12. Sasse, W.: Unterirdischer Gasspeicher Kiel 101. Die erste Kaverne für Stadtgas in Deutschland. GWF Gas/Erdgas **116**, 15–19 (1975)

13. Sterner, M., Stadler, I.: Energiespeicher. Bedarf, Technologien, Integration, S. 371. Springer, Berlin (2014)

14. Höcher, T.: Erfahrungen mit Wasserstoff in Stadtgas-Untergrundspeichern, DBI-GUT Innovationsforum „Stromspeicherung und -transport über Gasspeicher und Gasnetze – Power to Gas to Power" Arbeitskreis 2 Gasspeicherung und Gastransport. Leipzig 24–25.04 (2013)

15. Crotogino, F., Mohmeyer, K.-U., Scharf, R.: Huntorf CAES: More than 20 years of successful operation, SMRI Spring Meeting, Orlando, Florida/USA, 23–24.04.2001, S. 351–362 (2001)

16. Hypos. Hydrogen Power Storage & Solutions East Germany e.V.: Hypos. http://www.hypos-eastgermany.de/. Zugegriffen: 02. Okt. 2016

17. Energiespeicher. Forschungsinitiative der Bundesregierung (Hrsg.): Überschüssigen Wind in Wasserstoff zwischenspeichern. FIZ Karlsruhe - Leibniz-Institut für Informationsstruktur GmbH. http://forschung-energiespeicher.info/wind-zu-wasserstoff/projektliste/projekt-inzelansicht/74/UEberschuessigen_Wind_in_Wasserstoff_zwischenspeichern. Zugegriffen: 02. Okt. 2016

18. Fischer, U. R.: Forschungsprojekt WESpe. Wind-Energie-Speicherung in Brandenburg und Wasserstoffspeicherung in Kavernen. 15. Brandenburger Energietag, Cottbus, 5. September (2013)

19. Sachverständigenrat für Umweltfragen: 100 % erneuerbare Stromversorgung bis 2050: klimaverträglich, sicher, bezahlbar, Berlin, S. 59 (2010)

20. VDE: Energiespeicher für die Energiewende. Speicherungsbedarf und Auswirkungen auf das Übertragungsnetz für Szenarien bis 2050. Energietechnische Gesellschaft im VDE (ETG), Frankfurt am Main (2012)

21. EFZN: Studie „Eignung von Speichertechnologien zum Erhalt der Systemsicherheit". EFZN, Goslar. http://www.bmwi.de/Redaktion/DE/Publikationen/Studien/eignung-von-speichertechnologien-zum-erhalt-der-systemsicherheit.pdf?__blob=publicationFile&v=7. Abschlussbericht (2013). Zugegriffen: 02. Okt. 2016

22. DLR: Langfristszenarien und Strategien für den Ausbau der erneuerbaren Energien in Deutschland bei Berücksichtigung der Entwicklung in Europa und global, Schlussbericht, (2012)

23. Fraunhofer UMSICHT: Metastudie Energiespeicher, Studie im Auftrag des BMWi. Fraunhofer UMSICHT, Oberhausen. https://www.umsicht.fraunhofer.de/content/dam/umsicht/de/dokumente/pressemitteilungen/2015/Abschlussbericht-Metastudie-Energiespeicher.pdf. Abschlussbericht (2014). Zugegriffen: 02. Okt. 2016

24. Gillhaus, A., Crotogino, F., Albes, D., Sambeek, L. van.: Compilation and evaluation of bedded salt cavern characteristics important to successful cavern sealing and abandonment. – SMRI Research Project Report No. 2006-2-SMRI, Clarks Summit (PA), USA, (2006)

25. DLR, LBST, Fraunhofer ISE, KBB Underground Technologies GmbH: Studie über die Planung einer Demonstrationsanlage zur Wasserstoff-Kraftstoffgewinnung durch Elektrolyse mit Zwischenspeicherung in Salzkavernen unter Druck. DLR, Stuttgart. https://www.tib.eu/de/suchen/download/?tx_tibsearch_search%5Bdocid%5D=TIBKAT%3A824812212&tx_tibsearch_search%5Bsearchspace%5D=tn&cHash=de40ce0df092018f98ed4e93141d71a9#download-mark (2015). Zugegriffen: 02. Okt. 2016

26. KBB Underground Technologies GmbH, Bundesanstalt für Geowissenschaften und Rohstoffe, Institut für Geotechnik, Abt. Unterirdisches Bauen, der Leibniz Universität Hannover, Informationssystem Salzstrukturen: Planungsgrundlagen, Auswahlkriterien und Potenzialabschätzung für die Errichtung von Salzkavernen zur Speicherung von Erneuerbaren Energien (InSpEE), Sachbericht, gefördert vom BMWi. Hannover. https://www.tib.eu/de/suchen/download/?tx_tibsearch_search%5Bdocid%5D=TIBKAT%3A866755853&cHash=452e373ff6182f4414170623da60ddc#download-mark (2016). Zugegriffen: 02. Okt. 2016

27. Energiespeicher. Forschungsinitiative der Bundesregierung (Hrsg.): Projektliste der Förderinitiative Energiespeicher der Bundesministerien für Wirtschaft und Energie sowie für Bildung und Forschung. Salzkavernen deutschlandweit nutzen. FIZ Karlsruhe - Leibniz-Institut für Informationsstruktur GmbH. http://forschung-energiespeicher.info/wind-zu-wasserstoff/projektliste/projekt-einzelansicht/74/Salzkavernen_deutschlandwei. Zugegriffen: 02. Okt. 2016

第 16 章　氢从电力到 X（Power – to – X）的关键元素

16.1　引言

　　全球可再生电力生产的技术潜力远远超过了当今的能源需求。可再生电力的生产成本在过去几年显著下降；与化石发电相比，预计成本会进一步降低，并逐渐提高其经济性。在一个 100% 使用可再生能源的可持续世界中，可再生电力，尤其是来自风能和太阳能，将因此成为主要的一次能源。长期以来，在可再生能源法案（EEG）的支持下，电力部门直接使用可再生电力是能源转型的重点。随着蓄电池和燃料电池技术的重大进步，电力和氢的直接使用成为交通部门在能源政策中的焦点。在近年来的一系列研究中，对用于商用车、轮船或飞机等重型动力的基于电力的、合成的液体燃料进行了研究，也研究了在其他消费部门中直接和间接使用氢的情况。

　　在研究和讨论过程中，出现了与各种基于电力的能源产品（Power – to – X/PtX）相关的混搭的术语。迄今最常见的术语是从电力到气体（Power – to – Gas/PtG）和从电力到热（Power – to – Heat/PtH）。此外，出现了越来越多的延伸概念，例如从电力到电力（PtP）、从电力到液体（PtL）、从电力到燃料（PtF）或从电力到化学品（PtCh）。除了 PtH 概念外，所有术语都描述了物质的能量载体的生产。所有这些都结合了第一个工艺步骤，即采用可再生电力将水电解为氢和氧。因此，电解在未来的技术和经济上的进一步发展是电力（安全的性能）、交通运输（燃料）和工业（原材料）部门成功进行能源转型的重要的技术战略要素。

　　然而，这些术语彼此并不等价。对此，在图 16.1 中可以找到关于电力多元化转换（PtX）概念分类的建议。对此，一方面，图中对各种途径的能量形式之间进行了区分，其中包括可再生电力向热（PtH）、气态能量载体（PtG）和液态燃料（PtL）的转换。此外，术语 PtG 总结了从电力到氢（PtH_2）和从电力到甲烷（$PtCH_4$）的单独途径：直接电解制氢（PtH_2）或在加入 CO_2 时氢进一步加工产生合成甲烷（$PtCH_4$）。另一方面，这些术语也用于对能源应用的描述，以说明可再

244

生电力在各个能源部门的引入情况。但是，通常不会更详细地一一列出，某个可再生电力的能源路径在应用中被整合到哪些相应的终端应用中。

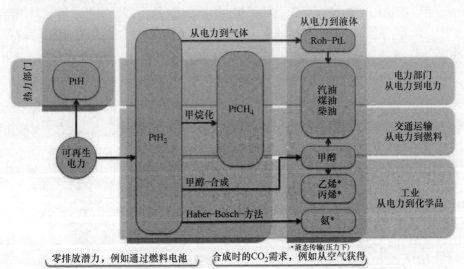

图 16.1　电力多元化转换（Power – to – X/PtX）的术语分类和关键方法

● 从电力到电力（PtP）：用于储电的电力和来自储电的电力。

● 从电力到燃料（PtF）：从交通运输角度来看，电力到燃料作为 PtG 和 PtL 路径的总结，因此可以引出燃料产品的所有的单独路径，例如在 PtH_2 情况下，直接供应燃料电池车辆和在 $PtCH_4$ 情况下，使用压缩甲烷来驱动车辆。

● 从电力到化学品（PtCh）：用于化学原材料的电力，例如氨（NH_3）、乙烯（C_2H_4）和丙烯（C_3H_6），它们又由 PtH_2 路径导出。

● 从电力到热（PtH）：用电力产生热量。

此外，从电力到气体的产品也可以以氢或甲烷的方式混合到天然气管网中。之后建立的诸如电力网络、氢网络、现有天然气网络、储气设施以及液态碳氢化合物的运输和配送等底层基础设施要素并未明确表示出来。

本章的主要贡献是描述最重要的 PtX 路径，即从电力到氢、从电力到甲烷和从电力到液体的相关的技术组件、应用和潜力（16.2 ~ 16.4 节），并以乘用车中的 PtX 燃料为例，比较其技术经济性能（16.5 节）。随后，更详细地说明氢作为所选 PtX 路径之间连接元素的系统性的观点（16.6 节）。最后，在 16.7 节中得出结论，并展望氢在未来能源系统中的作用。

16.2　从电力到氢

从电力到氢（Power – to – Hydrogen/PtH_2）是所有物质的 PtX 产品的基础，氢

可作为所有合成路径的原料或中间产品。PtH$_2$生产链的基本要素是可再生电力供应、集中式或分布式水电解以及储氢。对于通过供应链获取氢的用户，还必须考虑氢运输以及配送的基础设施，它们可根据使用和地区条件，比如可以通过商用车罐装或瓶装的货车拖车、铁路货车或管道来完成。图 16.2 包含了 PtH$_2$能量链的可能过程。

以下是各种 PtH$_2$供应方案主要流程的简单介绍。

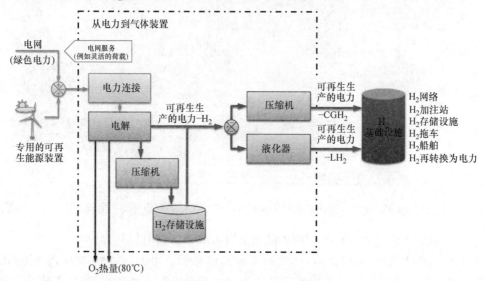

图 16.2　沿 PtH$_2$能量供应链直至运输和配送基础设施的流程

16.2.1　电力供应

PtH$_2$过程的电力供应包括发电和电力传输和配送。所有 PtH$_2$方案的出发点是可再生能源生产的电力的应用。从所谓的过剩电力来制氢的想法已经司空见惯。这里假设，不能直接使用（和短期内更便宜）的可再生电力可以通过 PtG 生产进行存储，也可以提供给其他部门。然而，廉价的过剩电力的想法站不住脚，原因如下：

1）较低的电力成本被较少的等效年全使用时间所抵消，因此，与普遍看法相反，最终并不会使 PtH$_2$生产具有成本效益。

2）PtH$_2$所需的电量可能会变得很大，以至于在任何情况下都不能假设为"过剩"。

只有当未来大型可再生电力（EE - Strom）的消费部门确保，通过额外的可再生能源发电装置提供相应的可再生电量时，才能实现向 100% 可再生能源的世界过渡。波动的和可控的电力供应的平衡，一方面与随机波动的和可控的电力需求有关，另一方面由所有电力需求者根据他们的选择来实现（参见 16.6.1 节关于可再生电力和交通电力需求整合的内容）。

虽然对于 PtL 生产，由于其高的单位耗电量，将可再生电力只提供给专门的应用是合理的，但在某些应用的过渡场景，例如高效的燃料电池汽车中，电网电力（所谓的灰色电力）也可以使用。通过可再生电力的份额来调整 PtG 生产成本和所需的可持续性水平。

随后的供电的 PtH_2 过程，如电解、压缩或液化等，可以连接到中压电网（用于大型的兆瓦级的装置功率）或低压电网（用于分布式的现场 PtH_2 装置）。因此，PtH_2 生产非常适合作为灵活的电力需求者，用于整合（波动的）目前主要馈入电网配送层的可再生电力。

16.2.2　电解

所有 PtG 过程和 PtH_2 过程链的关键技术是水的电解。原则上，这里可以使用不同的电解技术，但应首选（尤其在短期内）的是碱性电解（AEL）和聚合物膜电解（PEMEL）。未来，高温电解（HTEL 或 SOEL）也将越来越多地用于可利用高温废热的应用中（参见 16.3.1 节）。在电解时每产生一个分子氢（H_2），也产生半个分子氧（O_2）。虽然 O_2 原则上也可以在特殊情况下（例如在钢铁行业的高度集成过程中）作为材料来应用，但在大多数装置中不发挥经济性的作用，因此被释放到大气中。水通常在电解之前必须进行去离子处理，这应该作为额外的消耗（效率、成本）加以考虑。

PEMEL 和 AEL 的比较表明，PEMEL 的使用更有利于（波动的）可再生电力的整合，因为它们往往更适合于动态运行。以下运行特性对于电解槽的使用特别重要：

- 高动态负载曲线，也有短期的峰值负载（特别是当主要与光伏装置一起运行时），也被个别制造商称为过载。
- 高的预期寿命，也通过计划中（例如一次性的）的电堆更换作为系统维护的一部分。
- 适用于几分钟或几秒数量级的快速冷启动和热启动。
- 在待机运行模式下的低的停机损耗（例如，满载运行时电力需求的 1%）。
- 低的比投资成本，特别是在大批量生产的情况下，通过与 PEM 燃料电池在所用的材料和制造过程方面的相似性（表 16.1）。
- 易于维护（例如，维护间隔长且易于接近的组件）。
- 安装空间小（比碱性电解安装空间小约 80% 以上）。
- 模块化（匹配仅限于电气部分，即不需要调整碱液处理）。
- 在部分负载和满负载下的高效率（标准 AEL 无法实现低的部分负载）。
- 不小于 3MPa 或必要条件下也大于 10MPa 的高的工作压力（标准 AEL 也同样无法实现）。

在比较单位投资成本时，原则上必须考虑电解装置所要求的应用领域，并且供货范围（例如电气子系统的成本以及安装和财产成本）也应该被考虑在内。表 16.1 中给出了典型的电解槽特性的概览。

表 16.1　目前用于 PtG 装置的电解装置的重要特性概览（兆瓦级）（来源：LBST 2016）

参数	单位	碱性电解（AEL）	聚合物膜电解（PEM）	高温电解（SOEL）
运行经验		80 年	20 年	没有商业化产品，研究和开发阶段
每个模块的 H_2 生产率	Nm^3/h	<760 可模块化扩展	<540 可模块化扩展	$42Nm^3/h$ *
每个模块电的接入功率	MW_{el}	<3.4 可模块化扩展	<3.0 可模块化扩展	大约 0.2 从 2016 年提供
工作温度	℃	40~80	90~100	750~1000
工作压力	MPa	<3.2	<3.5	<3.0
单位能耗 • 电堆 • 系统	$kW\cdot h/Nm^3$	4.1~5.0 4.5~7	3.9~5.1 4.5~7.5	3.3（电力） 0.4（热量） 3.44（电力） 0.40（热量）
氢的纯度	%	99.5~99.9 视运行而定**	99.5~99.9 视运行而定**	>99.5%**
最小的部分负载	%	5~40	0~10	3
负载梯度	%/s	<1	10	"热准备"：0.05 冷启动 0~100：数小时
维护需求	h/年	<20	<200	k. A.
寿命/电堆更换	年	10（质保）	10（质保）	降解：0.7~1.6/1000h
技术准备水平（TRL）		9	8	5

* 美国海军在加利福尼亚进行测试时的试验设备。

** 使用 DeOxo 干燥器也可能 >99.995%。

为了未来 PtG 技术的成功发展，需要大幅度地降低电解技术的单位成本。对此，碱性电解技术是一种成熟的技术，通过升级和批量生产可以进一步降低其成本。由于处于早期的开发阶段，并且与 PEM 燃料电池技术相似，PEM 电解有望可以更多地降低成本。高温电解（SOEL）尤其是在用高温废热（例如合成碳氢化合物时产生的）进行工作时是非常有利的，在 16.3.1 节将更详细地讨论 SOEL。

可以命名的其他特性表明 PEM 电解技术在 PtG 装置中的使用越来越多，尤其是在存储/应用地点的分布式使用。这些特性包括在最低的部分负荷下运行而没有氧污染风险的可能性（即更高的氢纯度）、显著增高的能量密度（即更低的空间要求和材料使用）以及更大的模块化（例如考虑碱性电解装置的碱液处理）。表 16.2 总结了对 5MW 功率等级的碱性电解槽和 PEM 电解槽关键参数的开发的期望。

表 16.2　碱性电解槽和 PEM 电解槽关键参数的开发的期望（2025 年和 2050 年）

参数	单位	碱性电解		PEM 电解	
		2025	2050	2025	2050
投资[a]	百万€/MW$_{el}$	1.36	0.61	0.96	0.31
效率（Hi[b]）	%	58	61	58	71
效率（H$_s$）	%	69	72	69	84
待机消耗	% 容量	2	2	1	1.5
水需求量	kg/kgH$_2$	9	9	9	9
预期寿命	年	30	30	30	30
维护成本[c]	% 投资/年	7	2	3	2

[a] AEL：550 万€用于 5MW 装置；5200 万€用于 100MW 装置；130 万或 870 万€用于建筑物和其他费用的附加费；PEMEL 包括建筑和其他成本：479 万€用于 5MW 装置；3140 万€用于 100MW 装置。

[b] Hi = 低热值；Hs = 高热值；高低热值比 = 1.182。

[c] AEL：考虑电堆更换成本按比例计算；PEMEL：包括电堆大修成本，5MW$_{el}$ 系统约 186000€，约每 3 年一次，每年满载时间 > 8700h（电堆使用寿命为 30000h）；根据装置制造商提供的信息，100MW$_{el}$ 系统所有 70000h 约 581000 €，但是，根据压力容器条例，最迟在 10 年后。

PEM 电解槽在部分负载运行和负载变化速度方面具有最高的运行灵活性。碱性电解槽（AEL）在技术上已经成熟，并且已经可以在更大的功率范围内商业化。当高温热量可以从其他过程中获得时，高温电解槽具有很高的效率（参见 16.3.1 节）。然而，高温电解方法的运行灵活性不如低温电解。蓄热设施可以提高高温电解槽装置运行的灵活性。

与此同时，西门子公司作为装置制造商，至少为其 PEM 电解槽规定了最少 80000h 的电堆使用寿命，然而，作为另一个限制使用寿命的参数，它还规定了保证该使用寿命的最大全压交变循环次数。

16.2.3　储氢设施

由于 PtX 装置中电解负荷通常高度波动，因此电解装置后端的氢的存储尤为重要。根据装置设计方案和装置规模，可以使用集中式或分布式存储设施。集中式存储的例子是在德国北部海上风能的集中式输入点附近的地下盐穴中进行存储。这些洞穴的容积通常为 10 万 m³ 以上（最大的洞穴高达 100 万 Nm³），并且可以储存高达 200GW·h$_{H_2}$ 的能量，其中大约有 60% ~ 65% 的净能量可以使用（参见第 15 章）。为了在所有运行状态下都能够承受 1000m 深度的岩石压力，典型的洞穴位置的压差为 7 ~ 20MPa，具体取决于深度。因此，可用的和可存储的氢的体积并不能与洞穴几何体积相对应。库存的氢（"缓冲气体"）保留在洞穴中，它通常作为对洞穴进行投资时的初次库存。通过盐穴，可以应对太阳能和风能发电量低的时期（"黑暗平静"）。

与之相对应的是，在氢的产地或氢的终端用户现场使用分布式储氢设施仍在研究之中。对此，可以采用球罐或水平放置以及直立的柱形罐，考虑到低的投资，它们通常在 2 ~ 5MPa 的压力下运行。对现场（例如在加氢站）氢的使用，氢的存储的一种经济有效的可能的替代方案是在位于地下但靠近地表的管道设施中存储，就像已经实现的天然气（运行压力高达 10MPa）的存储方式一样。或者，储罐系统也可以设计用于屋顶安装，即高架或工业屋顶，就像已经在各个加氢站实现了的那样。虽然安装在地面上的柱状储罐或球状压力储罐可以储存大约 9MGW·h_{H_2} 的净容量，但根据设计，在具有 7170m^3 几何体积的地下管网场，最多可存储 1740GW·h_{H_2}。通过这些存储技术，可以在几天到一周内应对氢的需求。

氢存储设施单位成本按照装置从大到小而依次增加。虽然从绝对值来看，盐穴存储需要的投资最多，但安装的氢存储设施只需要 1 ~ 15€/kW·h_{H_2}，其存储成本最低，而小型的储氢设施的单位成本也可能高达 117€/kW·h_{H_2}。对于需要高压的 PtH_2 应用，例如给 70MPa 工作压力的燃料电池乘用车灌注的加注站，或给 35MPa 工作压力的燃料电池公交车、商用车和火车灌注的加注站，出于经济性方面的考虑，当地的加注站的氢梯级存储设施是由低、中、高压元件组合而成的。

16.2.4 PtH_2 装置方案

从巴登－符腾堡州的区域性系统分析研究中借用的相关 PtH_2 装置方案的概览如图 16.3 所示。尽管最初设计用于说明运输部门加注站的不同的氢供应选择，但该图还显示了分布式 PtH_2 装置的加注站共同使用的选择，以在能源经济管辖权（例如"需求侧管理"）的意义上使用存储的氢。在这项研究中，针对不同的供应选择（现场、区域性和集中式制氢），分析了不同的氢运输选择。除了长距离管道运输（例如在专用的或源自天然气网络的运输管道或运输管道网络中）外，还包括中长距离的货车/拖车液氢运输和短距离的货车/拖车运输。对于具有高的运输能量密度的液态氢运输选项（每辆液态拖车约 3.6t$_{H_2}$，而不是如今的 25MPa 加压气体拖车中的 450kg$_{H_2}$，或未来在约 50MPa 时高压拖车中的约 1t$_{H_2}$），还要提供一个低效率和高成本的液化装置。相比之下，现场 PtH_2 装置完全取消了氢的配送。途径选择上方的年份表示，在研究工作的时间点上，在哪一段时间内，商业实施被认为是现实的。

根据本研究所基于的假设表明，以德国南部为例，现场和集中式制氢对于加氢站供应而言都是最经济的选择。通过将它们作为具有部门耦合的 PtG 装置运行，例如，通过灵活的电解槽运行提供调节功率，它们的经济效率甚至可以进一步提高。

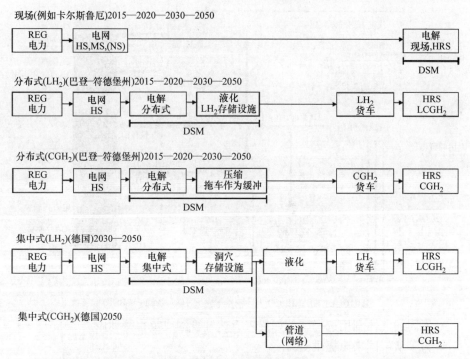

DSM—需求侧管理（网络服务）；HRS—H_2 加注站；HS—高电压；MS—中电压；NS—低电压

图 16.3　以巴登 – 符腾堡州为例的集中式、分布式和现场 PtH_2 装置方案

根据本研究中对电解选项所做的假设，研究表明，2020 年或 2030 年现场生产的制氢成本为 4€/kg 或 3€/kg，而分布式供应的约为 7€/kg 或 5€/kg。

16.3　从电力到甲烷

以 16.2 节中所描述的 PtH_2 技术作为提供氢的起点，从电力到甲烷（$PtCH_4$）技术向前更进了一步，它使用催化剂或生物方法，通过添加二氧化碳（CO_2）将氢合成甲烷（CH_4）。

图 16.4 对 PtH_2 装置和 $PtCH_4$ 装置中基本的单个过程和能量流进行了概述。从 PtH_2 上游链的氢的供应来看，$PtCH_4$ 装置的其他重要组成部分是 CO_2 的供应、液化和存储以及甲烷化。今天，更大量的 CO_2 通常以液体形式存储。需要一个 CO_2 存储设施来实施运行时间上的解耦，例如 $PtCH_4$ 装置运行的生物气体加工装置，如果要尽可能完全地开发来自浓缩的 CO_2 源的 CO_2 的潜力。

图 16.4 还显示，PtX 装置可根据以下条件来设计：

• 提供电力的各种选择，例如来自物理产生的可再生电力或经认证的绿色电力。

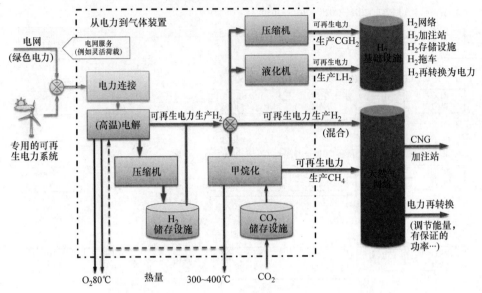

图 16.4　将氢和 CO_2 甲烷化合成 CH_4 （来源：LBST）

- 不同的气体利用选择，例如混入天然气管网或氢直接利用。
- 为了从不同来源提供 CO_2。

另外，如果使用高温电解，还可以通过在内部热量的利用来提高 $PtCH_4$ 装置的过程效率。可以通过从放热的甲烷化反应中提取热量来提高利用程度。

$PtCH_4$ 装置主要用于将可再生电力转化为与天然气完全兼容的甲烷气体，从而使用包括现有的储气设施在内的天然气基础设施。相应的，$PtCH_4$ 装置可以直接根据需要，利用气体压缩作为中间过程连接到天然气网络。

从 PtH_2 装置方案和 $PtCH_4$ 装置方案之间的关系可以很容易地看出，$PtCH_4$ 至少与低温电解相结合，与 PtH_2 相比，是一个供应效率更低和成本更高的、更复杂的方案。根据甲烷化过程的质量和在整个装置中的热整合以及所使用的 CO_2 源，在效率和成本上也可能存在显著的差异。表 16.3 包含了采用来自空气中的 CO_2 和来自生物气体制备的 CO_2 时，PtH_2 装置和 $PtCH_4$ 装置的效率和投资比较。

表 16.3　2020 年具有不同 CO_2 来源的 PtH_2 装置和 $PtCH_4$ 装置的能源使用和单位投资概览 （来源：LBST）

	单位	PtH_2	$PtCH_4$	
			来自空气的 CO_2	来自生物气体制备的 CO_2
能源使用	$kW \cdot h_{el}/kW \cdot h_{Kraftstoff}$	1.73 **	2.11 ~ 2.37 *	1.92
效率	%	57 **	42 ~ 47 *	52
单位投资需求	€/kW_{H_2}	2150 **	3700 ~ 4450	2880

* 根据 CO_2 分离方法。

* * 包括加注站（现场电解）。

使用高温电解对提高 PtCH$_4$ 过程链的效率特别有效，这可以通过在 250～300℃ 的温度水平下放热的甲烷化反应过程中产生的热量来提供。与 PtH$_2$ 方案不同，PtCH$_4$ 装置中的高温电解具有特殊优势。这将在下一小节里做简要地介绍。

16.3.1　高温电解

像 PtH$_2$ 过程一样，PEM 和碱性电解槽也可用于 PtCH$_4$。然而，与 PtH$_2$ 技术不同的是，使用基于 SOEL（固体氧化物电解）的所谓高温电解在这里是合理的。在高温电解中，是蒸汽而不是液态水分解成氢和氧，这可以显著地减少电解所需的电力。要产生蒸汽，需要温度水平超过 100℃ 的热量。当可以提供高温（超过 100℃）废热时，使用 SOEC 尤其可以实现更高的效率，废热可以用热存储设施暂时存储。当 H$_2$ 生产之后进行甲烷化、甲醇合成或费 - 托合成（参见 16.4 节）时，就会出现这种情况，这些合成可提供高温热量。如果从其他过程中提取可用的热量，则还必须考虑与产生热量相关的环境的影响。然而，SOEL 仍处于开发阶段（表 16.1）。

表 16.4 显示了基于 SOEL 的高温电解制氢的电力需求和热量需求。

表 16.4　高温电解（SOEL）的耗电和耗热

	单位	目前	潜力	来源
电消耗 DC/AC	kW·h/Nm^3	3.30/3.34	3.20/3.33	文献〔21〕、文献〔22〕
热消耗	kW·h/Nm^3	0.40	0.40	文献〔21〕
总能量消耗	kW·h/Nm^3	3.84	3.73	
寿命	h	24000	未说明	文献〔23〕
投资需求	€/(Nm^3/h)	11200	未说明	文献〔23〕

* 每 3 年更换一次电堆，全年使用时间约为 8000h。

** 100 套电解装置的生产，制氢能力为 46Nm^3/h。

此外，正在开展工作，以反向的燃料电池（如 SOFC）模式运行 SOEL 装置。通过 PtCH$_4$ 产生的临时存储的甲烷再被转换回电力，整个装置也将作为从电力到电力的存储设施来运行。目前正在测试第一批在燃料电池运行中功率略高于 50kW$_{el}$ 且 H$_2$ 生产能力为 42Nm^3/h（功率输入 150kW$_{el}$）的装置。

16.3.2　甲烷化

在甲烷化过程中，氢（H$_2$）和二氧化碳（CO$_2$）根据以下反应生成甲烷（CH$_4$）和水（H$_2$O）（"萨巴蒂尔过程"）：

$$4H_2 + CO_2 \rightarrow CH_4 + 2H_2O（气态）\qquad \Delta H = -165kJ$$

该反应是放热的。催化甲烷化在大约 200～400℃ 的温度下发生。反应中使用基于镍或钌、铑、铂、铁和钴的催化剂。据装置制造商称，催化甲烷化装置现在通常在 0.5MPa 的压力下运行。

为避免过热和由此导致的催化剂损坏，需要去除足够多的反应热。例如，设备制造商 Etogas 为此开发了一种板式反应器，可提供非常好的热交换。水、导热的油和空气可用作热载体。此外，板式反应器使装置能够在启动过程中快速加热。

反应产物是一种 CH_4 浓度大于 92% 和 H_2 的含量小于 3% 的气体，这种气体无需进一步处理即可送入天然气管网。

除了催化甲烷化，还有生物甲烷化，其中甲烷细菌将氢和 CO_2 转化为甲烷。生物甲烷化与生物气体装置中生物质的厌氧发酵相结合是很有意义的。除了 CH_4（和微量其他气体）外，生物气体中还含有大约 40%~50% 的 CO_2。通过向生物气体装置的发酵罐中加入氢，通过其中发生的生物甲烷化作用，甲烷含量可以增加到最多 70%。如果生物甲烷化在单独的反应器中进行，则可以实现 98% 的甲烷含量。然后，这种气体也可以不经进一步处理就被送入天然气管网。

生物气体生产与来自可再生电力的氢的生物甲烷化相结合，增加了生物质的能量产量。来自生物气体的 CO_2 不可再用于像 PtL 等其他用途。接下来将介绍 CO_2 的供给。

16.3.3　CO_2 供给

合成燃料所需的 CO_2 可以来自不同的来源，每种来源都对能源、成本和环境平衡产生直接的影响，特别是在从空气中分离 CO_2 时，必须考虑高的单位能量消耗。

如果将来自化石的 CO_2 用作生产能量载体的原料，虽然这种 CO_2 暂时束缚在能量载体中，但最迟在能量载体燃烧时再次释放出来。就化石来源产生的 CO_2 而言，它的使用不会导致排放量的减少，这只是属于二次利用。因此，例如根据能源工业法，参照欧盟可再生能源指令，在输入时应优先考虑可再生气体，其中用于甲烷化的 CO_2 也必须来自可再生能源。

从像生物气体制备等浓缩的来源中分离的 CO_2，所消耗的能源很少，但是其潜力有限。表 16.5 显示了来自生物质制备、来自生物质热电站的废气和来自工业过程的废气的 CO_2 潜力，以及根据文献 [31] 得到的甲烷生产潜力。

表 16.5　德国的 CO_2 潜力和由此产生的合成甲烷生产的潜力

	单位	生物气体制备	生物质加热（发电厂）	工业过程
CO_2 潜力	10 亿 Nm^3/年	0.955	7.7	10.0
	百万 t/年	1.955	15.1	19.6
CH_4 潜力	10 亿 Nm^3/年	0.955	7.7	10.0
	TWh/年（PJ/年）	9.5 (34)	76.6 (276)	99.5 (358)
总的甲烷潜力	TWh/年（PJ/年）	186 (667)		

在表 16.5 中，仅显示了在所有减少工业 CO_2 排放的措施都已用尽之后仍然存在的工业过程中的 CO_2 潜力。在生物气体制备时，仅考虑所能达到的最小产量（≥1MW_{el}）的生物质装置的改造。

CO_2 供应的各种技术如下所述。

16.3.3.1 来自生物气体制备的 CO_2

从生物气体中分离 CO_2，可以通过胺洗涤和压力交变吸附来实现。其他生物气体制备方法，例如加压水洗涤，在分离的气体中提供的 CO_2 含量太低，而外来气体（尤其是 N_2）的比例太高。如果甲烷化装置建在已经有生物气体制备装置的地方，则不会产生能量消耗，也没有 CO_2 分离的成本。

另一种选择是，（脱硫的）生物气体原料（CH_4 和 CO_2 的混合物）可以作为混合物直接供给催化甲烷化，而无需进行 CO_2 分离。这个方法称为直接甲烷化。其中，甲烷原封不动地流过反应器，而 CO_2 与 H_2 一起转化为 CH_4。

16.3.3.2 废气中的 CO_2（例如来自燃煤热电联产厂或来自工业过程）

对于来自烟道气和空气的 CO_2，必须使用额外的能量从烟道气中分离 CO_2 并使吸收剂再生。

最先进的技术是通过用单乙醇胺（MEA）洗涤来分离废气流中 CO_2，该方法多年来主要用于从生物气体中分离 CO_2，而 MEA 清洁剂则通过供热再生。

文献［32］中提出了一种方案：首先，用 K_2CO_3 溶液将 CO_2 从废气流中洗掉；然后，通过电渗析增加溶剂中的 CO_2 浓度；最后，通过真空泵将 CO_2 从富含 K_2CO_3 的溶液中排出。该方法的特点是功耗非常低。另一种方法是基于压力交变吸附和温度交变吸附的组合。

表 16.6 显示了从燃烧过程的废气中分离 CO_2 的不同方法的比较。

表 16.6　从废气或工业过程中分离 CO_2 的方法

	单位	MEA	"下一代溶剂"	吸附/电渗析	PSA/TSA
热量	MJ/kg_{CO_2}	3.84~4.30	未定	—	未定
电力	MJ/kg_{CO_2}	0.033	未定	0.756	未定
总和	MJ/kg_{CO_2}	3.873~4.333	2.5	0.756	2.016
T（热量）	℃	97	120	—	未定
来源		文献［34-36］	文献［37］	文献［32］	文献［33］

CO_2 分离方法的热量需求，理论上可以由放热过程的费-托合成或甲醇合成，或者甲烷化产生的热量来满足。然而，问题在于燃煤供暖（发电）厂的运行是否与 PtL 装置和 PtCH4 装置的运行在时间上相协调。当风能和太阳能的电力容量比较高时，运行 PtL 装置/PtCH4 装置是有意义的。但是，在来自太阳能和风能的电力容量比较高时，产生 CO_2 的燃煤热电联产厂将会关闭；但当 PtL 装置/PtCH4 装置

正常运行时，通常没有 CO_2 可供使用。一种解决方案是用来自燃煤热电联产厂的热量生产来满足分离 CO_2 的热量需求，并临时存储 CO_2。由于这些装置通常全年连续运行，在工业过程中（例如在钢铁厂中）通常不会出现热集成问题。

16.3.3.3 来自空气中的 CO_2

从空气中分离 CO_2 的一种方法是用诸如苛性钠（NaOH）或氢氧化钾（KOH）等清洁剂将其洗出。其中会形成碳酸盐（Na_2CO_2 或 K_2CO_3），再通过电渗析在回收浓缩的 CO_2 的情况下使清洁剂再生。

太阳能和氢研究中心（ZSW）开发并在文献［38］中描述的过程基于用 NaOH 洗涤、用硫酸（H_2SO_4）"剥离" CO_2，并通过电渗析再生所出现的硫酸钠（Na_2SO_4）。

在胺洗涤和再生过程中发生以下反应：

$$CO_2 \text{ 吸附：} CO_2 + 2NaOH \rightarrow Na_2CO_3 + H_2O$$

$$CO_2 \text{ 的剥离：} Na_2CO_3 + H_2SO_4 \rightarrow Na_2SO_4 + CO_2 + H_2O$$

$$\text{通过电渗析再生：} Na_2SO_4 + 2H_2O \rightarrow 2NaOH + H_2SO_4$$

单位电力消耗取决于电渗析装置运行时的电流密度（类似于水电解）。电流密度越高，单位电力消耗越多。在电流密度为 $100mA/cm^2$ 电池面积时，包括风扇在内的整个过程的电力消耗为 $430kJ/molCO_2$ 或约 $9.8MJ/kgCO_2$。在文献［39］中，规定了在更高的电流密度下运行的单位电力消耗约为 $12.3MJ/kgCO_2$。在文献［40］中，对于相同的过程，电力消耗为 $8.2MJ/kgCO_2$（其中 $6.4MJ/kgCO_2$ 用于电渗析）。

在文献［41］中，介绍了一种由 Palo Alto 研究中心（PARC）开发的基于电渗析的过程，其中使用氢氧化钾作为清洗剂：

$$CO_2 \text{ 吸附：} \qquad CO_2 + 2KOH \rightarrow K_2CO_3 + H_2O$$

$$CO_2 + KOH \rightarrow KHCO_3$$

$$\text{电渗析：} \qquad K_2CO_3 + H_2O \rightarrow CO_2 + 2KOH$$

$$KHCO_3 \rightarrow CO_2 + KOH$$

电力消耗为 $300kJ/molCO_2$（其中 $100kJ$ 用于来自用 KOH 吸附 CO_2 的 $KHCO_3$ 溶液的电渗析），这导致电力消耗约为 $6.8MJ/kgCO_2$。

瑞士 Climeworks 公司（一家从苏黎世联邦理工学院中诞生的公司）使用基于温度交变吸附的吸附/解吸循环，从空气中分离 CO_2。通过升高温度实现再生。这需要温度为 95℃ 左右的热量。这种热量可以由甲醇合成过程和费 – 托合成过程中释放的热量来提供。Climeworks 将推出商用化的第一代小型装置。

除了电渗析和温度交变吸附之外，另一种方法也广为人知。加拿大 Carbon Engineering（CE）公司开发的过程是基于用氢氧化钾（KOH）洗涤 CO_2，通过将形成的碳酸盐转化为 $CaCO_3$ 来再生清洁剂，随后煅烧为 CaO（烧石灰）并将 CaO 转化 Ca（OH）。由于没有温度超过 250℃ 的热源可用，因此 CE 公司采用的从空气中分离 CO_2 并用于使用可再生电力生产合成燃料的方法并不具备可应用性。

表16.7显示了从空气中分离 CO_2 的各种工艺的能耗和可达到的 CO_2 纯度。

通过用 NaOH 洗涤从空气中分离 CO_2、用 H_2SO_4 剥离 CO_2 和通过电渗析再生 H_2SO_4 的投资需求，在文献 [44] 中假设为500€/kW 电解装置的电功率。在低热值条件下，通过电解和之后的甲烷化生产甲烷的电力需求为 $1.65kW·h/kW·h$ CH_4。对于甲烷的生产，在低热值条件下，需要 $198gCO_2/kW·h$，这导致从空气中分离 CO_2 的单位投资需求为 $4167€/(kgCO_2·h)$。而每年的维护和维修费用为投资需求的2%。

表16.8包含了针对不同装置的规模，通过温度交变吸附从空气中分离 CO_2 的经济性数据的概览。其中制造商 Climeworks 的数据是将2015年的瑞士法郎（CHF）以 0.95€/CHF 的汇率转换为€。

对于 CO_2 生产能力为 20t/h 的更大型装置，单位投资需求为 $4600€/(kgCO_2·h)$，仅略高于 ZSW 开发的方法的水平，即 $4200€/(kgCO_2·h)$。

Climeworks 的方法也将在德累斯顿的 Sunfire 试制工厂进行测试。

表16.7　从空气中分离 CO_2 的方法

技术	ZSW	PARC	CE	Climeworks
	吸附/电渗析	吸附/电渗析	吸附/煅烧	吸附/释放
天然气/（MJ/kg_{CO_2}）	—	—	10	—
热量/（MJ/kg_{CO_2}）	—	—		5.4 ~ 7.2
电力/（MJ/kg_{CO_2}）	8.2 ~ 12.3	6.8	—	0.72 – 1.08
T（热量）/℃	—	—	>850	95
CO_2 纯度（%）	>99	>99	—	>99.5

表16.8　通过温度交变吸附从空气中分离 CO_2 的装置的投资需求

CO_2 产能/（t/h）	投资需求/€	投资需求/[€/（kg·h）]
0.125	1662500	13300
2	15200000	7600
20	91200000	4560

16.4　从电力到液体

16.4.1　PtL 的生产

PtL 代表从电力到液体（Power‑to‑Liquids），属于基于电力的合成产品种类（参见16.1节中的分类法）。用于 PtL 生产的基本能量和原材料是可再生电力、

CO_2 和水。区分 PtL 汽油/柴油/煤油生产的两条主要途径是通过费 - 托合成为未加工 PtL 并进行后续加工处理（图 16.5），和通过甲醇合成并随后进行多级转换（图 16.6）。

从图 16.5 和图 16.6 中可以看出，PtL 生产分三个步骤进行：

1）使用可再生电力，通过水电解制氢（见 16.2.2 节）。

2）来自可再生资源的 CO_2 供应（见 16.3.3 节）。

3）合成液态碳氢化合物，随后加工/转化为指定的目标产品（见 16.4.1 节）。

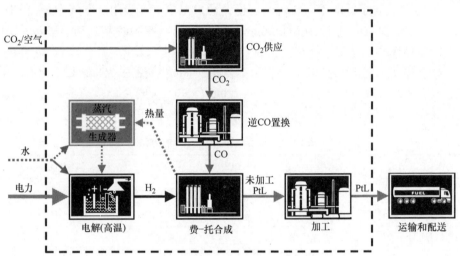

图 16.5　通过费 - 托合成的 PtL 生产原理图（来源：LBST）

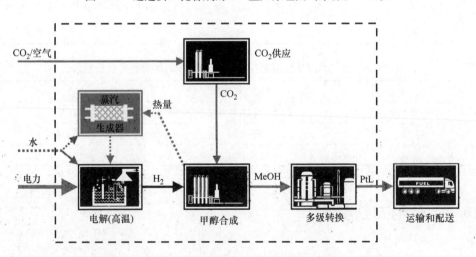

图 16.6　通过甲醇合成的 PtL 生产原理图（来源：LBST）

甲烷化和甲醇合成可用 CO 或 CO_2 来实施。与之相对的是，费 - 托合成需要 CO。因此，所提供的 CO_2 首先必须通过之后的 CO 逆置换反应（RWGS）转化为 CO：

$$CO_2 + H_2 \rightarrow CO + H_2O$$

或者，也可以通过共电解提供用于费 – 托合成的 CO。但与 RWGS 相比，共电解还只处于较早的开发阶段。

通过将来自合成的废热与高温电解槽（参见 16.3.1 节）结合使用，与低温电解相比，PtL 生产效率可提高 5% ~ 15%（参见 16.5.2 节）。与高温电解（SOEL）相比，低温电解技术（碱性的、PEM）具有高的技术成熟度（参见 16.5.1 节）。高温过程中的热集成，通常会导致装置运行的灵活性降低。因此，在规划装置时，有必要检查要采取哪些措施，以能够在波动的、可再生电力比例非常高的情况下，高温电解的 PtL 装置仍能够运行，例如，可采取热量存储设施和 H_2 储存设施。

在 PtL 装置末端，会产生汽油、煤油和柴油的产品组合以及较小比例的副产品。副产品通常作为能量来使用或作为装置运行中的原材料。在期望的产品比例方面，仍然可以通过途径选择和装置设计以及以这种工作模式来先验地设置某些优先级。如果要最大化单个产品部分的比例，这通常与更高的总能量消耗有关。

16.4.2　案例研究：喷气燃料

PtL 的未来应用领域必须权衡一次能源需求和内燃机中本质上不可避免的污染物排放。尤其是在交通应用领域，PtL 的使用，在短期内根本无法替代，而且在可预见的时间内也几乎无法被更高效的燃料/驱动方案所取代。大型飞机及其对喷气燃料的使用就代表了这种情况。

通过费 – 托途径和通过甲醇途径，很容易让组合产品中高能喷气燃料比例达到 50% ~ 60%。从理论上讲，甲醇途径可以将喷气燃料比例从能量上设计为超过 90%，并且还可以提供足够数量的航空所需的芳烃。

PtL 似乎注定要用于航空。通过费 – 托途径合成的燃料已被批准用于航空，混合比例高达 50%。来自可再生资源的 PtL 的环境优势非常明显，尤其是与生物燃料相比，参见 16.5.3 节中乘用车应用示例的内容。作为一种合成燃料，PtL 能够以更少的污染物实现更好的燃烧，从而减少航空在高海拔区域对气候的影响。

16.4.3　PtL 作为燃料是有意义的还是无稽之谈

对于替代燃料领域中 PtL 的分类，图 16.7 简要地总结了 PtL 的优势和劣势。该图有助于对燃料在各种运输方式中的战略应用进行差异化的讨论。

许多替代燃料要么具有较高的环保性能或较高的生产潜力，要么需要新的基础设施。另一方面，PtL 汽油/煤油/柴油可以非常可持续地大批量生产，并可无缝地用于已有的应用中。尽管如此，三个基本属性说明了一个非常精确的考虑，即在哪些交通应用中 PtL 可能是最有用的：没有零排放选项；高的可再生能源产电的扩张需求（由于电力→燃料→内燃机的整体效率）；成本高，尤其是在初始阶段。

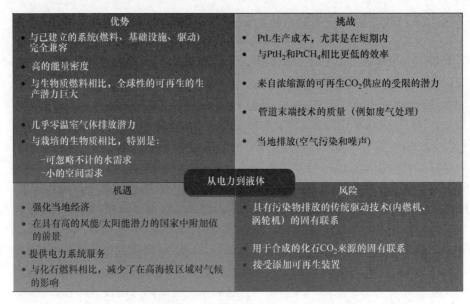

图 16.7　PtL 作为交通运输的燃料的优势、机遇、挑战和风险

16.5　PtX 燃料比较

下面将针对上述的 PtX 燃料的技术成熟度、制造效率和乘用车使用示例进行比较。

16.5.1　PtX 组件的技术成熟度等级

从电力到氢、从电力到甲烷和从电力到液体所需的众多组件已经具有很高的技术成熟度等级，其原因在于一些过程步骤已经应用在精炼和石化行业。此外，通过一系列示范工程，发展取得了长足的进展。表 16.9 显示了 PtX 关键组件的"技术成熟度等级"（Technology Readiness Level，TRL）。根据文献［54］，TRL 以级别 1 ~ 9 的形式给出。这些可以根据基础研究（1 ~ 3）、实验室/试制工厂（4 ~ 5）以及试点和示范工厂（6 ~ 9）进行分组。

表 16.9　PtX 组件当前的技术成熟度等级

PtX 技术组件	TRL（2016）
水电解	
碱性电解槽	9
聚合物膜（PEM）电解槽	8
高温电解槽（SOEL）	5
高温共电解槽（$H_2O + CO_2 \rightarrow H_2 + CO$）	3

（续）

PtX 技术组件	TRL（2016）
H_2 存储设施（固定式）	9
CO_2 供应	
CO_2 提取	
来自生物气体制备、生物乙醇生产、啤酒酿造等的 CO_2	9
来自废气中的 CO_2	
用单乙醇胺清洗（MEA）	9
用新溶剂清洗	8
吸附/电渗析	6
压力交变吸附（PSA）/温度交变吸附（TSA）	6
来自空气中的 CO_2	
吸附/电渗析	6
吸附/解吸（TSA）	6
CO_2 调节（液化和存储）	9
合成	
费–托途径	
费–托合成	9
逆水煤气置换（RWGS）	6
加氢裂化、异构化	9
甲醇途径	
甲醇合成	9
DME（二甲醚）合成	9
烯烃合成	9
低聚	9
加氢处理	9

　　用于生产 PtL 柴油/煤油/汽油的完整的生产途径的示范项目仍在进行。借助于由 BMBF 支持的在德累斯顿的 Sunfire 公司示范项目，向这一目标迈进了一大步。目前正在验证 PtL 和 $PtCH_4$ 的高温电解。其核心问题是使用（波动的）可再生电力运行时的使用寿命和灵活性。

　　在一些可以进一步改善 $PtCH_4$ 和 PtL 生产的较新的方法中，仍然有开发和升级到更大产能的需求，例如在共电解中将 CO_2 大规模地转化为 CO（RWGS）或创新的 CO_2 空气提取方法。

16.5.2　"从油井到油箱"（well‑to‑tank）的 PtX 生产效率

　　表 16.10 给出了提供 PtX 燃料的效率，即从可再生电力到在加油站输送燃料的供给。

表 16.10　PtX 生产的效率，中期→长期（来源：LBST）

燃料和制造途径	PtH$_2$	PtCH$_4$ 和 PtL		
		CO$_2$来自空气	CO$_2$来自废气，例如燃煤热电联产厂	CO$_2$来自生物气体制备
CGH$_2$通过现场电解（70MPa）	58%→65%			
PtCH$_4$低温电解		45%→48%	51%→55%	52%→57%
PtCH$_4$高温电解（SOEL）		56%→58%	66%→68%	68%→70%
PtL 低温电解		38%→41%	47%→51%	48%→53%
PtL 高温电解（SOEL）		45%→46%	60%→61%	62%→63%

　　效率对于燃料成本和可再生产电装置扩展需求来说很重要，燃料生产和应用的效率越低，需要的可再生产电装置就越多。然而，如果只使用可再生资源，那么效率本身对于燃料的有用或无用就不再重要了。评估未来燃料的其他重要参数是技术上可用性潜力和局部零排放。只有用于 BEV 的可再生电力和用于 FCEV 的 PtH$_2$ 给出的参数才具有鲁棒性。

　　通过费 – 托途径和通过甲醇途径的 PtL 生产的效率几乎没有什么不同，因此在表 16.10 中并没有差别。

　　根据 CO$_2$ 来源区别，高温电解可使 PtCH$_4$ 的燃料生产效率达到 52% ~ 68%，PtL 的燃料生产效率达到 44% ~ 62%。当超过 100℃（汽化焓）的废热可供使用时，使用高温电解总是有意义的。所有合成途径（甲烷、甲醇、费 – 托等）都是这种情况。当氢的供给是 H$_2$ 直接使用时，通常无法提供高温废热。

　　如果氢用于燃料电池，更高效的转换技术也会使整体效率明显高于其他 PtX 燃料应用，下面将给出在乘用车应用的案例。

16.5.3　案例分析：乘用车"从油井到车轮"

　　以下通过乘用车案例展示不同的 PtX 技术，其中考虑了从燃料供应到在车辆上的应用，即"从油井到车轮（well – to – wheel）"的整个能量转换过程。此外，PtX 通常假设为可再生电力。在能源平衡方面，未来交通用电需求，必须要通过相应地扩大可再生发电来满足；面向电解运行的可再生电力的供应和当地的 H$_2$ 存储设施对可再生电力的整合发挥了重要作用（参见 16.6 节）。由于发电装置和 PtX 装置的生产的能源需求（"灰色能源"）以及相关排放（"灰色排放"）将减少，PtX 燃料的温室气体排放也将趋于零。这在今天已经很明显了，例如，在智利已经使用太阳能系统进行采矿，或通过用氢直接还原进行钢铁的生产。

能量平衡

　　图 16.8 显示了各种 PtX 燃料的能量利用，其中包括电动汽车的充电。

　　由于不可再生（化石的和核的）能量是有限的，故将化石能量和可再生能量之间的效率进行比较从原则上来讲是有问题的。如果考虑太阳能→生物质形成→数百万年来转化为石油/天然气/煤的整个链条，化石燃料的效率接近于零。因此，与化石燃料相比，可再生能源消耗更高的能源是合理的。在一个 100% 可再生能源（特别是基于风能和太阳能）的世界中，过去百年的能源系统已经"站稳脚跟"：可再生电力以高效率在直接电力应用中使用，以前在热电厂的电力以 30% ~ 45% 的效率从一次能源中生产，化石能量载体以很少的能量消耗作为燃料供给。

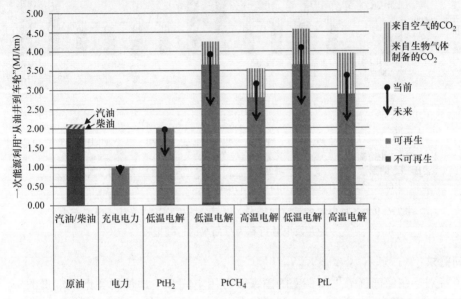

图 16.8   以乘用车为例，PtX 燃料"从油井到车轮"的一次能量利用

在可再生能源世界中，效率尤其是一个经济性的因素，并且在像德国等人口稠密的国家，效率也是一个当地可再生电力潜力的问题。效率越低，给定数量的燃料所需的可再生电力越多，相关的装置支出和空间需求也就越高（图 16.9）。图 16.9 表明，PtX 燃料的能源需求在未来甚至可以接近化石汽油/柴油。但在任何情况下，BEV 和 FCEV 的能源需求甚至更低。

在图 16.9 中，BEV 乘用车直接使用可再生电力的双重效率，即在能源供应（"油井到油箱"）和电池电力驱动（"油箱到车轮"）方面的双重效率，非常引人注目（其中没有考虑制造车辆所需的能源，对此的初步研究已经出现在文献 [47 – 48] 中，但对于未来的技术发展充满了很大的不确定性）。由于化学能量载体可以存储数天、数周和数月，因此此用于气态和液态 PtX 燃料生产的更高的能源消耗，在一定程度上与（波动的）可再生电力的比例较高相对应。在一个只考虑 BEV 的能源世界中，这种系统服务能力只能通过附加的、固定式的电力存储设施（例如氢和燃料电池）来实现。可再生电力集成方面将在 16.6 节中进一步讨论。

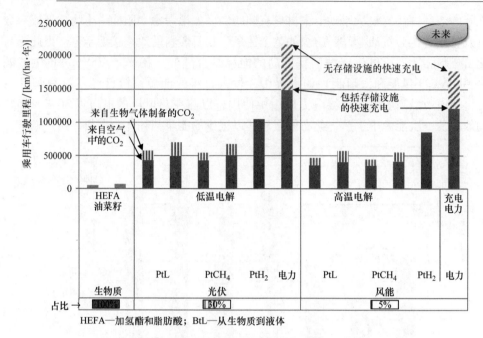

HEFA—加氢酯和脂肪酸；BtL—从生物质到液体

图 16.9　各种燃料的毛空间需求，以每公顷生物质、光伏、风能产生
的年发电量折算为乘用车的行驶里程

空间需求

特别是在像德国等人口稠密的国家，可用空间和土地使用类型是宝贵的资产。图 16.9 显示了在一个平均产量的年份中，每公顷毛空间可以提供多少能量供给乘用车燃料生产和使用。毛空间还包括避风/遮阳的区域，而在净空间平衡中，仅考虑实际建成的空间（在光伏和风能的情况下要小得多）。在栽培生物质时，如图 16.9 所示，例如油菜籽和杨树，生物质栽培所需的空间几乎占了 100%。墙壁和屋顶上的生物残留物和废料或光伏装置是空间考虑的特殊情况，这些也有空间要求，根据问题和观点，可以将其视为"无论如何"几乎没有利用竞争的区域。然而，与当今交通运输中的燃料需求相比，技术可用性潜力，特别是对于生物残留物和废料而言，相对较低。当使用风能时，只有大约 5% 的空间被地基和车道有效占用，只有 1% 是实际封闭区域，其余的仍可用于其他用途，例如用于农业方面。

因此，毛空间平衡对于风能和光伏来说是一种非常保守的平衡方法。但是，它对于计算生产潜力或确定给定的燃料需求所需的空间是必要的。可以在文献［6］中找到有关过程和各种假设的更多信息。

从图 16.9 中可以看出，单位空间的能源产量（此处显示为乘用车在计算上可能的年行驶里程）在使用风能或光伏电力时大致相当，并且明显高于使用生物燃料。与图 16.8 中的能量平衡一样，在里程比较时，由充电电力供应和 PtH$_2$ 供应的"从油井到油箱"的高的空间效率，以及它们在动力蓄电池和燃料电池电力驱动的

"从油箱到车轮"中的高的利用效率，显得格外突出。即使在内燃机乘用车的 PtX 利用中，可达到的年行驶里程也比生物燃料高出好几倍，这尤其是由于光合作用的空间效率低，正如用来自短轮作周期人工林的杨树实现从生物质到液体的例子所示的那样。光合作用中的"从太阳能到生物质"效率通常小于1%。生物过程在足够强大时是稳定的，但不一定有效，这是因为具有高效率的调节回路通常不具有鲁棒性，因为系统随后会在更接近其稳定性极限的情况下运行，或者作为更大系统环境中的一部分，可能不在意自身的基本原理。对于 BtL 途径，从生物质气化开始使用的方法与用于电解的从电力到液体的方法相当。动力蓄电池和燃料电池的高的系统效率可作为额外的行驶里程杠杆。因此，每年可从 1ha 的土地上为动力蓄电池和燃料电池车辆提供的可再生充电电力或 PtH$_2$ 是使用 PtCH$_4$ 和 PtL 燃料的两倍多。

图 16.9 还显示了波动的可再生电力的集成需求如何影响各种 PtX 途径。在 100% 可再生能源的世界中，BEV 的快速充电需要短期和长期的电力存储设施，以提供有保证的功率。为此，将电网的一个弱分支假设为限制情况，其中通过固定式电力存储设施（动力蓄电池、PtH$_2$/燃料电池等）以假设 75% 的效率进行快速充电。在可再生电力世界中，对交通运输电力需求的发展提出了一个简单的问题，即未来系统集成的电力存储需求应该定位在车辆（以化学的 PtX 燃料的形式）中还是在固定（"从电力到电力"）的电力系统中。

水需求

水是有关可持续的、可再生的燃料的讨论中的一个重要话题。尤其是在阳光充足的国家，水资源状况如今往往已经很紧张。由于气候变化、人口增长和饮食习惯，这一问题变得更加严峻。生物燃料的需水量比 PtX 燃料对水的需求要高几个数量级，见表 16.11。

表 16.11　PtX 燃料和生物燃料的需水量

	绿水	蓝水	总量		来源
	（m³/GJ）	（m³/GJ）	（m³/GJ）	（L$_{H_2O}$/L$_{Diesel – Äq.}$）	
麻风树油	239	335	574	20598	文献［49］
菜籽油	145	20	165	5921	
豆油	326	11	337	12093	
棕榈油	150	0	150	5383	
葵花籽油	428	21	449	16112	
来自玉米的乙醇	94	8	102	3660	
来自甜菜的乙醇	31	10	41	1471	
来自甘蔗的乙醇	60	25	85	3050	
来自杨树的 BtL*	107	6	112	4026	文献［50］

（续）

	绿水	蓝水	总量		来源
	（m³/GJ）	（m³/GJ）	（m³/GJ）	（$L_{H_2O}/L_{Diesel-Äq.}$）	
来自开放池塘的藻油*（有或没有水回收）	23 ~ 44	6	29 ~ 50	1033 ~ 1776	文献［51］
电解产生的 H_2	0	0.076	0.08	2.7	文献［6］
通过甲烷化得到的 PtCH₄	0	0.057	0.06	2.0	
通过甲醇途径的 PtL	0	0.038	0.04	1.4	
通过费 – 托途径的 PtL	0	0.040	0.04	1.4	

* 来自美国佛罗里达州、路易斯安那州、得克萨斯州的数据。

生物燃料更高的需水量的关键在很大程度上取决于当地的水资源状况（数量、质量、随时间的变化）。"绿水"是指使用存储在肥沃的土壤中的雨水。"蓝水"是指通过抽取地下水和地表水进行灌溉。还有"灰水"，它量化了正常运行和发生事故时被污染的水量。由于没有可靠数据，在这里未列出"灰水"。

燃料成本

图 16.10 显示了用于配备内燃机、燃料电池混合动力驱动和纯电力驱动的乘用车（例如大众高尔夫）的可再生 PtX 的长期燃料成本。借鉴德国的包括 EWI、Prognos 等人以及国际的经合组织（OECD）/国际能源署（IEA）等场景，假设长期的、化石的比较价格为 128$/桶原油（作为对比：2012 年 3 月原油进口价格约为每桶 125$/桶，2012 年平均约为 112$/桶，到 2015 年，平均进口价格减少了一半），超过 4000h_{eq}/年的可再生电力装置可免费提供 6.5ct/kW·h 的可再生电力，加上 PtH_2 和充电电力的电网供应 4.1ct/kW·h（总和为 10.6ct/kW·h），或加上 PtCH₄ 和 PtL 的电网供应 2.6ct/kW·h（总和为 9.1ct/kW·h）。所有成本数据代表了全部成本，但不含税或支出。

从长期来看，PtH_2 和充电电力的燃料成本将朝着图 16.10 所示的来自原油的汽油和柴油的价格水平方向移动。

在 PtCH₄ 和 PtL 的情况下，即使从长期来看，每辆车每千米的燃料成本仍然明显高于目前已知的化石燃料的成本水平。在德国在低于两位数百分比范围内以及在短期内作为商业案例的一部分的燃料利基市场，使用集中来源的可再生的 CO_2 可能是一个机会。然而，这种使用与可替代的 CO_2 回收途径产生竞争，例如 CO_2 在化学或食品工业中作为原料的应用。对于与能源转型相关的 PtCH₄ 和 PtL 燃料量的生产，需要从空气中提取 CO_2。

通过使用由风能、光伏和电力存储组成的混合可再生电力装置可以进一步降低 PtX 生产成本。对此，在世界范围内合适的产地，通过混合系统可以实现 5000h_{eq}/年到超过 7000h_{eq}/年的等效完全使用时长。PtX 燃料由诸如澳大利亚、巴塔哥尼亚、

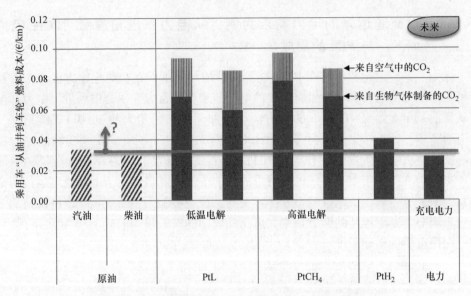

图 16.10 以乘用车为例，"从油井到车轮"的长期燃料成本

美国中部、北非和南非等地区进口到欧洲。

与 PtCH$_4$ 和 PtL 相比，可再生电力的高效率的供应和无需使用额外原材料（如 CO$_2$）或下游转化步骤的简单水电解方法以及高的驱动效率是 BEV 充电电力和 PtH$_2$ 的燃料成本显著降低的重要原因。

但在交通运输领域的能源转型并非没有限制。化石能源会造成相当大的环境破坏（气候变化、污染物排放、沥青砂开采和水力压裂的后果），这些破坏并不包含在化石燃料的价格中。例如，如果想要通过化石燃料的 CO$_{2eq}$ 价格来实现 COP21 的气候保护目标，则必须投资数百 €/t CO$_{2eq}$，尤其是对于 PtCH$_4$ 和 PtL。这是由于"从油井到车轮"更高的能量需求，和由此产生的相关的燃料成本。

16.6 氢的系统性观点

鉴于德国、欧洲乃至全世界具有巨大的可再生发电潜力，"可再生世界"未来将主要基于一次能源的"可再生电力"。其中特别是风能和太阳能电力，它们必须与交通运输的电力需求以及未来的其他应用适当地衔接（部门耦合）。电解制氢是所有 PtX 方案的连接元素；电解槽可以说是"看到" PtX 方案的电源系统的通用接口组件。同时，氢还可以作为各种终端用途的通用的能量载体。因此，下文将从电力系统的角度和各个部门的角度考虑氢在可再生发电整合中的作用，还介绍了作为可能的早期的应用，大量 PtH$_2$ 的案例研究中的氢在炼油厂中的应用。

16.6.1 以交通运输的电力需求为例，从电力系统角度看可再生电力（EE）与 PtX 的集成

原则上，交通运输部门在 100% 能源转型的情况下，在交通运输方面未来对基于可再生能源的电力和 PtX 燃料形式的电量需求会非常大。以德国为例，电力部门将从目前每年大约 500TW·h 的电力消耗增加到未来每年大约 1000 ~ 2000TW·h 的电力需求，即与今天的电力需求相比增加到 2 ~ 4 倍。对此，交通运输的电力需求不仅是扩大可再生发电（作为进口 PtX 燃料的替代品）潜在的巨大驱动力，而且还可以为平衡基于电力系统的可再生能源的供需，和提供用于电网稳定运行所需的系统服务能力做出决定性的贡献。相关的系统服务能力主要包括：电压维持的无功功率调节、频率维持的调节功率、风能和太阳能馈入很少的时期（"黑暗间歇"）和电网停电后的构建系统（"黑启动"）的可保证的功率。

对交通运输的电力需求的分析表明，交通运输中高效的直接的电力应用（架空线路、蓄电池）意味着与电力系统的硬耦合。它们的电力存储能力和电力交通运输用电需求与电力供给的匹配的灵活性较低，以及需要额外措施，例如固定式的电力存储设施，特别是当系统中波动的可再生电力的比例非常高时。

在负载灵活性（负载变化速度）方面，蓄电池系统原则上比 PtX 装置更灵活，但其存储容量相对较小，并且在车辆蓄电池情况下，驾驶员总希望能够灵活地使用车辆。电解的负载变化速度比蓄电池系统更低（但通常这仍然高于火力发电厂），但与储氢设施相结合可以存储更多的能量。在 PtCH$_4$ 和 PtL 方案中，如果没有通过缓冲存储设施彼此解耦，额外的后续生产过程会使运行灵活性更低。而如果使用额外的缓冲存储设施，PtCH$_4$ 和 PtL 的负载灵活性可以接近 PtH$_2$ 的负载灵活性。图 16.11 还显示了效率与存储密度之间的相反关系。燃料系统/驱动系统的效率越高，驱动与电力系统（无轨电车和轨道车辆的电力来自架空线路，蓄电池电动汽车的电力来自快速充电）之间的耦合就越硬。耦合越软，越容易存储（PtG、PtL），但能量需求也就越高。

液态碳氢化合物具有非常高的能量存储密度，在环境条件下很容易存储，但它们的生产效率相对较低。蓄电池系统中的电力存储效率高，但能量存储密度低，单位材料成本也比较高。在图 16.11 的整体视图中，PtH$_2$ 在效率和电力系统的效用之间的权衡中表现为稳健的中心状态。此外，PtH$_2$ 是唯一一种既局部零排放又适合电力长期存储的选择。

16.6.2 PtH$_2$ 作为部门耦合的关键组件

氢对将可再生发电并入能源系统的贡献基本上可以通过两个措施来满足。一方面，电解可以作为一个灵活的负载来平衡波动的发电，例如，可作为调节功率使用。与 H$_2$ 存储设施相结合，氢也可以作为化学的蓄电介质，通过电力再转换，用

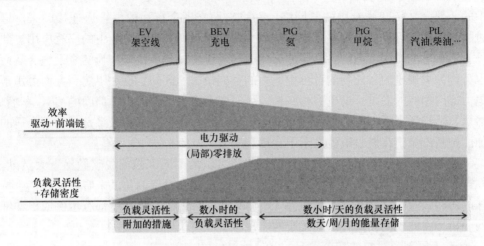

图 16.11　电力系统视角下交通运输电力需求的效率、负载灵活性和存储密度（来源：LBST）

来提供可保证的电力。另一方面，通过氢的多种可能用途，可使不同的终端用途之间产生大量的关联性，这称之为部门耦合（图 16.12）。

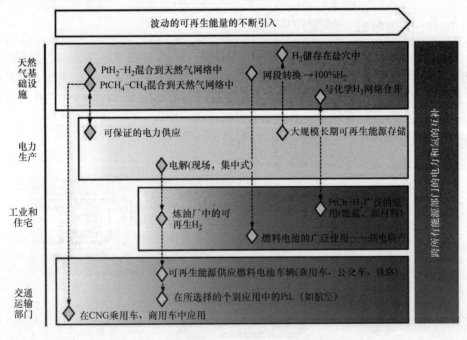

图 16.12　通过氢进行部门耦合（来源：LBST）

　　正如已在 16.2 节和 16.3 节中所述，各个部门之间存在明显联系的表现是将氢（PtH_2）或合成甲烷（$PtCH_4$）直接馈入到现有的天然气基础设施中。虽然目前对氢的最大允许配比仍有限制，但合成甲烷可以 100% 替代天然气管网中的天然气。未来，随着可再生能源发电的增加，也可以考虑将现有的天然气基础设施（或其中的一部分）转变为专用的氢网络，并将它们与现今存在的氢管道连接起来。通过这种方式，可以促进氢在住宅和从电力到化学品意义上的工业中的广泛应用。此外，还有可能使用大型的、废弃的天然气存储设施或地下盐穴作为储氢设施，从而也可作为大规模的、长期的可再生电力的存储设施。此外，氢和甲烷一方面可用于电力部门相应的发电厂的电力再转换，另一方面可用于交通运输部门的 CNG 车辆。然而，从长远来看，电力部门与交通运输部门之间最可持续的联系是借助于合适的加注站基础设施在燃料电池汽车中直接利用氢。

通过这种方式，氢与可再生发电一起，可以为不同部门的脱碳做出重大贡献。在这种关系下，不仅从整个系统的角度，而且从单个投资的角度来看，都会产生特殊的协同效应。这些在文献［11］、文献［12］和文献［57］中都有示例或更详细的分析。由此表明，这种协同效应的实现主要取决于以下因素：

- 不同部门对氢的需求情况的互补性。
- 通过协同的装置使用，充分发挥装置利用率的潜力。
- 在相应的基础设施内（例如在电力部门的电网内或在交通运输部门的加注站基础设施内），适当地选择各个 PtX 组件的位置。

16.6.3　案例研究：炼油厂中的氢

欧盟燃料质量指令（FQD，2009/30/EC），及其在德国联邦排放控制法案（BImSchG/V）中的实施，规定到 2020 年与化石参考燃料相比，燃料的温室气体排放量至少减少 6%。实现该目标的战略性贡献是目前德国 12 家炼油厂（图 16.13）需要的大约 140000t/年用于加工原油的氢的替代，原来为加工原油所用的氢是从天然气蒸汽重整中产生。

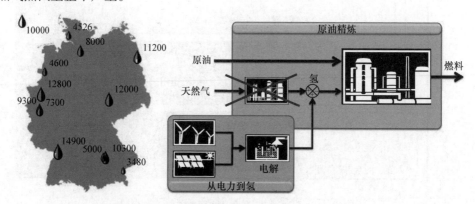

图 16.13　左图是炼油厂位置和燃料的生产能力（×1000t/年）；右图是通过来自可再生电力的 PtH₂ 替代来自天然气的氢（来源：LBST）

在德国，如果基于天然气的制氢被通过可再生电力的水电解制氢方式所取代，则需要装备约 1780MWₑ 的电解槽容量。通过这种方式，德国可以避免炼油厂的每年 150 万 t CO_{2eq} 排放。如果将这方面的成本摊派到销售的燃料数量上，这意味着柴油/汽油大约增加 0.5ct/L 的额外成本。与炼油厂可再生氢相关的可避免成本为 339€/$t_{CO_{2eq}}$，低于 470€/$t_{CO_{2eq}}$ 的罚款数，即如果不遵守温室气体减排目标，则应根据联邦排放控制法缴纳罚款。由此产生的电解槽市场，与其他国家/客户一起，可以减少高达 45% 的单位电解投资。更低的电解槽成本也意味着在其他应用中使用 PtX 的全新的起点。

在这本书编写时，炼油厂中的可再生氢还不能算作对温室气体减排目标的贡献。从监管和技术角度来看，这种减排方案原则上可以在短期内实施。政界和工业界已经认识到 PtX 作为能源转型的核心技术组成部分的战略重要性，目前人们对此非常感兴趣。

16.7　总结和展望

在将从电力到气体装置和从电力到液体装置广泛投放市场的过程中，已经在相关项目中研究了，或在试点项目中测试了许多方案。PtX 技术具有使能源系统向 100% 可再生能源转型变得相当容易的基本特性：

- PtX 燃料使可再生电力能够逐步引入运输部门，即使在难以实现在车上直接存储电力的交通运输应用中也应是如此。

- 氢的生产是所有 PtX 途径中的关键技术。电网"看到"的首先是电解，因此，电解技术至关重要。

- PtX 技术可以实现部门耦合。除了"经典"的电力应用外，其中还包括交通、热量和原材料的应用（例如钢铁生产、化学工业）。

- 天然气网络在输运阶段和从长期来看，在具有完整管网结构实施的所有国家作为基础设施骨干网发挥着重要作用，并从而具有整合功能。天然气网络（或其中的一部分）将来也可用于纯氢，并与化学氢网络一起发展。

从对各种 PtX 方案的比较表明，PtH_2 用于道路车辆时具有最高的整体效率，因此每辆车每千米的生产成本最低。同时，该应用在相对较高的存储密度下还具有最高的电力负载灵活性的特点，并且与 $PtCH_4$ 和 PtL 相比，可实现局部零排放的交通运输。出于这个原因，在众多应用中作为通用能量载体的氢的直接利用，是部门耦合和将可再生发电整合到能源系统中的最佳选项。另一方面，$PtCH_4$ 和 PtL 更适合特定的个别应用，在这些应用中，几乎不可能引入更高效的燃料/驱动方案。

在意识到实施障碍时，需要一种新的、社会的创新意愿，以便为从经济角度来看也很有吸引力的、广泛利用 PtX 技术的市场准入创造先决条件。这包括以下重要的步骤：

- 化石能源的连续有效定价，以减少排放，例如温室气体。

- 所有部门在具有雄心勃勃的能源转型目标的长期愿景的基础上，调整可再生电力装置的扩展。

- 调整现有的法规（例如 EnWG、StromStG、StromNEV），并在必要时制定量身定制的法规（针对 PtX 装置作为能量存储装置不受青睐，终端消费者设施的征税分类，没有模型用来评估灵活的、增加的可再生电力的使用等），以促进沿着从可持续性角度来看可取的路径，全面进入 PtX 市场。
- 促进政界产业倡议或有能力的服务提供商开发 PtX 基础设施，以实现经济协同效应的跨部门发展，例如，通过在全国范围内建设提供网络管理服务的加氢站。
- 通过相应的由政府制定的能源战略，氢的关键作用以及与其生产和运输/存储相关的关键技术得到广泛的社会认可，例如在能源场景（作为灵活的需求和电力存储选项）和网络扩展计划中（减少或时间上推迟扩展需求）。

未来将在多大程度上使用哪些 PtX 技术，是开放的设计空间。对于可持续的能源未来，可以设想各种各样的解决方案。然而，在这个解决方案的空间中，两个决定因素似乎已经明确：一次能源将主要是可再生电力；氢将在其整合中发挥关键性作用。

附件：TRL 定义

参照文献［54］的技术成熟度等级（TRL）的定义：

TRL	描述
1	遵守的基本原则
2	制定技术方案
3	方案的试验证明
4	实验室技术验证
5	在相关的环境中验证技术（在关键的促进技术发展的情况下，与工业相关的环境）
6	在相关的环境中展示技术（在关键的促进技术发展的情况下，与工业相关的环境）
7	在运行环境中的系统原型演示
8	系统完善、检验
9	在运行环境中得到验证的实际系统（在关键使能技术方面的竞争性制造；或在空间方面的竞争）

缩略语索引

AEL—碱性电解

CO——氧化碳

CO_2—二氧化碳

EE—可再生电力

FT—费 – 托合成

gCO_{2eq}—克 CO_2 当量

H_i—低热值

H_s—高热值

HT—高温

HTEL—高温电解

k. A. —未指定

MEA—单乙醇胺（用于从空气中提取 CO_2 的清洁剂）

NG—天然气

NT—低温

PEM—聚合物膜（电解和燃料电池的技术基础）

PEMEL—聚合物膜电解（槽）

PSA—变压吸附

PtCh—从电力到化学品

$PtCH_4$—从电力到甲烷

PtF—从电力到燃油

PtG—从电力到气体

PtH—从电力到热

PtH_2—从电力到氢

PtL—从电力到液体

PtX—从电力到多元化转换

RWGS—逆水煤气（CO）置换

SOEL—固体氧化物电解（固态氧化物/高温电解槽）

SOFC—固体氧化物燃料电池（固态氧化物/高温燃料电池）

TRL—技术准备水平

TSA—温度交变吸附

参 考 文 献

1. WWF (ed.): The Energy Report – 100% renewable energy by 2050. Gland, Switzerland, January (2011)
2. Jacobson, M.Z., Delucchi, M.A., et al.: 100% Clean and Renewable Wind, Water, and Sunlight (WWS) All-Sector Energy Roadmaps for 139 Countries of the World. http://web.stanford.edu/group/efmh/jacobson/Articles/I/CountriesWWS.pdf. April (2017)
3. Kost, C., Mayer, J. et al. (Fraunhofer ISE): Stromgestehungskosten Erneuerbare Energien. Freiburg, November (2013)

4. Purr, K. et al. (Umweltbundesamt – UBA): Treibhausgasneutrales Deutschland im Jahr 2050. Climate Change 07, Dessau-Roßlau, April (2014)

5. Bergk, F., Biemann, K., Heidt, C., Knörr, W., Lambrecht, U., Schmidt, T., Ickert, L.; Schmied, M., Schmidt, P., Weindorf, W.: Klimaschutzbeitrag des Verkehrs bis 2050; UBA (Hrsg.) Texte 56, Berlin (2016)

6. Schmidt, P., Zittel, W., Weindorf, W., Raksha, T. (LBST): Renewables in Transport 2050 – Empowering a sustainable mobility future with zero emission fuels from renewable electricity – Europe and Germany. FVV-Report 1086 (2016)

7. Schmidt, P., Weindorf, W., Roth, A., Batteiger, V., Riegel, F.: Power-to-Liquids – Potentials and Perspectives for the Future Supply of Renewable Aviation Fuel; Umweltbundesamt, Background // September 2016, ISSN: 2363-829X (2016)

8. Purr, K., Osiek, D., Lange, M., Adlunger, K.: Integration von Power to Gas/Power to Liquid in den laufenden Transformationsprozess – Position. Umweltbundesamt, Dessau-Roßlau (2016)

9. Stiller, C, Schmidt, P., Michalski, J., Wurster, R., Albrecht, U., Bünger, U., Altmann, M. (LBST): Potenziale der Wind-Wasserstoff-Technologie in der Freien und Hansestadt Hamburg und in Schleswig-Holstein. Report (2010)

10. Albrecht, U., Altmann, M., Michalski, J., Raksha, T., Weindorf, W.: Analyse der Kosten erneuerbarer Gase – Eine Expertise für den Bundesverband Windenergie und den Fachverband Biogas. Ludwig-Bölkow-Systemtechnik GmbH (LBST), Ottobrun (2013)

11. Noack, C., Burggraf, F., Hosseiny, S., Lettenmeier, P., Kolb, S., Belz, S., Kallo, J., Friedrich, A., Pregger, T., Cao, K. K., Heide, D., Naegler, T., Borggrefe, F., Bünger, U., Michalski, J., Raksha, T., Voglstätter, C., Smolinka, T., Crotogino, F., Donadei, S., Horvath, P.L., Schneider, G.S., Plan-DelyKaD – Studie über die Planung einer Demonstrationsanlage zur Wasserstoff-Kraftstoffgewinnung durch Elektrolyse mit Zwischenspeicherung in Salzkavernen unter Druck. Abschlussbericht, Stuttgart, 05.02.2015, doi:10.2314/GBV:824812212.

12. Albrecht, U., Bünger, U., Michalski, J., Weindorf,W., Zerhusen, J., Borggrefe, F., Gils, H., Thomas Pregger, T., Kleiner, F., Pagenkopf, J., Schmid, S.: Kommerzialisierung der Wasserstofftechnologie in Baden-Württemberg, Ludwig-Bölkow-Systemtechnik GmbH (LBST), Deutsches Zentrum für Luft- und Raumfahrt (DLR), Februar (2016) http://www.e-mobilbw.de/de/service/publikationen.html?file=files/e-mobil/content/DE/Publikationen/PDF/Studie_H2-Kommerzialisierung_Neu_RZ_WebPDF.pdf (zuletzt abgerufen am 04.04.2016).

13. Project "HyUnder. Assessment of the potential, the actors and relevant business cases for large scale and seasonal storage of renewable electricity by hydrogen underground storage in Europe" (2014)

14. Siemens AG: SILYZER 200 (PEM electrolysis system) – Sales slides (2015)

15. Jauslin Stebler AG, Muttenz/CH: Erdgas-Röhrenspeicher Urdorf; (2013). Zugegriffen: 10. Nov. 2016. http://www.jauslinstebler.ch/VGA/VEM/projekte/erdgas-roehrenspeicher-urdorf.html.

16. Bünger, U., Michalski, J., Crotogino, F., Kruck, O.: Large-scale underground storage of hydrogen for the grid integration of renewable energy and other applications. Chapter 7.1 Hydrogen and the need for energy storage in Europe. In: Hydrogen (Hrsg.), Handbook, M. Ball (2016)

17. Landinger, H., Bünger, U., Raksha, T., Simón, J., Correas, L.: Benchmarking of large scale hydrogen underground storage with competing options. Teilbericht Nr. 2.1 der HyUnder-Studie "Assessment of the Potential, the Actors and Relevant Business Cases for Large Scale and Long Term Storage of Renewable Electricity by Hydrogen Underground Storage in Europe", 8. August 2013.

18. Bünger, U., Michalski, J., Weindorf, W., Raksha, T., Niehaus, Th., Walch, L.: Production pathways for hydrogen as a vehicle fuel based on renewable energy with the option of load management – A study for Energie Baden-Württemberg AG (EnBW), Präsentation anlässlich der World Hydrogen Energy Conference XVIX. Toronto, 6. Juni 2012.

19. Etogas, Stuttgart, Germany: Product Data Sheet: ETOGAS Hydrogen-to-SNG turnkey system. Revision 1, (2014)

20. Olshausen, C., Sunfire GmbH: Power-to-Gas & Power-to-Liquids: State of development & comparison (2013)

21. Topsoe Fuel Cell A/S, H2 Logic A/S, RISØ DTU: planSOEC – R&D and commercialization roadmap for SOEC electrolysis – R&D of SOEC stacks with improved durability, project report, (2011)

22. Becker, W.L., Braun, R.J., Penev, M., Melaina, M.: Production of FT liquid fuels from high temperature solid oxide co-electrolysis units; Elsevier. Energy 47, 99–115 (2012)

23. Mougin, J.; Reytier, M.; Di Iorio, S.; Chatroux, A.; Petitjean,M.; Cren, J.; Aicart, J.; De Saint Jean, M., Hydrogen Components and Systems Service CEA-LITEN, Grenoble, France: Stack performances in high temperature steam electrolysis and co-electrolysis. WHEC 2014, Gwangju, Korea (2014)

24. Olshausen, C, Sunfire GmbH: Power-to-Liquids: Synthetic Hydrocarbons from CO_2, H_2O and Electricity. Kraftstoffe der Zukunft, Berlin, 14.02.2015.

25. Sunfire GmbH, Dresden: Sunfire supplies Boeing with world's largest commercial reversible electrolysis (RSOC) system. Press Release, 23.02.2016.

26. Lehner, M., Institut für Verfahrenstechnik des industriellen Umweltschutzes, Montanuniversität Leoben, et al.: Carbon Capture and Utilization (CCU) – Verfahrenswege und deren Bewertung; 12. Symposium Energieinnovation, 15.-17.02.2012, TU Graz.

27. Rieke, St., Etogas GmbH, Stuttgart: Power-to-Gas. Aktueller Stand; ReBio e.V. Fördervereinssitzung, Brakel (2013)

28. Schmack, U., MicrobEnergy GmbH: Persönliche Kommunikation (2016)

29. Energiewirtschaftsgesetz (EnWG); Bundesministeriums der Justiz.

30. Richtlinie 2009/28/EG zur Förderung der Nutzung von Energie aus erneuerbaren Quellen und zur Änderung und anschließenden Aufhebung der Richtlinien 2001/77/EG und 2003/30/EG (engl.: EU Renewables Energy Directive – RED).

31. DLR, IFEU, LBST, DBFZ: Power-to-Gas (PtG) im Verkehr: Aktueller Stand und Entwicklungsperspektiven; Studie im Rahmen der Wissenschaftlichen Begleitung der Mobilitäts- und Kraftstoffstrategie der Bundesregierung (MKS) im Auftrag des Bundesministeriums für Verkehr und digitale Infrastruktur (BMVI); AZ Z14/SeV/288.3/1179/UI40 (2014)

32. Taniguchi, I.; Ioh, D.; Fujikawa, S.; Watanabe, T.; Matsukuma, Y.; Minemoto, M.: An alternative CO_2 capture by electrochemical method. Chemistry Letters, The Chemical Society of Japan (2014)

33. Allam, R. et al.: Capture of CO_2. (2006)

34. Socolow, R, et al., American Physical Society (APS): Direct air capture of CO_2 with chemicals – A technology assessment for the APS Panel on public affairs, 1 June 2011.

35. Specht, M., Bandi, A.: Herstellung von flüssigen Kraftstoffen aus atmosphärischen Kohlendioxid; Forschungsverbund Sonnenergie, Themen 94/95, „Sonnenenergie – Chemische Speicherung und Nutzung".

36. Maun, A.: Optimierung von Verfahren zur Kohlenstoffdioxid-Absorption aus Kraftwerksrauchgasen mithilfe alkalischer Carbonatlösungen; Dissertation am Lehrstuhl für Umweltverfahrenstechnik und Anlagentechnik der Universität Duisburg-Essen (2013)

37. Bergins, C., Hitachi Power Europe GmbH, Germany; Kikkawa, H., Babcock Hitachi K.K., Japan; Kobayashi, H., Hitachi Ltd., Japan; Kawasaki, T.; Hitachi Ltd., Japan; Wu, S., Hitachi Power Systems America, Ltd., USA: Technology Options for clean coal power generation with CO_2 capture. XXI World Energy Congress, Montreal, Canada, 12–16 (2010)

38. Specht, M., Bandi, A., Elser, M., Staiss, F.: Comparison of CO_2 sources for the synthesis of renewable methanol; Advances in Chemical Conversions for Mitigating Carbon Dioxide, Studies in Surface Science and Catalysis, Bd. 114. Elsevier Science B.V., New York (1998)

39. Specht, M., Zentrum für Sonnenenergie- und Wasserstoff-Forschung (ZSW), Stuttgart; personal communication (mail) to Weindorf, W. (LBST). 28 April 1999.

40. Sterner, M.: Bioenergy and renewable power methane in integrated 100% renewable energy systems Limiting global warming by transforming energy systems; Kassel University Press, ISBN: 978-3-89958-798-2, Dissertation (2009) http://www.upress.uni-kassel.de/publi/abstract.php?978-3-89958-798-2

41. Eisaman, M.D., Palo Alto Research Center (PARC) California, USA; Alvarado, L.; Larner, D.; Wang, P.; Garg, B.; Littau, K.A.: CO_2 separation using bipolar membrane electrodialysis; Energy Environ. Sci., (2010)

42. Climeworks AG: Climeworks CO_2 Capture Plant. Zugegriffen: 14. Nov. 2016, http://www.climeworks.com/co2-capture-plants.html

43. Carbon Engineering Ltd (CE), Squamis, hBritish Columbia, Canada: Industrial-scale capture of CO_2 from ambient air (2015) http://carbonengineering.com/our-technology/

44. Fasihi, M., Bogdanov, D., Breyer, C.: Techno-economic Assessment of Power-to-Liquids (PTL) Fuels Production and Global Trading based on Hybrid PV-Wind Power Plants. 10th IRES, Düsseldorf, Germany (2016)

45. Climeworks AG, personal communication (phone) to Werner Weindorf (LBST), 28.07.2015.

46. Zerta, M., Zittel, W., Schindler, J., Yanagihara, H.: Aufbruch – unser Energiesystem im Wandel: Der veränderte Rahmen für die kommenden Jahrzehnte. ISBN-10: 3898796051, Finanz-Buch Verlag (2010)

47. Gauch, M., Widmer, R., Notter, D., Stamp, A., Althaus, H.J., Wäger, P.: Life Cycle Assessment LCA of Li-Ion batteries for electric vehicle (2009)

48. Dunn, J.B., Burnham, A., Wang, M., Elgowainy, A., Gaines, L., Jungmeier, G.: A step-by-step examination of electric vehicle life cycle analysis. Presentation at LCA XIII, Orlando, Florida/USA (2013)

49. European Commission, Joint Research Centre (JRC), Institute for Energy and Transport: Bioenergy and Water; Report EUR 26160 EN – 2013; ISBN 978–92-79-33187-9 (pdf).

50. Jungbluth, N., Frischknecht, U., Faist-Emmenegger, M., Steiner, R., Tuchschmid, M.: Life Cycle Assessment of BTL-fuel production: Life Cycle Impact Assessment and Interpretation. Uster, Switzerland (2007)

51. ANL, NREL, PNNL: Renewable Diesel from Algal Lipids: An Integrated Baseline for Cost, Emissions, and Resource Potential from a Harmonized Model; Technical Report prepared for the U.S. DOE Biomass Program (2012)

52. Schmidt, P., Weindorf, W. (LBST), Vanhoudt, W., Barth, F. (Hinicio), et al.: Power-to-gas – Short term and long term opportunities to leverage synergies between the electricity and transport sectors through power-to-hydrogen; Munich/Brussels, 19 February 2016.

53. Dodds, P.E., Demoullin, St: Conversion of the UK gas system to transport hydrogen. Int. J. Hydrog. Energy **38**, 7189–7200 (2013)

54. European Commission (EC): Horizon 2020 – Work Programme 2014–2015 – General Annexes: G. Technology readiness levels (TRL). Brussels, 23 July 2014.

55. OECD/IEA: Monthly Oil Price Statistics (2016)

56. IRENA: The Power to Change: Solar and Wind Cost Reduction Potential to 2025 (2016)

57. Michalski, J.: The Role of Energy Storage Technologies for the Integration of Renewable Electricity into the German Energy System. Dissertation, Technische Universität München, Dezember (2016)

58. Michalski, J., Bünger, U., Crotogino, F., Schneider, G.-S., Donadei, S., Pregger, T., Cao, K.-K., Heide, D.: Hydrogen generation by electrolysis and storage in salt caverns: potentials, economics and systems aspects with regard to the German energy transition. Int. J. Hydrog. Energy **42**(19), 13427–13443 (2017)

59. Michalski, J.: Investment decisions in imperfect power markets with hydrogen storage and large share of intermittent electricity. Int. J. Hydrog. Energy **42**(19), 13368–13381 (2017)

60. Schmidt, P. (LBST): Power-to-Liquids hebt ab – Startpunkt für die Energiewende im Luftverkehr. Hzwei 1, 36–37 (2017)

61. Zschocke, A. (Lufthansa), Scheuermann, S., Ortner, S. (WIWeB): High Biofuel Blends in Aviation (HBBA) – Final Report; (2017)

62. Schmidt, P., Raksha, T. (LBST), Jöhrens, J., Lambrecht, U. (IFEU), Gerhardt, N., Jentsch, M. (IWES): Analyse von Herausforderungen und Synergiepotenzialen beim Zusammenspiel von Verkehrs- und Stromsektor; Studie für das BMVI im Rahmen der Mobilitäts- und Kraftstoffstrategie der Bundesregierung (MKS) (2016)

63. Schmidt, P., Weindorf, W. (LBST), Siegemund, S. (dena): E-Fuels Study – The potential of electricity based fuels for low emission transport in the EU; Studie im Auftrag des VDA, München/Berlin (in Erarbeitung) (2017)

北京市版权局著作权合同登记　图字：01 – 2021 – 6693 号。

图书在版编目（CIP）数据

氢与燃料电池：原书第 2 版/（德）约翰内斯·特普勒（Johannes Töpler），（德）约亨·莱曼（Jochen Lehmann）著；倪计民团队译.—北京：机械工业出版社，2022.8

（汽车先进技术译丛. 新能源汽车系列）

书名原文：Wasserstoff und Brennstoffzelle, 2nd Edition

ISBN 978-7-111-71439-2

Ⅰ.①氢…　Ⅱ.①约…　②约…　③倪…　Ⅲ.①氢气②燃料电池　Ⅳ.①TQ116.2②TM911.4

中国版本图书馆 CIP 数据核字（2022）第 150030 号

机械工业出版社（北京市百万庄大街 22 号　邮政编码 100037）
策划编辑：孙　鹏　　　　　责任编辑：孙　鹏　徐　霆
责任校对：潘　蕊　王明欣　封面设计：马若濛
责任印制：常天培
天津翔远印刷有限公司印刷
2023 年 2 月第 1 版第 1 次印刷
169mm×239mm·18 印张·4 插页·359 千字
标准书号：ISBN 978-7-111-71439-2
定价：199.00 元

电话服务　　　　　　　　网络服务

客服电话：010-88361066　机　工　官　网：www.cmpbook.com

　　　　　010-88379833　机　工　官　博：weibo.com/cmp1952

　　　　　010-68326294　金　书　网：www.golden-book.com

封底无防伪标均为盗版　机工教育服务网：www.cmpedu.com